新时代·新文科×新工科·数字经济高质量人才培养系列（数字产业化）

MySQL
数据库基础与应用

◆ 赵明渊　主编

電子工業出版社
Publishing House of Electronics Industry
北京·BEIJING

内 容 简 介

本书内容主要包括 MySQL 数据库系统、MySQL 语言结构、数据定义语言、数据操纵语言、数据查询语言、视图和索引、完整性约束、存储过程和存储函数、触发器和事件、权限管理和安全控制、备份和恢复、事务及其并发控制、PHP 和 MySQL 学生成绩管理系统开发。在相应章后附有相关实验。本书理论与实践相结合。

本书既可以作为高等院校相关专业学生的教材，也可以作为数据库考试人员、数据库应用系统开发设计人员、工程技术人员和其他相关人员的参考用书。

图书在版编目（CIP）数据

MySQL 数据库基础与应用 / 赵明渊主编．—北京：电子工业出版社，2022.3

ISBN 978-7-121-43088-6

Ⅰ. ① M…　Ⅱ. ① 赵…　Ⅲ. ① SQL 语言－数据库管理系统　Ⅳ. ① TP311.138

中国版本图书馆 CIP 数据核字（2022）第 041064 号

责任编辑：章海涛　　　　特约编辑：田学清
印　　刷：保定市中画美凯印刷有限公司
装　　订：保定市中画美凯印刷有限公司
出版发行：电子工业出版社
　　　　　北京市海淀区万寿路 173 信箱　　　　邮编：100036
开　　本：787×1092　1/16　印张：17.75　字数：432 千字
版　　次：2022 年 3 月第 1 版
印　　次：2022 年 3 月第 1 次印刷
定　　价：59.80 元

凡所购买电子工业出版社图书有缺损问题，请向购买书店调换。若书店售缺，请与本社发行部联系，联系及邮购电话：（010）88254888，88258888。

质量投诉请发邮件至 zlts@phei.com.cn，盗版侵权举报请发邮件至 dbqq@phei.com.cn。

本书咨询联系方式：192910558（QQ 群）。

前言

MySQL 数据库具有开放源代码、免费、操作简单、易于安装、使用方便、利于普及、低成本、支持多种操作系统平台等特点，随着功能不断完善，不但越来越受到广大用户的欢迎，而且适合于教学。本书以 MySQL 8.0 作为平台，系统地介绍了 MySQL 数据库的概念、技术、应用和实验。

本书理论与实践相结合，主要介绍 MySQL 数据库相关知识，并附有相关 MySQL 实验。

本书具有以下特点。

① 理论与实践相结合。将理论和实际应用有机结合起来，培养学生掌握数据库理论知识和 MySQL 数据库管理、操作与编程能力。

② 教学和实验配套。各章的内容与实验的内容相对应，方便课程教学和实验课教学。

③ 深化实验课教学。实验分为验证性实验和设计性实验两类，旨在培养学生独立设计、编写和调试 SQL 语句的能力。

④ 技术新颖。介绍了大数据、NoSQL 数据库等内容。

本书提供教案、教学大纲、教学课件、授课计划、所有实例的源代码等资源，读者可从华信教育资源网（https://www.hxedu.com.cn/）下载，每章都配有习题。

本书由赵明渊主编，对于帮助完成基础工作的朋友，在此表示感谢！

由于作者水平有限，书中难免存在一些疏漏和不足，希望同行专家和广大读者给予批评指正。

目　录

第 1 章 MySQL 数据库系统

MySQL 是一个开放源代码的关系数据库管理系统，具有成本低、跨平台、体积小、速度快等特点，在信息管理系统和各类中小型网站的开发中得到广泛的应用。本章主要介绍数据库的应用、数据库的基本概念、数据模型、关系数据库、MySQL 数据库管理系统、大数据简介等内容，这些内容是学习后面章节的基础。

1.1 数据库的应用

数据库在各行各业中的应用十分广泛，举例如下。

① 运输业：包括民航、铁路、公路等用于存储订票和运输班次信息。

② 电信业：用于存储客户通话记录、每月账单、维护预付费余额和存储通信网络信息。

③ 银行业：用于存储账户的信息、存款、贷款及银行的各种支付信息。例如，银行信用卡用于记录信用卡的消费情况和产生每月清单信息。

④ 金融业：用于存储股票、债券等金融票据的持有、买入和卖出信息。

⑤ 销售业：用于存储客户信息、产品信息和购买信息。

⑥ 制造业：用于管理供应链，跟踪工厂中产品的产量，管理仓库（或商店）中的详细清单及产品订单信息。

⑦ 学校：用于存储学生信息、课程信息、成绩信息、院系信息、教师信息、授课信息，并生成学生成绩单、教师授课表等。

⑧ 各行业人力资源部门：用于存储部门信息、员工信息、工资、所得税和津贴信息，并生成工资单。

1.2 数据库的基本概念

数据库是长期存放在计算机中有组织的、可共享的数据集合。数据库管理系统是一个系统软件，用于科学地组织和存储数据，高效地获取和维护数据。数据库管理系统是在计算机系统中引入数据库之后组成的系统，是用来组织和存取大量数据的管理系统。

1.2.1 数据库

1. 数据

数据（Data）是事物的符号表示，数据的种类分为数字、文字、图像、声音等，可以用数字化后的二进制形式存入计算机进行处理。

在日常生活中，人们直接使用自然语言描述事物。在计算机中，就要抽出事物的特征组成一个记录来描述。例如，一个员工记录数据如下：

```
(E001, 冯文捷, 男, 1982-03-17, 春天花园, 4700, D001)
```

数据的含义称为信息，数据是信息的载体，信息是数据的内涵，是对数据的语义解释。

2. 数据库

数据库（DataBase，DB）是按一定的数据模型组织、描述和储存，具有尽可能小的冗余度、较高的数据独立性和易扩张性可共享的数据集合，其数据长期存储在计算机的存储介质中。

① 共享性：数据库中的数据能被多个应用程序的用户所使用。

② 独立性：提高了数据和程序的独立性，有专门的语言支持。

③ 完整性：是指数据库中数据的正确性、一致性和有效性。

④ 冗余度：减少数据冗余。

1.2.2 数据库管理系统

数据库管理系统（DataBase Management System，DBMS）是创建、操作、管理和维护数据库，并对数据进行统一管理和控制的系统软件，是数据库系统的核心组成部分。

数据库管理系统一般是由厂家提供的系统软件，如 Oracle 公司提供的 Oracle 18c、MySQL 8.0，Microsoft 公司提供的 SQL Server 2019 等。

数据库管理系统主要功能如下。

① 数据定义功能：提供数据定义语言定义数据库和数据库对象。

② 数据操纵功能：提供数据操纵语言对数据库中的数据进行插入、修改、删除等操作。

③ 数据查询功能：提供数据查询语言对数据库中的数据进行查询等操作。

④ 数据控制功能：提供数据控制语言进行数据控制，即提供数据的安全性、完整性、并发控制等功能。

⑤ 数据库建立维护功能：包括数据库初始数据的装入、转储、恢复和系统性能监视、分析等功能。

1.2.3 数据库系统

数据库系统（DataBase System，DBS）由数据库、数据库管理系统、应用开发工具、应用程序、用户、应用程序员、数据库管理员（DataBase Administrator，DBA）等组成，如图 1.1 所示。

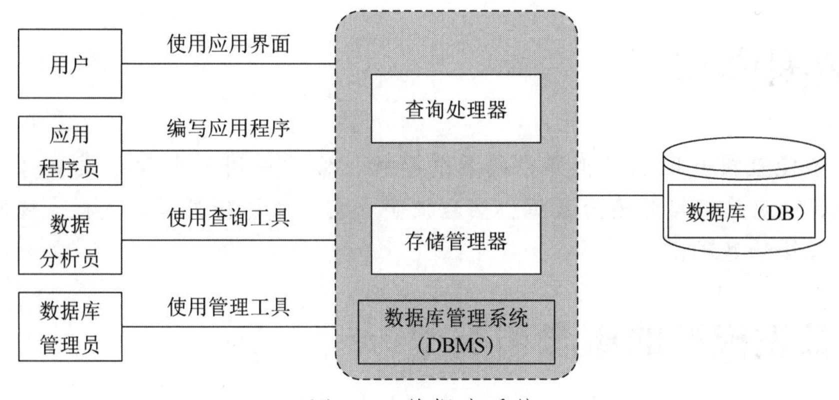

图 1.1　数据库系统

从数据库系统应用的角度看，数据库系统的工作模式分为客户/服务器模式和浏览器/服务器模式。

1．客户/服务器模式

在客户/服务器（Client/Server，C/S）模式中，将应用划分为前台和后台两个部分。命令行客户端、图形用户界面、应用程序等称为“前台”“客户端”“客户程序”，主要完成向服务器发送用户请求和接收服务器返回的处理结果；而数据库管理系统称为“后台”“服务器”“服务器程序”，主要承担数据库的管理，按用户的请求进行数据处理并返回处理结果，如图 1.2 所示。

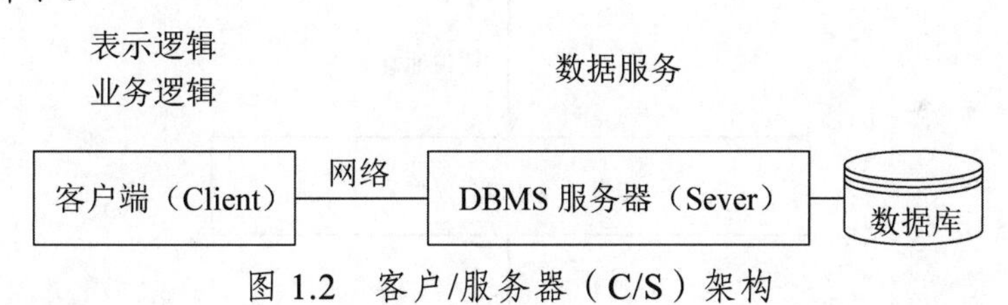

图 1.2　客户/服务器（C/S）架构

2．浏览器/服务器模式

在浏览器/服务器（Browser/Server，B/S）模式中，将客户端细分为表示层和处理层两部分；表示层是用户的操作和展示界面，一般由浏览器担任，这就减轻了数据库系统中客户端担负的任务，成为瘦客户端；处理层主要负责应用的业务逻辑，与数据层的数据库管理系统共同组成功能强大的胖服务器。所以，整个架构分为表示层、处理层和数据层 3 部分，成为一种基于 Web 应用的客户/服务器模式，又称为三层客户/服务器模式，如图 1.3 所示。

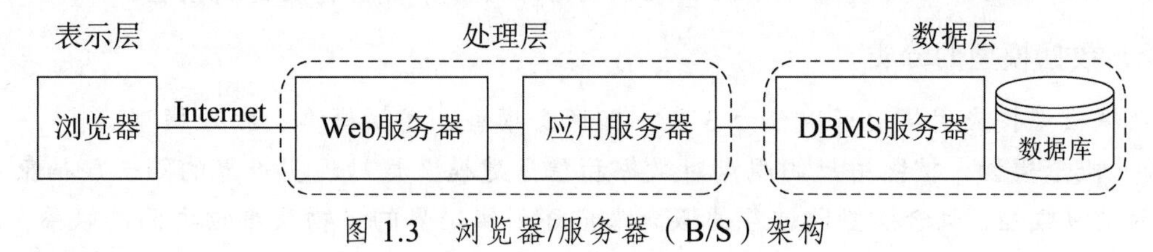

图 1.3　浏览器/服务器（B/S）架构

1.3 数据模型

计算机不能直接处理现实世界中的具体事物，需要采用一个数据模型对事物特征信息进行描述、组织并将其转换为数据，然后按照一定方式进行处理。这样，数据模型成为数据处理的关键和基础。

1.3.1 数据模型的概念和类型

1. 数据模型的概念

数据模型（Data Model）是对现实世界数据特征的抽象，用来描述数据、组织数据和对数据进行操作。数据模型是数据库系统的核心和基础。数据库管理系统的实现都是建立在某种数据模型基础上的。

现实世界中的数据要转换为抽象的数据库数据，需要经过现实世界、信息世界和计算机世界 3 个阶段，如图 1.4 所示。

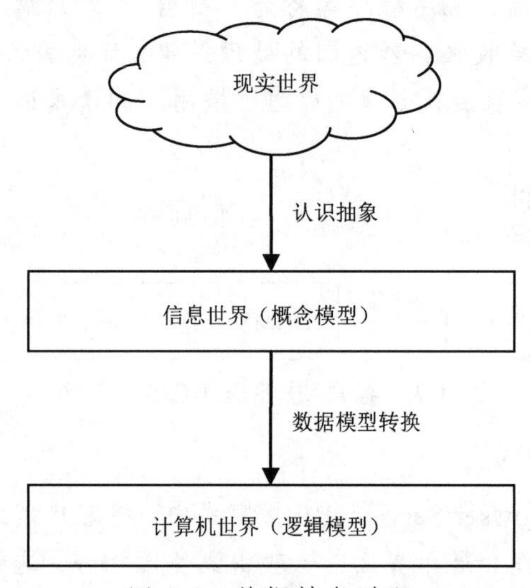

图 1.4 数据抽象过程

① 现实世界：存在于人脑之外的客观世界，包括客观存在的事物和事物之间的联系。

② 信息世界：按照用户的观点对信息和数据进行建模，形成概念模型。

③ 计算机世界：转换为计算机上某个数据库管理系统支持的逻辑模型。

2. 数据模型的分类

数据模型按应用层次可以分为 3 类，即概念模型、逻辑模型、物理模型。

① 概念模型：按照用户的观点对数据和信息建模，是对现实世界的第一层抽象，又被称为信息模型。概念模型通过各种概念来描述现实世界的事物及事物之间的联系，主要用于数据库设计。

② 逻辑模型：按照计算机的观点对数据建模，是概念模型的数据化，是事物及事物之间联系的数据描述，提供了表示和组织数据的方法，主要的逻辑模型有层次模型、网状模型、关系模型、面向对象数据模型、对象关系数据模型和半结构化数据模型等。

③ 物理模型：对数据底层的抽象，描述数据在系统内部的表示方式和存取方法。例如，数据在磁盘上的存储方式和存取方法是面向计算机系统的，由数据库管理系统具体实现。

从概念模型到逻辑模型的转换主要由数据库设计人员完成，从逻辑模型到物理模型的转换主要由数据库管理系统完成。

3．数据模型组成要素

数据模型（Data Model）是现实世界数据特征的抽象，一般由数据结构、数据操作、数据完整性约束 3 部分组成。

① 数据结构。数据结构用于描述系统的静态特性，是所要研究对象类型的集合，数据模型按其数据结构分为层次模型、网状模型和关系模型等。数据结构所研究的对象是数据库的组成部分，包括两类：一类是与数据类型、内容、性质有关的对象，如关系模型中的域、属性等；另一类是与数据之间联系有关的对象，如关系模型中反映联系的关系等。

② 数据操作。数据操作用于描述系统的动态特性，是指对数据库中各种对象及对象的实例允许执行的操作集合，包括对象的创建、修改和删除，对对象实例的检索、插入、删除、修改及其他有关操作等。

③ 数据完整性约束。数据完整性约束是指一组完整性约束规则的集合。完整性约束规则是给定数据模型中的数据及其联系所具有的制约和依存的规则。

数据模型三要素在数据库中都是严格定义的一组概念的集合。在关系数据库中，数据结构是表结构定义及其他数据库对象定义的命令集，数据操作是数据库管理系统提供的数据操作（操作命令、语法规定、参数说明等）命令集，数据完整性约束是各关系表约束的定义及操作约束规则等的集合。

1.3.2　概念模型的概念和表示方法

1．概念模型的基本概念

概念模型是对现实世界的第一层抽象，又被称为信息模型，是数据库设计人员和用户之间交流的工具，只需要考虑领域实体属性和联系，要求有较强的语义表达能力，且简单清晰、易于理解，其基本概念如下。

① 实体：客观存在并可以相互区别的事物称为实体。实体可以是具体的人、事、物或抽象的概念。例如，在销售管理系统中，“员工”就是一个实体。

② 属性：实体所具有的某一个特性称为属性，属性采用椭圆框表示，框内为属性名，并使用无向边与其相应实体连接。例如，在销售管理系统中，员工的特性有员工号、姓名、性别、出生日期、地址、工资、部门号，它们就是员工实体的 7 个属性。

③ 实体型：使用实体名及其属性名集合来抽象和刻画同类实体，称为实体型。例如，

员工（员工号、姓名、性别、出生日期、地址、工资、部门号）就是一个实体型。

④ 实体集：同型实体的集合称为实体集。例如，全体学生记录就是一个实体集。

⑤ 联系：在现实世界中，事物内部和事物之间的联系，在概念模型中反映为实体（型）内部的联系和实体（型）之间的联系。

2. 实体之间的联系

实体之间的联系可以分为一对一联系、一对多联系、多对多联系。

① 一对一联系（1∶1）。例如，一个班只有一个正班长，而一个正班长只属于一个班，班级与正班长两个实体之间具有一对一联系。

② 一对多联系（1∶n）。例如，一个班可有若干学生，一个学生只能属于一个班，班级与学生两个实体之间具有一对多联系。

③ 多对多联系（m∶n）。例如，一个学生可以选择多门课程，一门课程可以被多个学生选修，学生与课程两个实体之间具有多对多联系。

3. 概念模型的表示方法

概念模型的表示方法有很多，其中常用的方法是 P. P. S. Chen 在 1976 年提出的实体-联系方法（Entity-Relationship Approach），用 E-R 图描述现实世界的概念模型，并从中抽象实体和实体之间的联系。E-R 图的说明如下。

① 实体采用矩形框表示，框内为实体名。

② 属性采用椭圆框表示，框内为属性名，并使用无向边与其相应实体连接。

③ 实体之间的联系采用菱形框表示，联系以适当的含义命名，名字写在菱形框中，使用无向边将参加联系的实体矩形框分别与菱形框相连，并在连线上标明联系的类型。如果联系也具有属性，那么将属性与菱形框也使用无向边连接。

实体之间的 3 种联系如图 1.5 所示。

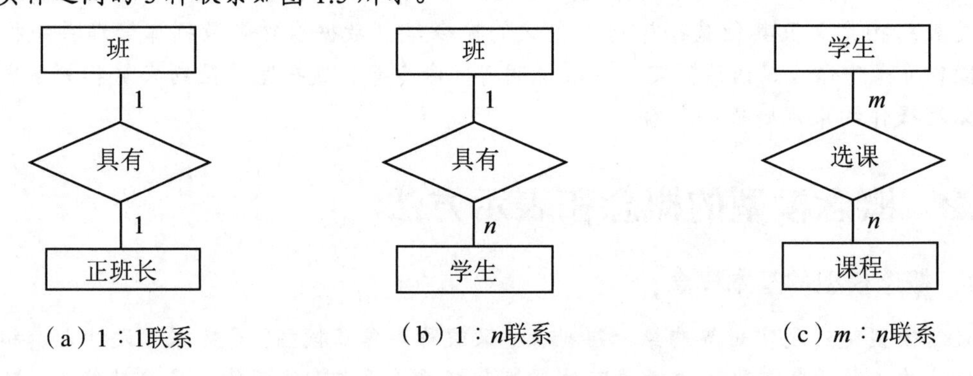

图 1.5　实体之间的 3 种联系

1.3.3　逻辑模型概述

逻辑模型是面向数据库的逻辑结构，是现实世界的第二次抽象。在数据库系统中，常用的逻辑模型有层次模型、网状模型、关系模型和面向对象模型，其中关系模型的应用最为广泛。

1. 层次模型

层次模型（Hierarchical Model）用树形结构表示现实世界中的实体和实体之间的联系。树形结构每个节点表示一个记录类型，记录类型之间的联系是一对多的联系。

层次模型有且只有一个没有双亲的节点，被称为根节点，位于树形结构顶部。根以外的其他节点有且只有一个双亲节点。层次模型的特点是节点的双亲是唯一的，只能直接处理一对多联系。按层次模型组织数据的实例如图 1.6 所示。

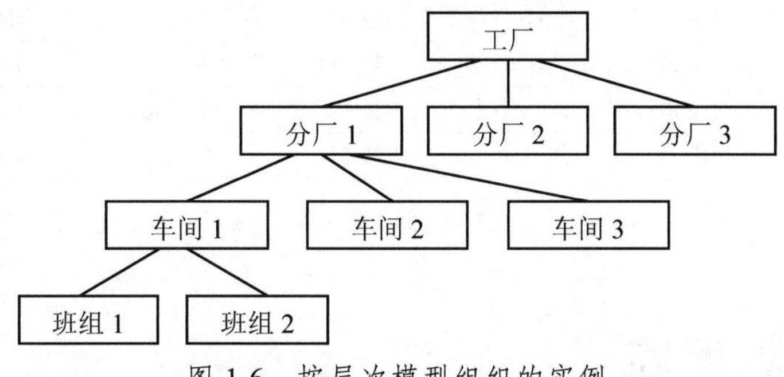

图 1.6　按层次模型组织的实例

层次模型简单易用，但现实世界很多联系是非层次性的，如多对多联系等，表达起来比较笨拙且不直观。

2. 网状模型

网状模型（Network Model）采用网状结构组织数据，网状结构中的每一个节点表示一个记录类型，记录类型之间可以有多种联系。

网状模型是对层次模型的扩展，允许一个以上的节点无双亲，同时允许一个节点可以有多个双亲。层次模型为网状模型中的一种最简单情况。按网状模型组织数据的实例如图 1.7 所示。

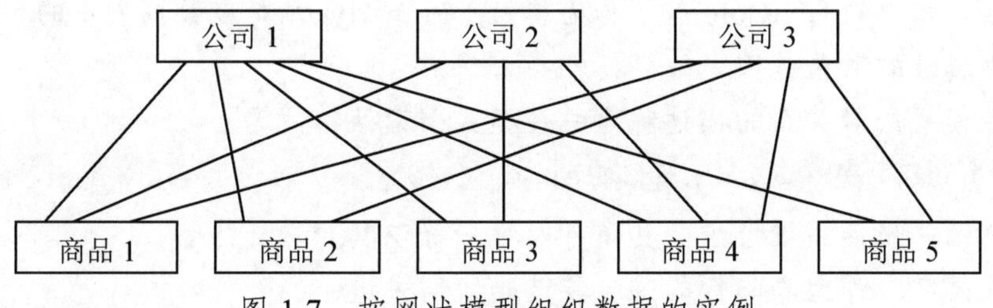

图 1.7　按网状模型组织数据的实例

网状模型可以更直接地描述现实世界中的事物，层次模型是网状模型的特例，但网状模型结构复杂，用户不易掌握。

3. 关系模型

关系模型采用关系的形式组织数据。一个关系就是一个二维表，二维表由行和列组成。按关系模型组织数据的实例如图 1.8 所示。

关系模型建立在严格的数学概念基础上，数据结构简单清晰，用户易懂易用，关系数据库是目前应用较为广泛、较为重要的一种数学模型。

部门关系框架

部门号	部门名称

员工关系框架

员工号	姓名	性别	出生日期	地址	工资	部门号

部门关系

部门号	部门名称
D001	销售部
D002	人事部

员工关系

员工号	姓名	性别	出生日期	地址	工资/元	部门号
E001	冯文捷	男	1982-03-17	春天花园	4700	D001
E002	叶莉华	女	1987-11-02	丽都花园	3500	D002
E005	肖婷	女	1986-12-16	公司集体宿舍	3600	D001
E006	黄杰	男	1977-04-25	NULL	4500	D001

图 1.8　按关系模型组织数据的实例

1.4　关系数据库

1.4.1　关系数据库的基本概念

关系数据库采用关系模型组织数据，关系数据库是目前十分流行的数据库，关系数据库管理系统（Relational DataBase Management System，RDBMS）是支持关系模型的数据库管理系统。

- 关系：就是表（Table）。在关系数据库中，一个关系存储为一个数据表。
- 元组：在数据表中，一行（Row）为一个元组（Tuple）。一个元组对应数据表中的一条记录（Record），元组的各个分量对应关系的各个属性。
- 属性：表中的列（Column）称为属性（Property），对应数据表中的字段（Field）。
- 域：属性的取值范围。
- 关系模式：对关系的描述称为关系模式，语法格式为：

```
关系名(属性名1,属性名2,…,属性名n)
```

- 候选码：属性或属性组，其值可以唯一标识其对应元组。
- 主关键字：作为表的行的唯一候选码，即主键。
- 外关键字：关系中的某属性或属性组不是该关系的主键，但它是另一个关系的主键，即外键。

在图 1.8 中，部门的关系模式为：

```
部门(部门号, 部门名称)
```

其主键为部门号。

员工的关系模式为：

```
员工(员工号, 姓名, 性别, 出生日期, 地址, 工资, 部门号)
```

其主键为员工号，外键为部门号。

1.4.2 关系运算

关系数据操作称为关系运算，投影、选择、连接是重要的关系运算，关系数据库管理系统支持关系数据库中的投影运算、选择运算、连接运算。

（1）选择运算

选择（Selection）运算是指选出满足给定条件的记录，是从行的角度进行的单目运算，运算对象是一个表，运算结果形成一个新表。

【例 1.1】从员工表中选择性别为男且部门号为 D001 的行进行选择运算，执行选择运算得到的新表如表 1.1 所示。

表 1.1　执行选择运算得到的新表

员工号	姓名	性别	出生日期	地址	工资/元	部门号
E001	冯文捷	男	1982-03-17	春天花园	4700	D001
E006	黄杰	男	1977-04-25	NULL	4500	D001

（2）投影运算

投影（Projection）运算是指选择表中满足条件的列，它是从列的角度进行的单目运算。

【例 1.2】从员工表中选择员工号、姓名、地址进行投影运算，执行投影运算得到的新表如表 1.2 所示。

表 1.2　执行投影运算得到的新表

员工号	姓名	地址
E001	冯文捷	春天花园
E002	叶莉华	丽都花园
E005	肖婷	公司集体宿舍
E006	黄杰	NULL

（3）连接运算

连接（Join）运算是指将两个表中的行按照一定的条件横向结合生成的新表。选择运算和投影运算都是单目运算，其操作对象只是一个表，而连接运算是双目运算，其操作对象是两个表。

【例 1.3】部门表与员工表通过部门号相等的连接条件进行连接运算，执行连接运算得到的新表如表 1.3 所示。

表 1.3　执行连接运算得到的新表

部门号	部门名称	员工号	姓名	性别	出生日期	地址	工资/元	部门号
D001	销售部	E001	冯文捷	男	1982-03-17	春天花园	4700	D001
D002	人事部	E002	叶莉华	女	1987-11-02	丽都花园	3500	D002
D001	销售部	E005	肖婷	女	1986-12-16	公司集体宿舍	3600	D001
D001	销售部	E006	黄杰	男	1977-04-25	NULL	4500	D001

1.4.3 概念结构设计和逻辑结构设计

通常将使用数据库的应用系统称为数据库应用系统，如电子商务系统、电子政务系统、办公自动化系统、以数据库为基础的各类管理信息系统等。数据库应用系统的设计和开发本质上是属于软件工程的范畴。

广义数据库设计是指设计整个数据库的应用系统。狭义数据库设计是指设计数据库各级模式并创建数据库，是数据库应用系统设计的一部分。下面介绍狭义数据库设计。

1. 数据库设计的基本步骤

按照规范设计的方法，考虑数据库及其应用系统开发全过程，将数据库设计分为6个阶段：需求分析阶段、概念结构设计阶段、逻辑结构设计阶段、物理结构设计阶段、数据库实施阶段、数据库运行和维护阶段。

（1）需求分析阶段

需求分析是整个数据库设计的基础，在数据库设计中，先要准确了解与分析用户的需求，明确系统的目标和实现的功能。

（2）概念结构设计阶段

概念结构设计是整个数据库设计的关键，其任务是根据需求分析，形成一个独立于具体数据库管理系统的概念模型，即设计E-R图。

（3）逻辑结构设计阶段

逻辑结构设计是将概念结构转换为某个具体的数据库管理系统所支持的数据模型。

（4）物理结构设计阶段

物理结构设计是为逻辑数据模型选取一个最适合应用环境的物理结构，包括存储结构和存取方法等。

（5）数据库实施现阶段

设计人员运用数据库管理系统所提供的数据库语言和宿主语言，根据逻辑结构设计和物理结构设计的结果创建数据库，编写和调试应用程序，组织数据入库和试运行。

（6）数据库运行与维护阶段

通过数据库试运行后即可投入正式运行，在数据库运行过程中，不断地对其进行评估、调整和修改。

下面介绍数据库设计步骤中概念结构设计和逻辑结构设计的内容。

2. 概念结构设计

将需求分析得到的用户需求抽象为信息结构（概念模型）的过程就是概念结构设计。

需求分析得到的数据描述是无结构的，概念结构设计是在需求分析的基础上转换为有结构的、易于理解的精确表达，概念结构设计阶段的目标是形成整体数据库的概念结构，它独立于数据库逻辑结构设计和具体的数据库管理系统，概念结构设计是整个数据库设计的关键。

概念结构设计的结果为系统 E-R 图。

【例 1.4】绘制销售管理系统 E-R 图。

销售管理系统的部门、员工、订单、商品实体如下。

① 部门：部门号、部门名称。

② 员工：员工号、姓名、性别、出生日期、地址、工资。

③ 订单：订单号、客户号、销售日期、总金额。

④ 商品：商品号、商品名称、商品类型代码、单价、库存量、未到货商品数量。

它们存在如下联系。

① 一个部门拥有多个员工，一个员工只属于一个部门。

② 一个员工可开出多个订单，一个订单只能由一个员工开出。

③ 一个订单可订购多类商品，一类商品可有多个订单。

图 1.9 所示为销售管理系统 E-R 图。

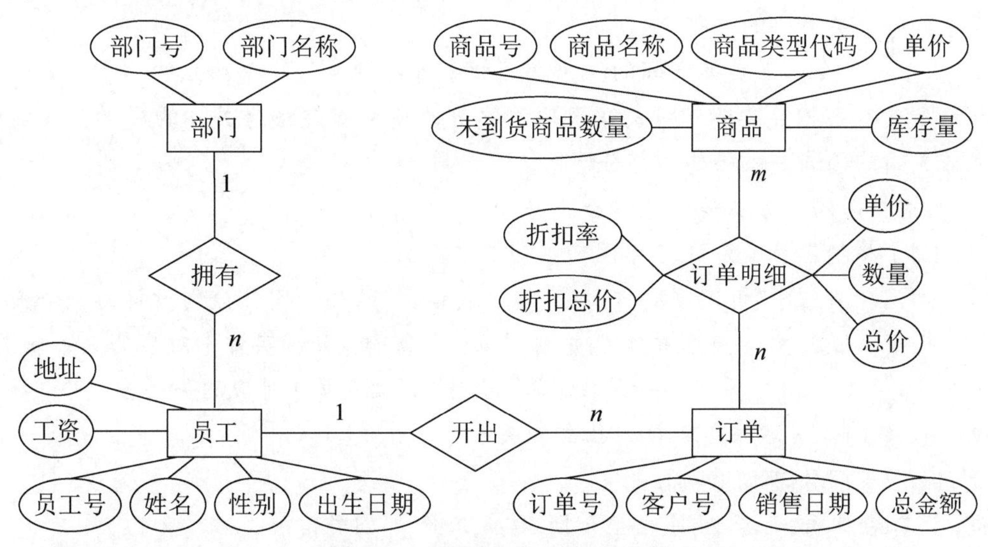

图 1.9 销售管理系统 E-R 图

3. 逻辑结构设计

逻辑结构设计的任务是将概念结构设计阶段设计好的基本 E-R 图转换为与选用的数据库管理系统产品所支持的数据模型相符合的逻辑结构，即由概念结构导出特定的数据库管理系统可以处理的逻辑结构。

由于当前主流的数据库管理系统是关系数据库管理系统，因此逻辑结构设计是将 E-R 图转换为关系模型，即将 E-R 图转换为一组关系模式。

由 E-R 图向关系模型转换有以下两个规则。

（1）一个实体转换为一个关系模式

实体的属性就是关系的属性，实体的码就是关系的码。

（2）实体之间的联系转换为关系模式有以下不同的情况

① 一个 1∶1 联系可以转换为一个独立的关系模式，也可以与任意一端对应的关系

模式合并。

如果转换为一个独立的关系模式，那么与该联系相连的各实体的码及联系本身的属性都转换为关系的属性，每个实体的码都是该关系的候选码。

如果与某一端实体对应的关系模式合并，那么需要在该关系模式的属性中加入另一个关系模式的码和联系本身的属性。

② 一个 1∶n 联系可以转换为一个独立的关系模式，也可以与 n 端对应的关系模式合并。

如果转换为一个独立的关系模式，那么与该联系相连的各实体的码及联系本身的属性都转换为关系的属性，且关系的码为 n 端实体的码。

如果与 n 端实体对应的关系模式合并，那么需要在该关系模式的属性中加入 n 端实体的码和联系本身的属性。

③ 一个 m∶n 联系转换为一个独立的关系模式。

与该联系相连的各实体的码及联系本身的属性都转换为关系的属性，各实体的码组成该关系的码或关系码的一部分。

④ 三个或三个以上实体之间的一个多元联系可以转换为一个独立的关系模式。

与该多元联系相连的各实体的码及联系本身的属性都转换为关系的属性，各实体的码组成该关系的码或关系码的一部分。

⑤ 具有相同码的关系模式可以合并。

【例 1.5】将销售管理系统 E-R 图转换为关系模式。

将“部门”实体、“员工”实体、“订单”实体、“商品”实体分别设计为一个关系模式，将“拥有”联系（1∶n 联系）合并到“员工”实体（n 端实体）对应的关系模式中，将“开出”联系（1∶n 联系）合并到“订单”实体（n 端实体）对应的关系模式中，将“订单明细”联系（m∶n 联系）转换为独立的关系模式。

❖ 部门(部门号,部门名称)。

❖ 员工(员工号,姓名,性别,出生日期,地址,工资,部门号)。

❖ 订单(订单号,客户号,销售日期,总金额,员工号)。

❖ 商品(商品号,商品名称,商品类型代码,单价,库存量,未到货商品数量)。

❖ 订单明细(订单号,商品号,单价,数量,总价,折扣率,折扣总价)。

1.5 MySQL 数据库管理系统

MySQL 是一个开放源代码的关系数据库管理系统，由于体积小、速度快、成本低，尤其是开放源代码这一特点，许多中小型网站为了降低网站总成本选择 MySQL 作为数据库。MySQL 由 MySQL AB 公司开发、发布和支持，目前为 Oracle 旗下产品。MySQL 是目前十分流行的关系数据库管理系统之一。

1.5.1 MySQL 的特点

MySQL 数据库管理系统具有以下特点。

① 开放源代码，可以大幅度降低成本。

② 支持多种操作系统平台，如 Linux、Solaris、Windows、macOS、AIX、FreeBSD、HP-UX、Novell Netware、OpenBSD、OS/2、Wrap 等。

③ 使用核心线程的完全多线程服务，这意味着可以采用多 CPU 体系结构。

④ 使用 C/C++编写，并使用多种编译器进行测试，保证了源代码的可移植性。

⑤ 为多种编程语言提供 API。这些编程语言包括 C/C++、Python、Java、Perl、PHP、Eiffel、Ruby 等。

⑥ 支持多种存储引擎。

⑦ 优化的 SQL 查询算法，可以有效地提高查询速度。

⑧ 既能够作为一个单独的应用程序应用在 C/S 网络环境中，也能够作为一个库嵌入其他软件。

⑨ 提供多语言支持，常见的编码如中文 GB2312、BIG5 等都可以作为数据库的表名和列名。

⑩ 提供 TCP/IP、ODBC 和 JDBC 等多种数据库连接途径。

⑪ 提供可用于管理、检查、优化数据库操作的管理工具。

⑫ 能够处理拥有上千万条记录的大型数据库。

使用 MySQL 数据库管理系统构建网站和信息管理系统有 LAMP 和 WAMP 两种架构方式。

（1）LAMP（Linux+Apache+MySQL+PHP/Perl/Python）

Linux 作为操作系统，Apache 作为 Web 服务器，MySQL 作为数据库管理系统、PHP/Perl/Python 作为服务器端脚本解释器。LAMP 架构的所有组成产品都是开源软件。与 Java EE 架构相比，LAMP 具有 Web 资源丰富、轻量、快速开发等特点；与.NET 架构相比，LAMP 具有通用、跨平台、高性能、低价格等特点。

（2）WAMP（Windows+Apache+MySQL+PHP/Perl/Python）

Windows 作为操作系统，Apache 作为 Web 服务器，MySQL 作为数据库管理系统、PHP/Perl/Python 作为服务器端脚本解释器。

1.5.2 MySQL 8.0 的新特性

对比 MySQL 5.7，MySQL 8.0 具有很多新功能和新特性，简要介绍如下。

1．InnoDB 存储引擎增强

① 新的数据字典可以对元数据进行统一的管理，同时提高了查询性能和可靠性。

② 原子 DDL 的操作，提供了更加可靠的管理。

③ 自增列的持久化，解决了长久以来自增列重复值的问题。

④ 死锁检查控制，可以选择在高并发的场景中关闭，提高对高并发场景的性能。

⑤ 锁定语句选项，可以根据不同业务需求来选择锁定语句级别，使 MySQL 数据库能协同工作，包括应用到集群、分区、数据防护、压缩、自动存储管理等。

2. 账户与安全

提高了用户和密码管理的安全性，方便用户进行权限管理。

① MySQL 数据库的授权表统一为 InnoDB（事务性）表。

② 增加了密码重用策略，支持修改密码时要求用户输入当前密码。

③ 开始支持角色功能。

3. 公用表表达式

MySQL 8.0 支持非递归和递归的公用表表达式（Common Table Expressions，CTE）。

① 非递归 CTE，提高查询的性能和代码的可读性。

② 递归 CTE，支持通过对数据遍历和递归的实现完成 SQL 强大复杂的功能。

4. 窗口函数

窗口函数（Window Functions）是一种新的查询方式，可以实现比较复杂的数据分析。MySQL 8.0 新增了一个窗口函数。

5. 查询优化

① 开始支持不可见的索引，方便索引的维护和性能调试。

② 开始支持降序索引，提高了特定场景的查询性能。

6. JSON 增强

MySQL 8.0 增加了新的运算符及 JSON 相关函数。

7. 字符集支持

MySQL 8.0 已将默认字符集从 latin1 更改为 utt8mb4。

1.5.3 MySQL 8.0 安装

想要安装 MySQL 8.0，需要 32 位或 64 位 Windows 操作系统，如 Windows 7、Windows 8、Windows 10、Windows Server 2012 等，在安装时需要具有系统管理员的权限。

1. 安装软件的下载

在 MySQL 8.0 下载页面中选择 Microsoft Windows 操作系统，可以选择 32 位或 64 位安装包。这里选择 32 位，单击“Download”按钮，如图 1.10 所示。

提示： 32 位 MySQL 8.0 安装文件有两个版本：mysql-installer-web-community-8.0.18.0ms 和 mysql-installer-community-8.0.18.0ms，前者为在线安装版本，后者为离线安装版本，这里选择离线安装版本。

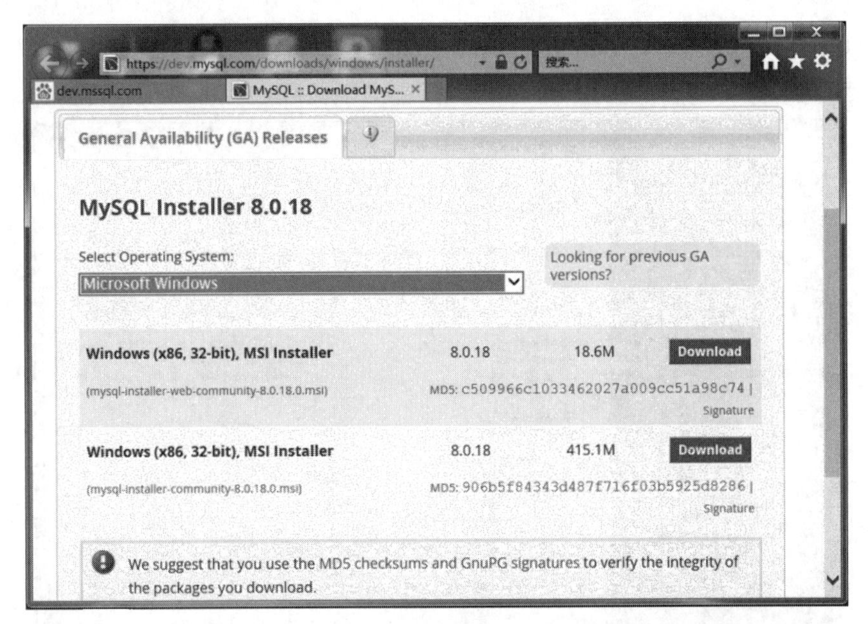

图 1.10　MySQL 8.0 下载页面

2．安装步骤

下面以在 Windows 7 下安装 MySQL 8.0 为例，介绍安装步骤。

① 双击下载的 mysql-installer-community-8.0.18.0.msi 文件，出现“License Agreement”窗口，勾选“I accept the license terms”复选框，单击“Next”按钮，打开“Choosing a Setup Type”窗口，选中“Custom”单选按钮，如图 1.11 所示，再单击“Next”按钮。

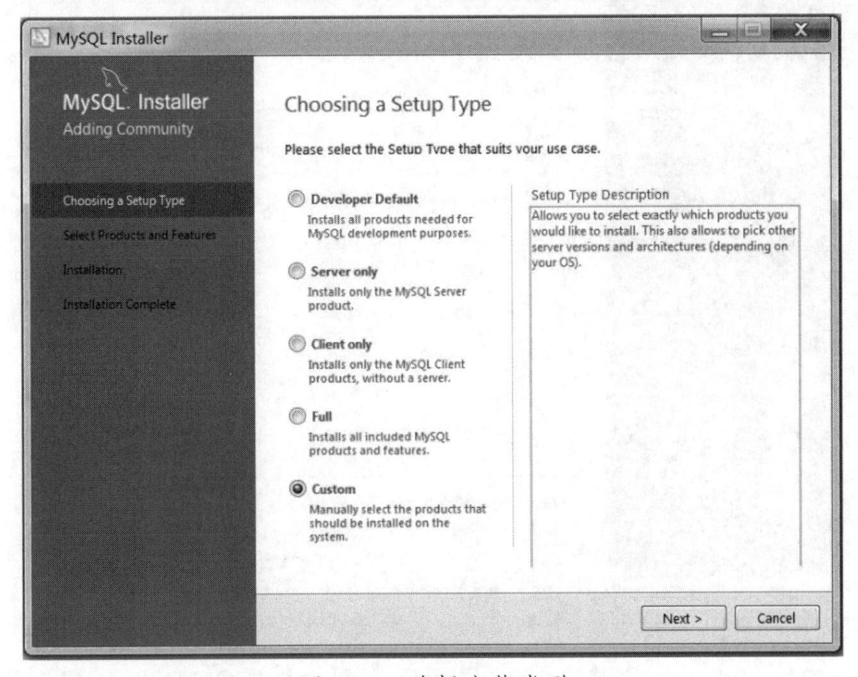

图 1.11　选择安装类型

② 打开“Select Products and Features”窗口，选择“MySQL Server 8.0.18-x64”“MySQL

Documentation 8.0.18-x86”“Samples and Examples 8.0.18-x86”，单击“Next”按钮，如图 1.12 所示。

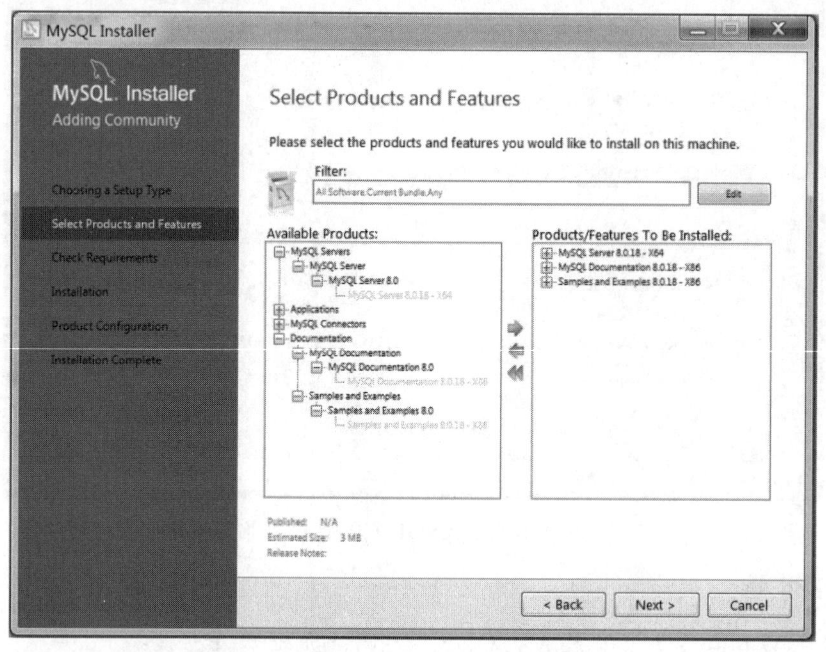

图 1.12　选择产品和功能

③ 打开“Installation”窗口，如图 1.13 所示，单击“Execute”按钮。

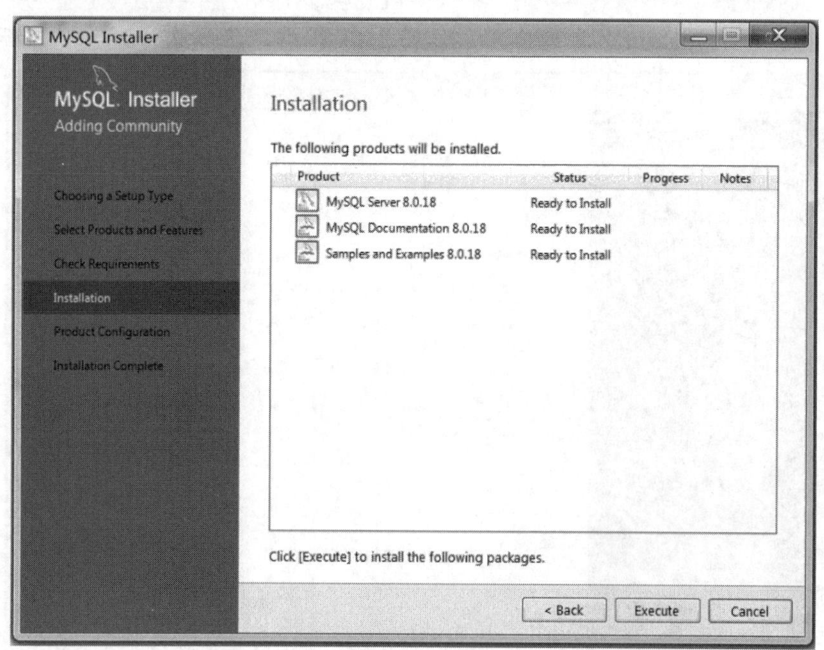

图 1.13　确认安装到表

④ 开始安装 MySQL。安装完成后，“Status”列中将显示“Complete”（安装完成），如图 1.14 所示。

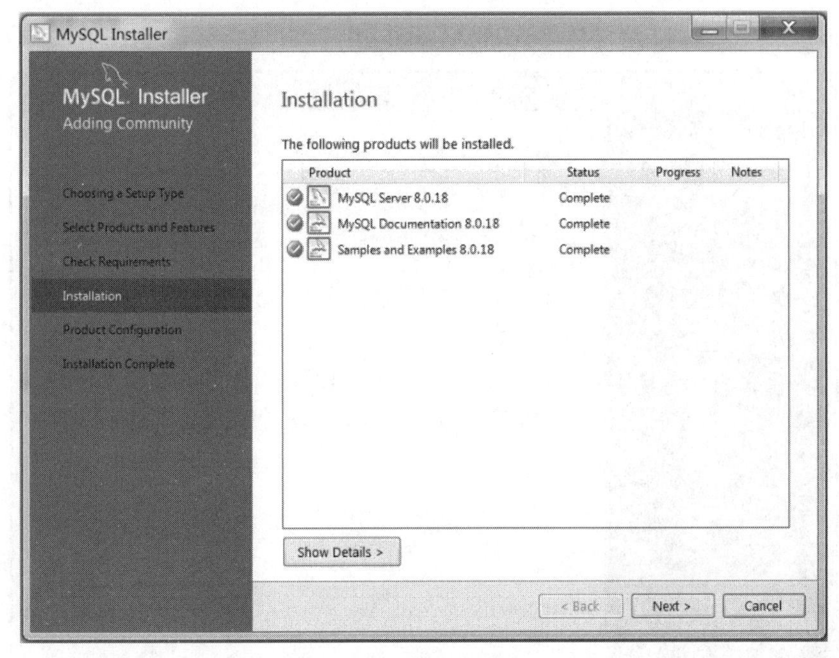

图 1.14　安装完成提示

1.5.4　MySQL 8.0 配置

MySQL 安装完成后，需要进行配置，配置步骤如下。

① 在图 1.14 中单击“Next”按钮，打开“Product Configuration”窗口，如图 1.15 所示。

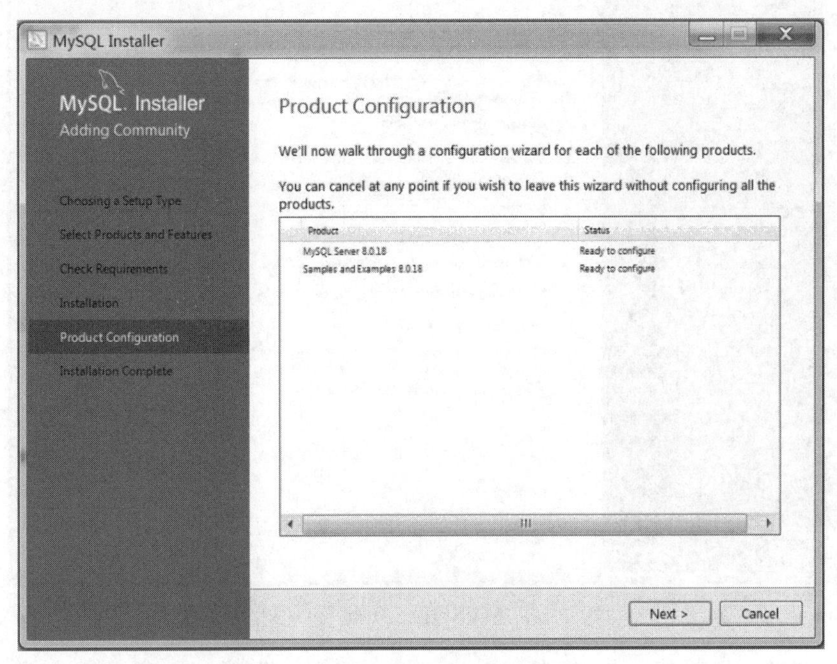

图 1.15　MySQL 8.0 配置（1）

② 单击“Next”按钮，打开“High Availability”窗口，如图 1.16 所示。

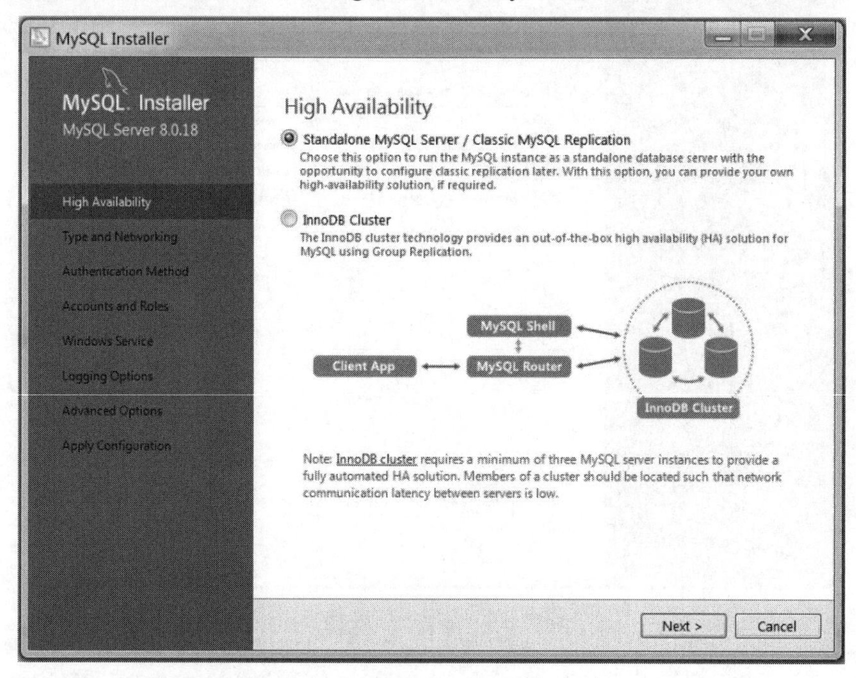

图 1.16　MySQL 8.0 配置（2）

③ 单击“Next”按钮，打开“Type and Networking”窗口，如图 1.17 所示，在“Config Type”下拉列表框中选择“Development Computer”选项。

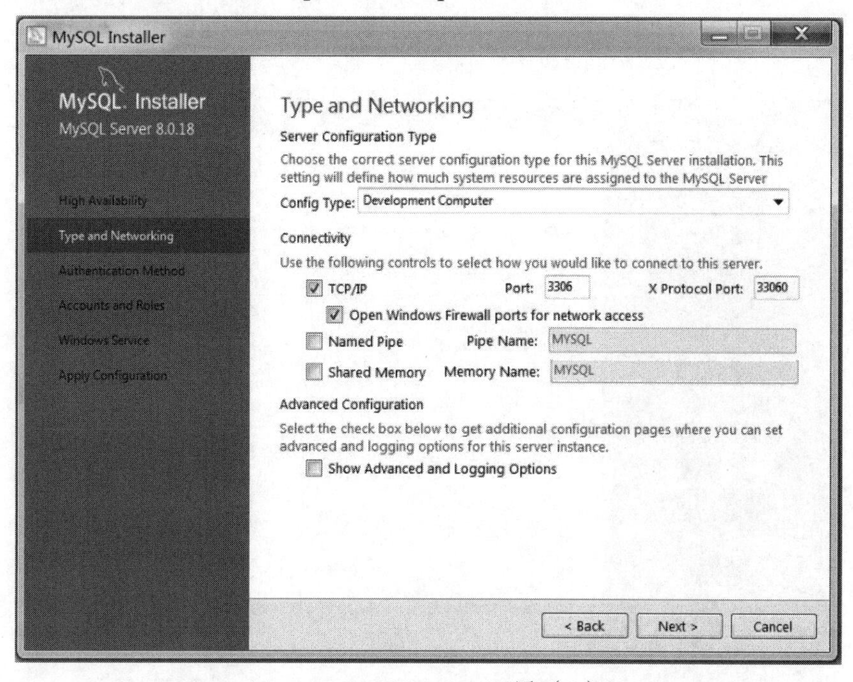

图 1.17　MySQL 8.0 配置（3）

④ 单击“Next”按钮，打开“Authentication Method”窗口。这里选中第 2 个单选按钮，即传统的授权方法，保留 5.x 版本的兼容性，如图 1.18 所示。

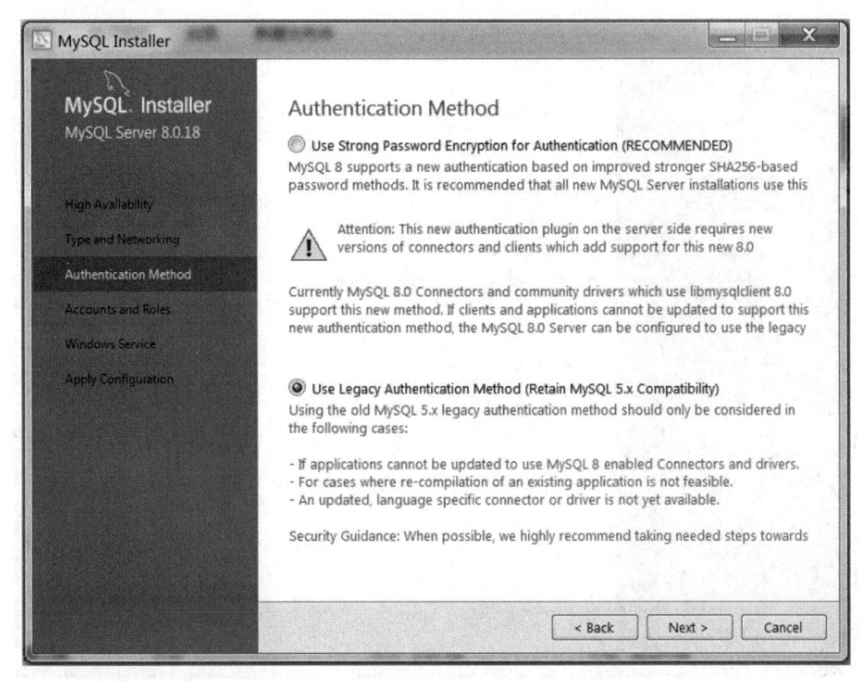

图 1.18　MySQL 8.0 配置（4）

⑤ 单击“Next”按钮，打开“Accounts and Roles”窗口，输入两次同样的密码，这里设置密码为 123456，如图 1.19 所示。

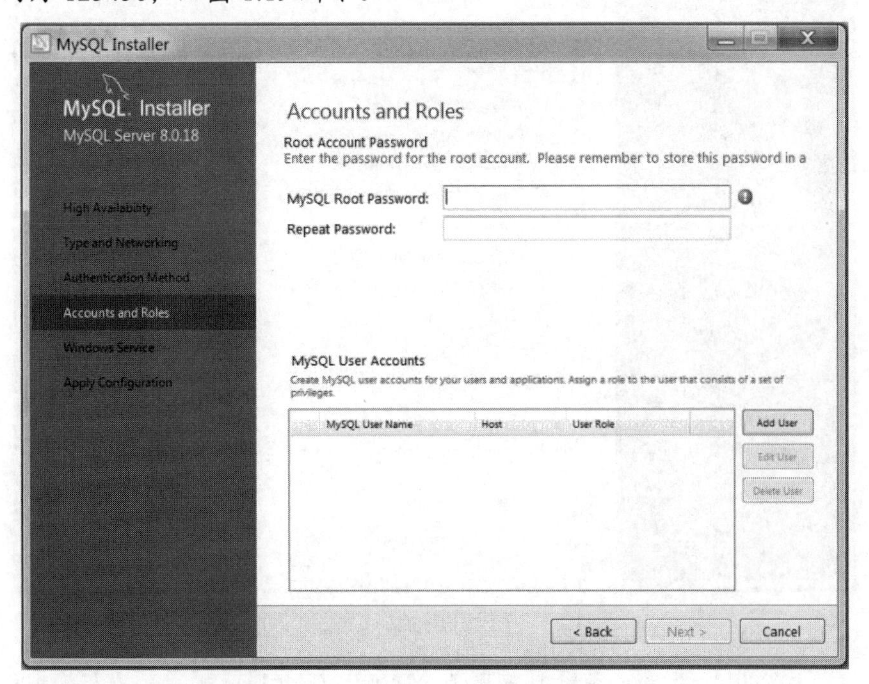

图 1.19　MySQL 8.0 配置（5）

⑥ 单击“Next”按钮，打开“Windows Service”窗口，这里设置服务器名称为“MySQL”，如图 1.20 所示。

⑦ 单击“Next”按钮，打开“Apply Configuration”窗口，如图 1.21 所示。

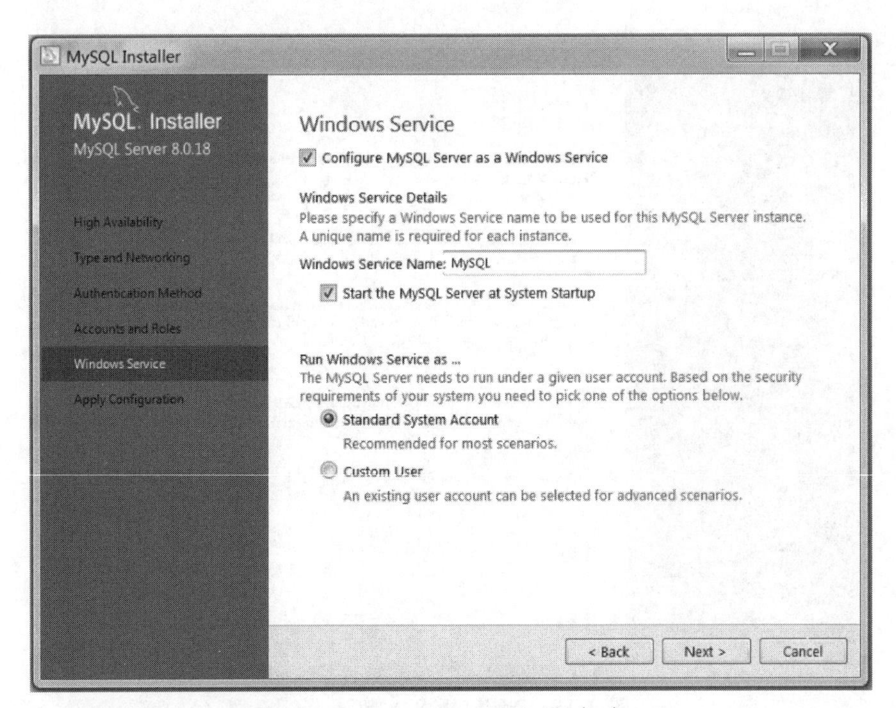

图 1.20　MySQL 8.0 配置（6）

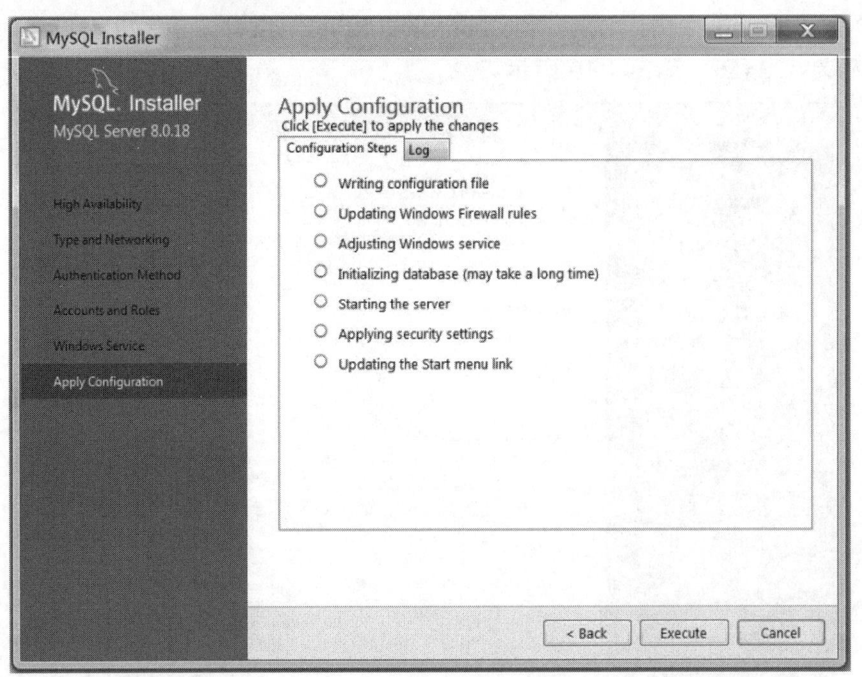

图 1.21　MySQL 8.0 配置（7）

⑧ 单击“Execute”按钮，系统自动配置 MySQL 服务器。配置完成后，单击“Finish”按钮，完成 MySQL 服务器配置，如图 1.22 所示。

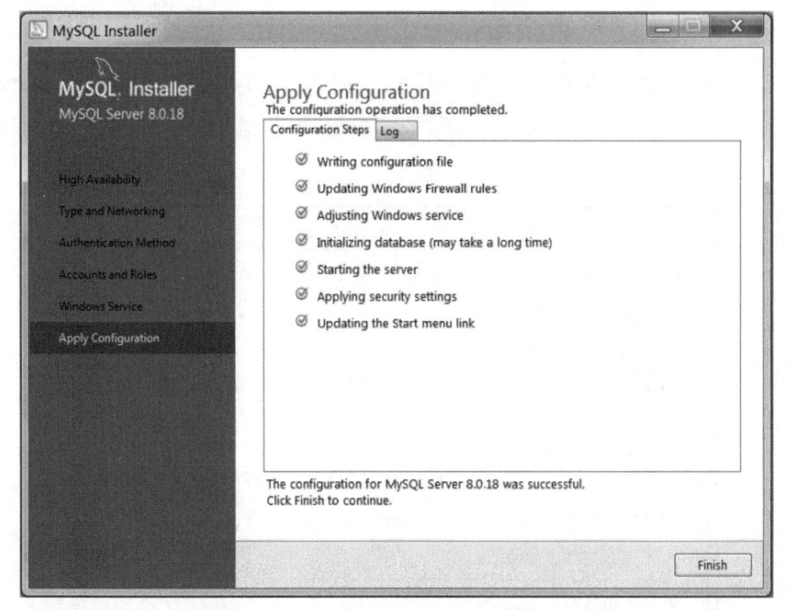

图 1.22　完成 MySQL 服务器设置

1.6　启动、关闭和登录 MySQL 服务器

MySQL 安装配置完成后，需要启动服务器进程，客户端才能通过命令行工具登录数据库。

1.6.1　启动和关闭 MySQL 服务器

启动和关闭 MySQL 服务的操作步骤如下。

① 单击“开始”菜单，在“搜索程序和文件”文本框中输入“services.msc”命令，按 Enter 键，打开“服务”窗口，如图 1.23 所示。可以看出，MySQL 服务已经启动，服务的启动类型为“自动”。

图 1.23　“服务”窗口

② 在图 1.23 中，可以更改 MySQL 服务的启动类型，选中服务名称为“MySQL”并右击，在弹出的快捷菜单中选择“属性”命令，打开“MySQL 的属性（本地计算机）”对话框，如图 1.24 所示，在“启动类型”下拉列表框中可以选择“自动”“手动”“禁用”等选项。

图 1.24　“MySQL 的属性（本地计算机）”对话框

③ 在“服务状态”选项区中可以更改服务状态为“启动”“停止”“暂停”“恢复”。如果单击“停止”按钮，那么可以关闭服务器。

1.6.2　登录 MySQL 服务器

在 Windows 下，有 MySQL 命令行客户端和 Windows 命令行两种方式登录服务器，下面分别进行介绍。

1. MySQL 命令行客户端

在安装 MySQL 的过程中，MySQL 命令行客户端被自动配置到计算机上，以 C/S 方式连接和管理 MySQL 服务器。

选择“开始”→“所有程序”→“MySQL”→“MySQL Server 8.0”→“MySQL Server 8.0 Command Line Client”命令，打开“MySQL 8.0 Command Line Client”窗口，输入管理员密码，即安装 MySQL 时设置的密码，这里是 123456，出现命令行提示符“mysql>”，表示已经成功登录 MySQL 服务器，如图 1.25 所示。

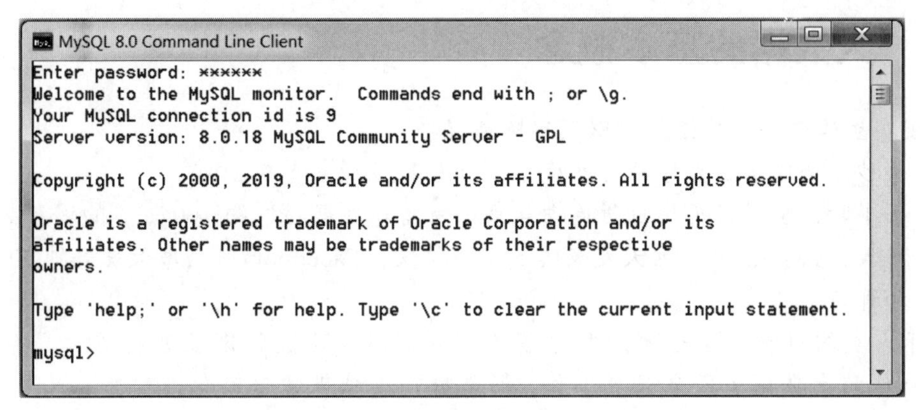

图 1.25　MySQL 命令行客户端

2. Windows 命令行

以 Windows 命令行登录服务器的操作步骤如下。

① 单击“开始”菜单，在“搜索程序和文件”文本框中输入“cmd”命令，按 Enter 键，打开 DOS 窗口。

② 输入“cd C:\Program Files\MySQL\MySQL Server 8.0\bin”命令，按 Enter 键，进入安装 MySQL 的 bin 目录。

输入“C:\Program Files\MySQL\MySQL Server 8.0\bin > mysql -u root -p”命令，按 Enter 键，输入密码“Enter password: ******”，这里是 123456，出现命令行提示符“mysql>”，表示已经成功登录 MySQL 服务器，如图 1.26 所示。

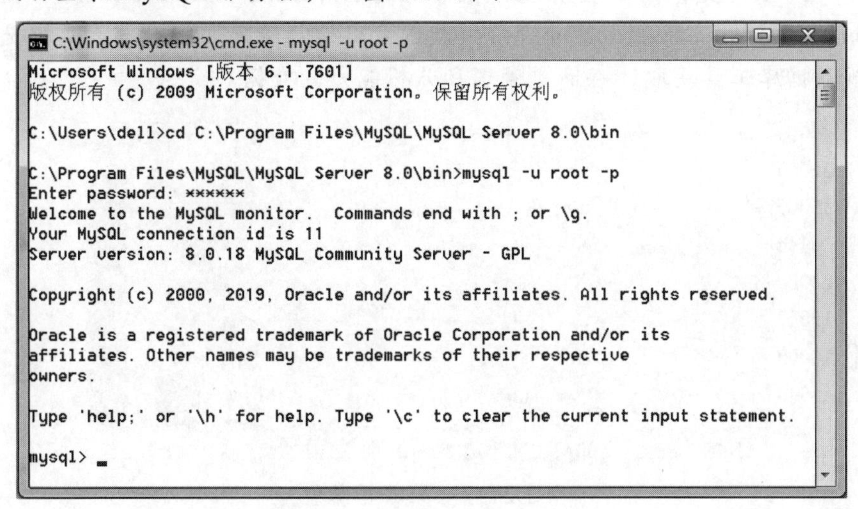

图 1.26　Windows 命令行

1.7　大数据简介

随着 PB 级巨大的数据容量存储、快速的并发读/写速度、成千上万个节点的扩展，我们进入大数据时代。下面介绍大数据的基本概念、大数据的处理过程、NoSQL 数据库等内容。

1.7.1 大数据的基本概念

在现实生活中，大数据面对以下实际情况。

❖ 每秒，全球消费者每秒会产生约 10000 笔银行卡交易。

❖ 每小时，全球某折扣百货连锁店每小时需要处理超过约 100 万单的客户交易。

❖ 每天，Twitter 用户每天发表约 5 亿篇推文，Facebook 用户每天发表约 27 亿个赞和评论。

由于人类的日常生活已经与数据密不可分，科学研究数据量急剧增加，各行各业也越来越依赖大数据手段来开展工作，而数据产生越来越自动化，人类进入“大数据”时代。

2004 年，全球数据总量约为 30EB（1EB=1024PB=2^{60}B），2005 年约达到 50EB，2006 年约达到 161EB，2015 年约达到 7900EB，2020 年约达到 35000EB，如图 1.27 所示。

1．大数据的形成和定义

“大数据”这一概念的形成有 3 个标志性事件。

2008 年 9 月，国际学术杂志 Nature 专刊 *The next Google* 第一次正式提出“大数据”（Big Data）的概念。

2011 年 2 月，国际学术杂志 Science 专刊 *Dealing with Data* 通过社会调查的方式，第一次综合分析了大数据对人们生活造成的影响，详细描述了人类面临的“数据困境”。

2011 年 5 月，麦肯锡研究院发布报告 *Big Data: the Next Frontier for Innovation, Competition, and Productivity*，第一次给大数据做出相对清晰的定义，大数据是指其大小超出了常规数据库工具获取、存储、管理和分析能力的数据。

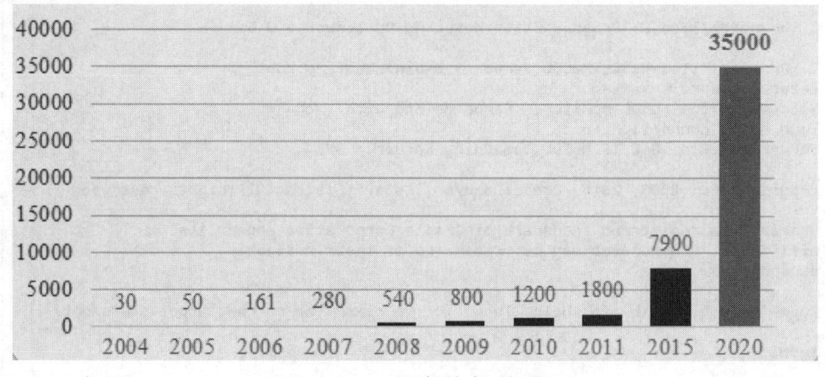

图 1.27 全球数据总量

目前，学术界和工业界对于大数据的定义尚未形成标准化的表述，比较流行的大数据定义如下。

❖ 数据集规模超过了目前常用的工具在可接受的时间范围内采集、管理及处理数据的水平。

❖ 大数据具有数据量大（Volume）、多样化（Variety）、快速（Velocity）和价值密度低（Value）等特点，需要具备可扩展性的计算架构来进行有效存储、处理和分析的大规模数据集。

根据以上大数据定义可以得出：大数据是指海量数据或巨量数据，需要以新的计算模式获取、存储、管理、处理并提炼数据以帮助用户决策。

2．大数据的特点

大数据具有4V+1C的特点。

（1）数据量大（Volume）

存储和处理的数据量巨大，超过了传统的GB（1GB=1024MB）或TB（1TB=1024GB）规模，达到了PB（1PB=1024TB）甚至EB（1EB=1024PB）量级。PB级别已经是常态。

下面列举数据存储单位。

- bit（比特）：二进制位，二进制最基本的存储单位。
- Byte（字节）：8个二进制位，1Byte=8bit。
- 1KB（Kilobyte）=1024B=2^{10}Byte。
- 1MB（MegaByte）=1024KB=2^{20}Byte。
- 1GB（GigaByte）=1024MB=2^{30}Byte。
- 1TB（TeraByte）=1024GB=2^{40}Byte。
- 1PB（PetaByte）=1024TB=2^{50}Byte。
- 1EB（ExaByte）=1024PB=2^{60}Byte。
- 1ZB（ZettaByte）=1024EB=2^{70}Byte。
- 1YB（YottaByte）=1024ZB=2^{80}Byte。
- 1BB（BrontoByte）=1024YB=2^{90}Byte。
- 1GPB（GeopByte）=1024BB=2^{100}Byte。

（2）多样化（Variety）

数据的来源及格式多样。除了传统的结构化数据，数据格式还包括半结构化数据或非结构化数据，如用户上传的音频和视频。随着人类活动进一步扩宽，数据的来源更加多样化。

（3）快速（Velocity）

数据增长速度快，而且越新的数据价值越高，这就要求对数据的处理速度也要快，以便能够从数据中快速提取知识，发现价值。

（4）价值密度低（Value）

需要对大量数据进行处理，挖掘其潜在的价值。

（5）复杂度增加（Complexity）

对数据处理和分析的难度增大。

1.7.2　大数据的处理过程

大数据的处理过程包括数据的采集和预处理、大数据分析、数据可视化。

1．数据的采集和预处理

大数据的采集一般采用多个数据库来接收终端数据，包括智能终端、移动App应用端、网页端、传感器端等。

数据预处理包括数据清理、数据集成、数据变换和数据归约等方法。

（1）数据清理

数据清理的目标是达到数据格式标准化，清除异常数据和重复数据、纠正数据错误。

（2）数据集成

数据集成是指将多个数据源中的数据结合起来并统一存储，创建数据仓库。

（3）数据变换

数据变换是指通过平滑聚集、数据泛化、规范化等方式，将数据转换为适用于数据挖掘的形式。

（4）数据归约

数据归约是指寻找依赖于发现目标数据的有用特征，缩减数据规模，最大限度地精简数据量。

2．大数据分析

大数据分析包括统计分析、数据挖掘等方法。

（1）统计分析

统计与分析使用分布式数据库或分布式计算集群，对存储于其内的海量数据进行分析和分类汇总。

统计分析、绘图语言和操作环境通常采用 R 语言，也是一个用于统计计算和统计制图、免费和源代码开放的优秀软件。

（2）数据挖掘

数据挖掘与统计分析不同的是一般没有预先设定主题。数据挖掘通过对提供的数据进行分析，查找特定类型的模式和趋势，最终形成模型。

数据挖掘的常用方法有分类、聚类、关联分析、预测建模等。

- ❖ 分类：根据重要数据类的特征向量值及其他约束条件，构造分类函数或分类模型，目的是根据数据集的特点把未知类别的样本映射到给定类别中。
- ❖ 聚类：目的在于将数据集内具有相似特征属性的数据聚集成一类，同一类中的数据特征要尽可能相似，不同类中的数据特征要有明显的区别。
- ❖ 关联分析：搜索系统中的所有数据，找出所有能把一组事件或数据项与另一组事件或数据项联系起来的规则，以获得预先未知的和被隐藏的信息。
- ❖ 预测建模：一种统计或数据挖掘的方法，包括可以在结构化数据与非结构化数据中使用以确定未来结果的算法和技术，可以应用在预测、优化、预报和模拟等许多业务系统中。

3．数据可视化

通过图形、图像等技术直观形象和清晰有效地表达数据，大数据可以为发现数据隐含的规律提供技术手段。

1.7.3 NoSQL 数据库

在大数据和云计算时代，很多信息系统需要对海量的非结构化数据进行存储和计算，NoSQL 数据库应运而生。

1．传统关系数据库存在的问题

随着互联网应用的发展，传统关系数据库在读/写速度、支撑容量、扩展性能、管理和运营成本方面存在以下问题。

（1）读/写速度慢

关系数据库由于其系统逻辑复杂，当数据量达到一定规模时，读/写速度快速下降，即使能勉强应付每秒上万次 SQL 查询，硬盘 I/O 也无法承担每秒上万次 SQL 写数据的要求。

（2）支撑容量有限

Facebook 和 Twitter 等社交网站每月能产生上亿条用户动态，关系数据库在一个有数亿条记录的表中进行查询，效率极低，致使查询速度非常慢。

（3）扩展困难

当一个应用系统的用户量和访问量不断增加时，关系数据库无法通过简单添加更多的硬件和服务节点来扩展性能和负载能力，不得不停机维护以完成扩展工作。

（4）管理和运营成本高

企业级数据库的授权价格高，加上系统规模不断上升，系统管理维护成本无法满足上述要求。

同时，关系数据库的一些特性，如复杂的 SQL 查询、多表关联查询等，在云计算和大数据中往往无用武之地，所以，传统关系数据库已经难以独立满足云计算和大数据时代应用的需要。

2．NoSQL 数据库的基本概念

NoSQL（Not Only SQL）数据库泛指非关系型数据库，在设计上与传统的关系数据库不同，常用的数据模型有 Cassandra、Hbase、BigTable、Redis、MongoDB、CouchDB 和 Neo4j 等。

NoSQL 数据库具有以下特点。

① 读/写速度快、数据容量大。具有对数据的高并发读/写和海量数据的存储功能。

② 易于扩展。可以在系统运行时，动态增加或删除节点，不需要停机维护。

③ 一致性策略。遵循 BASE（Basically Available，Soft state，Eventual consistency）原则，即 Basically Available（基本可用），是指允许数据出现短期不可用；Soft state（柔性状态），是指状态可以有一段时间不同步；Eventual consistency（最终一致），是指最终一致，而不是严格的一致。

④ 灵活的数据模型。不需要事先定义数据模式、预定义表结构。数据中的每条记录都可能有不同的属性和格式，当插入数据时，并不需要预先定义它们的模式。

⑤ 高可用性。NoSQL 数据库将记录分散在多个节点上，对各数据分区进行备份（通常是 3 份），应对节点的失败。

3．NoSQL 数据库的种类

随着大数据和云计算的发展，出现了许多 NoSQL 数据库，常用的 NoSQL 数据库根据其存储特点及存储内容可以分为以下 4 类。

（1）键值（Key-Value）模型

一个关键字（Key）对应一个值（Value），简单易用的数据模型，能够提供较快的查询速度、海量数据存储和高并发操作，适合通过主键对数据进行查询和修改操作，如 Redis 模型。

（2）列存储模型

按列对数据进行存储，可以存储结构化数据和半结构化数据，有利于对数据进行查询操作，适用于数据仓库类的应用，代表模型有 Cassandra、HBase、BigTable。

（3）文档型模型

文档型模型也是一个关键字（Key）对应一个值（Value），但这个值是以 JSON 或 XML 等格式的文档进行存储的，常用的模型有 MongoDB、CouchDB。

（4）图（Graph）模型

将数据以图形的方式进行存储，记为 $G(V, E)$，V 为节点（node）的结合，E 为边（edge）的结合。图模型支持图结构的各种基本算法，用于直观地表达和展示数据之间的联系，如 Neo4j 模型。

4．NewSQL 数据库的兴起

现有 NoSQL 数据库产品大多是面向特定应用的，缺乏通用性，其应用具有一定的局限性，已有一些研究成果和改进的 NoSQL 数据存储系统，但它们都是针对不同应用需求而提出的相应解决方案，还没有形成系列化的研究成果，缺乏强有力的理论、技术、标准规范的支持，以及缺乏足够的安全措施。

NoSQL 数据库以读/写速度快、数据容量大、扩展性能好等特性，在大数据和云计算时代进行了快速发展，但 NoSQL 不支持 SQL，使应用程序开发困难，不支持应用所需的 ACID 特性。新的 NewSQL 数据库将 SQL 和 NoSQL 的优势相结合，如 VoltDB、Spanner 等。

小　结

本章主要介绍了以下内容。

① 数据库在各行各业，如在运输业、电信业、银行业、金融业、销售业、制造业、学校和各行业人力资源部门中，有着广泛的应用。

② 数据库（DataBase，DB）是长期存储在计算机内的、有组织的、可共享的数据集合，数据库中的数据按一定的数据模型组织、描述和存储，具有尽可能小的冗余度、较高的数据独立性和易扩展性。

数据库管理系统（DataBase Management System，DBMS）是数据库系统的核心组成部分，它是在操作系统支持下的系统软件，是对数据进行管理的大型系统软件，用户在数据库系统中的一些操作都是由数据库管理系统来实现的。

数据库系统（DataBase System，DBS）是在计算机系统中引入数据库后的系统构成，数据库系统由数据库、操作系统、数据库管理系统、应用程序、用户、数据库管理员（DataBase Administrator，DBA）组成。

③ 数据模型（Data Model）是现实世界数据特征的抽象，在开发设计数据库应用系统时需要使用不同的数据模型，如概念模型、逻辑模型、物理模型。

④ 关系数据库采用关系模型组织数据，关系数据库是目前十分流行的数据库，关系数据库管理系统是支持关系模型的数据库管理系统。关系数据库中的重要概念有关系、元组、属性、域、关系模式、候选码、主关键字（主键）、外关键字（外键）。

关系数据操作又被称为关系运算，投影、选择、连接是最重要的关系运算，关系数据库管理系统支持关系数据库和投影运算、选择运算、连接运算。

概念结构设计是在需求分析的基础上转换为有结构的、易于理解的精确表达，概念结构设计阶段的目标是形成整体数据库的概念结构，它独立于数据库逻辑结构和具体的数据库管理系统。描述概念模型的有力工具是 E-R 图，概念结构设计是整个数据库设计的关键。

逻辑结构设计的任务是将概念结构设计阶段设计好的基本 E-R 图转换为与选用的数据库管理系统产品所支持的数据模型相符合的逻辑结构。由于当前主流的数据模型是关系模型，因此逻辑结构设计是将 E-R 图转换为关系模型，即将 E-R 图转换为一组关系模式。

⑤ MySQL 数据库管理系统。

MySQL 的特点。

MySQL 8.0 在 InnoDB 存储引擎增强、账户与安全、公用表表达式、窗口函数、查询优化、JSON 增强、字符集支持等方面具有新特性。

MySQL 8.0 的安装和配置步骤。

⑥ 启动、关闭和登录 MySQL 服务器。

启动和关闭 MySQL 服务器的操作步骤。

使用 MySQL 命令行客户端和 Windows 命令行两种方式登录服务器。

⑦ 大数据（Big Data）是指海量数据或巨量数据，以云计算等新的计算模式为手段，获取、存储、管理、处理并提炼数据以帮助用户决策。

大数据具有数据量大、多样化、快速、价值密度低、复杂度增加等特点。

NoSQL 数据库泛指非关系型数据库，NoSQL 数据库具有读/写速度快与数据容量大、易于扩展、一致性策略、灵活的数据模型、高可用性等特点。

习题 1

一、选择题

1.1 数据库（DB）、数据库系统（DBS）和数据库管理系统（DBMS）的关系是________。

A．DBMS 包括 DBS 和 DB　　B．DBS 包括 DBMS 和 DB

C．DB 包括 DBS 和 DBMS　　D．DBS 就是 DBMS，也就是 DB

1.2 能唯一标识实体的最小属性集，称为________。

A．候选码　　B．外码　　C．联系　　D．码

1.3 在数据模型中，概念模型是________。

A．依赖于计算机的硬件

B．独立于 DBMS

C．依赖于 DBMS

D．依赖于计算机的硬件和 DBMS

1.4 在数据库设计中，概念结构设计的主要工具是________。

A．E-R 图　　B．概念模型　　C．数据模型　　D．范式分析

1.5 数据库设计人员和用户之间沟通信息的桥梁是________。

A．程序流程图　　B．模块结构图　　C．实体联系图　　D．数据结构图

1.6 概念结构设计阶段得到的结果是________。

A．数据字典描述的数据需求

B．E-R 图表示的概念模型

C．某 DBMS 所支持的数据结构

D．包括存储结构和存取方法的物理结构

1.7 在关系数据库设计中，设计关系模式是________的任务。

A．需求分析阶段　　B．概念结构设计阶段

C．逻辑结构设计阶段　　D．物理结构设计阶段

1.8 生成 DBMS 支持的数据模型是在________阶段完成的。

A．概念结构设计　　B．逻辑结构设计

C．物理结构设计　　D．运行和维护

1.9 逻辑结构设计阶段得到的结果是________。

A．数据字典描述的数据需求

B．E-R 图表示的概念模型

C．某个 DBMS 所支持的数据结构

D．包括存储结构和存取方法的物理结构

1.10 将 E-R 图转换为关系数据模型的过程属于________。

A．需求分析阶段　　B．概念结构设计阶段

C．逻辑结构设计阶段　　D．物理结构设计阶段

1.11 MySQL 是________。

A．数据库系统　　B．数据库　　C．数据库管理员　　D．数据库管理系统

1.12 MySQL 组织数据采用________。

A．数据模型　　B．关系模型　　C．网状模型　　D．层次模型

1.13 下面的数据库产品中，________是开源数据库。

A．MySQL　　B．Oracle　　C．SQL Server　　D．DB2

二、填空题

1.14 数据模型由数据结构、数据操作和________组成。

1.15 数据库的特性包括共享性、独立性、完整性和________。

1.16 数据模型包括概念模型、逻辑模型和________。

1.17 概念结构设计阶段的目标是形成整体________的概念结构。

1.18 描述概念模型的有力工具是________。

1.19 逻辑结构设计是将 E-R 图转换为________。

1.20 大数据是指_______，以新的计算模式为手段，获取、存储、管理、处理并提炼数据以帮助用户决策。

1.21 NoSQL（Not Only SQL）数据库泛指________数据库，是指其在设计上与传统的关系数据库不同。

1.22 登录服务器可以使用________和 Windows 命令行两种方式。

1.23 在“MySQL 属性（本地计算机）”对话框的“启动类型”下拉列表框中可以选择“自动”“________”“禁用”等选项。

三、问答题

1.24 什么是数据库？举例说明数据库的应用。

1.25 数据库管理系统有哪些功能？

1.26 什么是关系模型？关系模型有哪些特点？

1.27 概念结构有哪些特点？简述概念结构设计的步骤。

1.28 逻辑结构设计的任务是什么？简述逻辑结构设计的步骤。

1.29 简述 E-R 图向关系模型转换的规则。

1.30 什么是大数据？简述大数据的基本特点。

1.31 什么是 NoSQL 数据库？它有哪些特点？

1.32 简述 MySQL 的特点。MySQL 8.0 具有哪些新特性？

1.33 简述 MySQL 的安装和配置步骤。

1.34 为什么需要配置服务器？主要配置哪些内容？

1.35 简述启动和关闭 MySQL 服务器的操作步骤。

1.36 如何判断 MySQL 服务器已经运行？

1.37 简述使用 MySQL 命令行客户端登录服务器的操作步骤。

1.38 简述使用 Windows 命令行登录服务器的操作步骤。

1.39 运行 MySQL 使系统提示符变成“mysql>”，与 MySQL 服务器有何关系？

四、应用题

1.40 假设销售管理系统在需求分析阶段搜集到以下信息。

❖ 员工信息：员工号、姓名、性别、出生日期、地址、工资。

❖ 订单信息：订单号、客户号、销售日期、总金额。

该业务系统有以下规则。

❖ 一个员工可开出多个订单。

❖ 一个订单只能由一个员工开出

（1）根据以上信息画出合适的 E-R 图。

（2）将 E-R 图转换为关系模式，并利用下画线标出每个关系的主码、说明外码。

1.41 假设销售管理系统在需求分析阶段搜集到以下信息。

❖ 订单信息：订单号、客户号、销售日期、总金额。

❖ 商品信息：商品号、商品名、商品类型、单价、库存量。

该业务系统有以下约束。

❖ 一个订单可以订购多类商品，一类商品可以有多个订单。

❖ 使用订单订购的商品要在数据库中记录单价、数量、总价、折扣率、折扣总价。

（1）根据以上信息画出合适的E-R图。

（2）将E-R图转换为关系模式，并利用下画线标出每个关系的主码、说明外码。

实验 1

实验 1.1　概念结构设计和逻辑结构设计

1．实验目的及要求

（1）掌握概念结构设计和逻辑结构设计的步骤。

（2）了解E-R图构成要素。

（3）掌握E-R图的绘制方法。

（4）掌握概念模型向逻辑模型的转换原则和方法。

2．验证性实验

（1）设计开发销售管理系统，希望能够创建管理员工与部门信息的数据库。

其中，员工信息包括员工号、姓名、性别、年龄。部门信息包括部门号、部门名。

① 确定员工实体和部门实体的属性。

员工：员工号、姓名、年龄、性别。

部门：部门号、部门名。

② 确定员工和部门之间的联系，给联系命名并指出联系的类型。

一个员工只能属于一个部门，一个部门可以有很多个员工，所以部门和员工之间是一对多的关系，即1∶n。

③ 确定联系的名称和属性。

联系的名称：属于。

④ 画出员工与部门关系的E-R图。

员工和部门关系的E-R图如图1.28所示。

⑤ 将E-R图转化为关系模式，写出关系模式并标明各自的主码。

员工(<u>员工号</u>,姓名,年龄,性别)，码：员工号。

部门(<u>部门号</u>,部门名)，码：部门号。

（2）假设图书借阅系统在需求分析阶段搜集到的图书信息为书号、书名、作者、价格、复本量、库存量，学生信息为借书证号、姓名、专业、借书量。

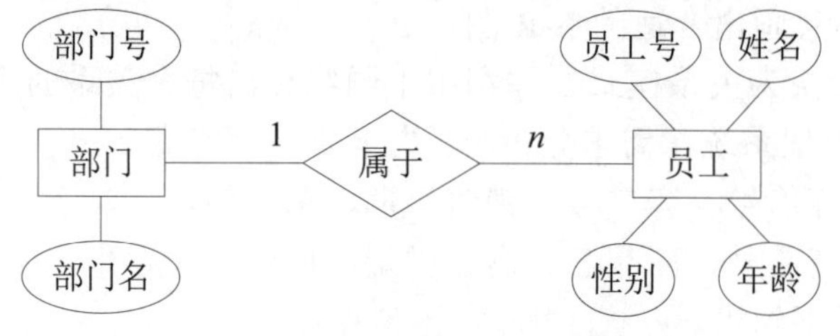

图1.28　员工和部门关系的E-R图

① 确定图书和学生实体的属性。

图书信息：书号、书名、作者、价格、复本量、库存量。

学生信息：借书证号、姓名、专业、借书量。

② 确定图书和学生之间的联系，为联系命名并指出联系的类型。

一个学生可以借阅多种图书，一种图书可被多个学生借阅。学生借阅的图书要在数据库中记录索书号、借阅时间，所以，图书和学生之间是多对多关系，即 $m:n$。

③ 确定联系名称和属性。

联系名称：借阅。

属性：索书号、借阅时间。

④ 画出图书和学生关系的 E-R 图。

图书和学生关系的 E-R 图如图 1.29 所示。

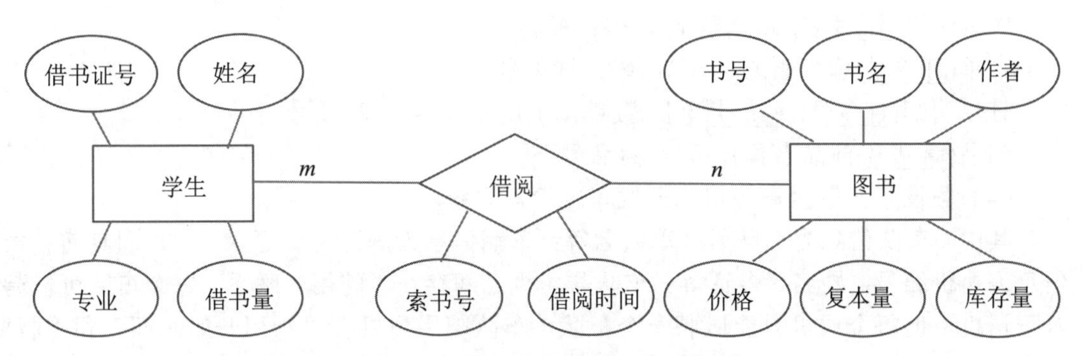

图 1.29　图书和学生关系的 E-R 图

⑤ 将 E-R 图转换为关系模式，写出表的关系模式并标明各自的码。

学生(<u>借书证号</u>,姓名,专业,借书量)，码：借书证号。

图书(<u>书号</u>,书名,作者,价格,复本量,库存量)，码：书号。

借阅(<u>书号,借书证号</u>,索书号,借阅时间)，码：书号、借书证号。

（3）在商场销售系统中，搜集到的顾客信息为顾客号、姓名、地址、电话，订单信息为订单号、单价、数量、总金额，商品信息为商品号、商品名称。

① 确定顾客、订单、商品实体的属性。

顾客信息：顾客号、姓名、地址、电话。

订单信息：订单号、单价、数量、总金额。

商品信息：商品号、商品名称。

② 确定顾客、订单、商品之间的联系，给联系命名并指出联系的类型。

一个顾客可以拥有多个订单，一个订单只属于一个顾客，顾客和订单之间是一对多关系，即 $1:n$。一个订单可以购买多种商品，一种商品可以被多个订单购买，订单和商品之间是多对多关系，即 $m:n$。

③ 确定联系的名称和属性。

联系的名称：订单明细。

属性：单价、数量。

④ 画出顾客、订单、商品之间联系的 E-R 图。

顾客、订单、商品之间联系的 E-R 图如图 1.30 所示。

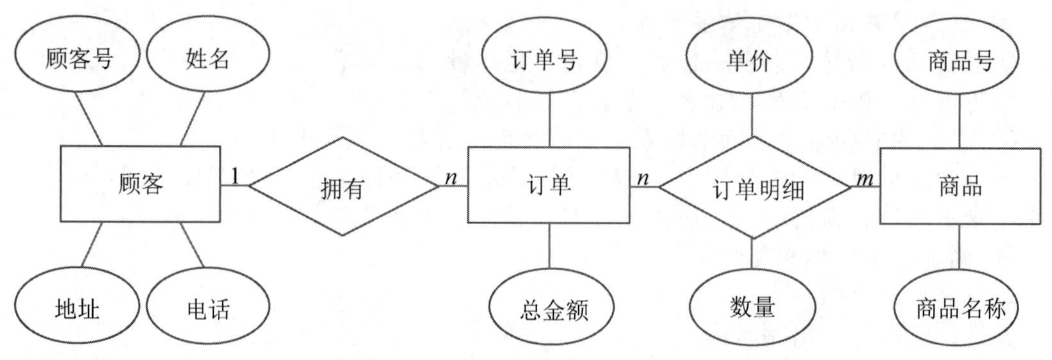

图 1.30 顾客、订单、商品之间联系的 E-R 图

⑤ 将 E-R 图转换为关系模式，写出表的关系模式并标明各自的码。

顾客(顾客号,姓名,地址,电话)，码：顾客号。

订单(订单号,总金额,顾客号)，码：订单号。

订单明细(订单号,商品号,单价,数量)，码：订单号、商品号。

商品(商品号,商品名称)，码：商品号。

（4）假设某汽车运输公司想开发车辆管理系统。

其中，车队信息为车队号、车队名等；车辆信息为牌照号、厂家、出厂日期等；司机信息为司机编号、姓名、电话等。车队与司机之间存在“聘用”联系，每个车队可以聘用若干司机，但每个司机只能应聘一个车队，车队聘用司机有“聘用开始时间”和“聘期”两个属性；车队与车辆之间存在“拥有”联系，每个车队可以拥有若干车辆，但每辆车只能属于一个车队；司机与车辆之间存在“使用”联系，司机使用车辆有“使用日期”和“千米数”两个属性，每个司机可以使用多辆汽车，每辆汽车可以被多个司机使用。

① 确定实体和实体的属性。

车队：车队号、车队名。

车辆：牌照号、厂家、出厂日期。

司机：司机编号、姓名、电话、车队号。

② 确定实体之间的联系，给联系命名并指出联系的类型。

车队与车辆联系类型是 1∶n，联系名称为拥有；车队与司机联系类型是 1∶n，联系名称为聘用；车辆和司机联系类型为 m∶n，联系名称为使用。

③ 确定联系的名称和属性。

联系“聘用”有“聘用开始时间”和“聘期”两个属性；联系“使用”有“使用日期”和“千米数”两个属性。

④ 画出 E-R 图。

车队、车辆和司机关系的 E-R 图如图 1.31 所示。

⑤ 将 E-R 图转换为关系模式，写出表的关系模式并标明各自的码。

车队(车队号,车队名)，码：车队号。

车辆(车牌照号,厂家,出厂日期,车队号)，码：牌照号。

司机(司机编号,姓名,电话,车队号,聘用开始时间,聘期)，码：司机编号。

使用(司机编号,车辆号,使用日期,千米数)，码：司机编号、车辆号。

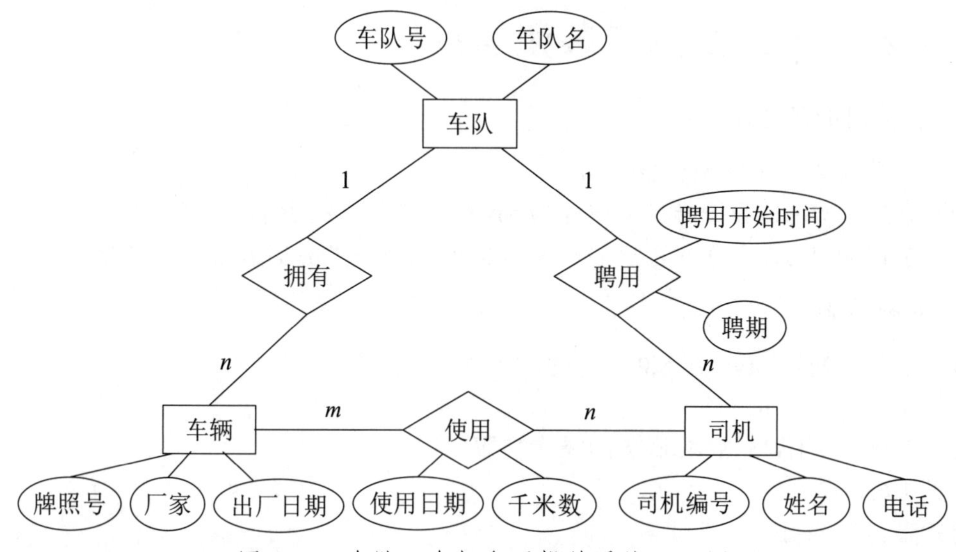

图 1.31　车队、车辆和司机关系的 E-R 图

3．设计性实验

（1）设计存储生产厂商和产品信息的数据库。

生产厂商的信息包括厂商名称、地址、电话；产品信息包括品牌、型号、价格；生产厂商生产某产品的数量和日期。

① 确定产品和生产厂商实体的属性。

② 确定产品和生产厂商之间的联系，为联系命名并指出联系的类型。

③ 确定联系的名称和属性。

④ 画出产品与生产厂商关系的 E-R 图。

⑤ 将 E-R 图转换为关系模式，写出表的关系模式并标明各自的码。

（2）某房地产交易公司，需要存储房地产交易中客户、业务员和合同三者信息的数据库。

其中，客户信息包括客户编号、购房地址；业务员信息包括员工号、姓名、年龄；合同信息包括客户编号、员工号、合同有效时间。其中，一个业务员可以接待多个客户，每个客户只签署一个合同。

① 确定客户实体、业务员实体和合同的属性。

② 确定客户、业务员和合同三者之间的联系，为联系命名并指出联系类型。

③ 确定联系的名称和属性。

④ 画出客户、业务员和合同三者关系的 E-R 图。

⑤ 将 E-R 图转换为关系模式，写出表的关系模式并标明各自的码。

4．观察与思考

如果有 10 个不同的实体集，它们之间存在 12 个不同的二元联系（二元联系是指两个实体集之间的联系），其中 3 个 1∶1 联系，4 个 1∶n 联系，5 个 m∶n 联系，那么根据 E-R 图转换为关系模型的规则，这个 E-R 图转换为关系模式的个数至少有多少个？

实验 1.2　MySQL 的安装和运行

1．实验目的及要求

（1）掌握安装和配置 MySQL 8.0。
（2）掌握 MySQL 服务器（又被称为 MySQL 服务）的启动和关闭。
（3）掌握 MySQL 命令行客户端和 Windows 命令行两种方式登录服务器。

2．实验内容

（1）安装和配置 MySQL 8.0 的步骤
参见 1.53 节～1.54 节。
（2）启动和关闭 MySQL 服务的操作步骤
参见 1.6.1 节。
请读者自行练习。

第 2 章　MySQL 语言结构

SQL（Structured Query Language，结构化查询语言）是关系数据库的标准语言，MySQL 是在标准 SQL 基础上进行了扩展，并以标准 SQL 为主体。当 MySQL 服务器安装设置完毕，用户可以通过命令行或图形界面等客户端工具，建立与 MySQL 服务器的连接，并进行相关的数据库操作，其与 MySQL 服务器交互的实质都是通过 SQL 来实现的。本书采用命令行的方式介绍 MySQL 数据库交互过程中 SQL 语句的语法及使用，既有利于理解和掌握 MySQL 的理论基础和操作，又有利于以后对 MySQL 高级特性的学习。本章主要介绍 SQL、MySQL 组成、数据类型、常量和变量、运算符和表达式、MySQL 函数等内容。

2.1　SQL 简介

SQL 是在关系数据库上执行数据操作、数据检索及数据库维护所需要的标准语言，是用户与数据库之间进行交流的接口，是关系数据库管理系统都支持的语言。

2.1.1　SQL 的特点

SQL 是应用于数据库的结构化查询语言，是一种专门用来与数据库通信的语言，本身不能脱离数据库而存在。SQL 是一种非过程性语言，一般高级语言存取数据库时要按照程序顺序处理许多动作，而 SQL 只需简单的几行命令，由数据库系统来完成具体的内部操作。SQL 由很少的关键字组成，每条 SQL 语句由一个或多个关键字组成。

SQL 具有以下特点。

1．高度非过程化

SQL 是非过程化语言，进行数据操作，只要提出“做什么”，而无须指明“怎么做”，因此无须说明具体处理过程和存取路径，处理过程和存取路径由系统自动完成。

2．专门用来与数据库通信

SQL 本身不能独立于数据库而存在，是应用于数据库和表的语言。使用 SQL，用户应该熟悉数据库的表结构和样本数据。

3．面向集合的操作方式

SQL 采用集合操作方式，不仅操作对象、查找结果可以是记录的集合，一次插入、删除、更新操作的对象也可以是记录的集合。

4．既是自含式语言、又是嵌入式语言

作为自含式语言，SQL 能够用于联机交互的使用方式，用户可以通过终端键盘直接输入 SQL 命令对数据库进行操作；作为嵌入式语言，SQL 语句能够嵌入高级语言（如 C/C++、Java）程序中，供程序员设计程序时使用。在这两种使用方式下，SQL 的语法结构基本上是一致的，提供了极大的灵活性和方便性。

5．综合统一

SQL 集数据查询（Data Query）、数据操纵（Data Manipulation）、数据定义（Data Definition）和数据控制（Data Control）功能于一体。

6．语言简洁、易学易用

SQL 接近英语口语，易学使用，功能很强，设计巧妙，语言简洁，完成核心功能只用了 9 个动词，如表 2.1 所示。

表 2.1　SQL 的动词

SQL 的功能	动　词
数据定义	CREATE，ALTER，DROP
数据操纵	INSERT，UPDATE，DELETE
数据查询	SELECT
数据控制	GRANT，REVOKE

SQL 不区分字母大小写。为了形成良好的编程风格，便于用户阅读代码、调试代码，本书对 SQL 关键字使用大写字母，而对数据库名、表名和字段名使用小写字母，或除首字母为大写外其余字母为小写。

2.1.2　SQL 的分类

SQL 可以分为以下 4 类。

1．数据定义语言（Data Definition Language，DDL）

数据定义语言用于对数据库及数据库中的各种对象进行创建、删除、修改等操作。数据定义语言的主要 SQL 语句有 CREATE 语句、ALTER 语句、DROP 语句。

2．数据操纵语言（Data Manipulation Language，DML）

数据操纵语言用于操纵数据库中的各种对象，进行插入、修改、删除等操作。数据操纵语言的主要 SQL 语句有 INSERT 语句、UPDATE 语句、DELETE 语句。

3．数据查询语言（Data Query Language，DQL）

数据查询语言的主要 SQL 语句有 SELECT 语句，用于从表或视图中检索数据，是使用最频繁的 SQL 语句之一。

4．数据控制语言（Data Control Language，DCL）

数据控制语言用于安全管理，确定哪些用户可以查看或修改数据库中的数据。数据控制语言的主要 SQL 语句有 GRANT 语句（用于授予权限）和 REVOKE 语句（用于收回权限）。

2.2 MySQL 组成

MySQL 以标准 SQL 为主体，并进行了扩展。MySQL 数据库所支持的 SQL 包括如下。

1．数据定义语言（Data Definition Language，DDL）

数据定义语言的主要 SQL 语句有 CREATE 语句、ALTER 语句、DROP 语句。

2．数据操纵语言（Data Manipulation Language，DML）

数据操纵语言的主要 SQL 语句有 INSERT 语句、UPDATE 语句、DELETE 语句。

3．数据查询语言（Data Query Language，DQL）

数据查询语言的主要 SQL 语句有 SELECT 语句。

4．数据控制语言（Data Control Language，DCL）

数据控制语言的主要 SQL 语句有 GRANT 语句、REVOKE 语句。

5．MySQL 扩展

这部分不是标准 SQL 包含的内容，而是为了用户编程方便而增加的语言元素，包括常量、变量、运算符、表达式、内置函数等。

2.3 数据类型

数据类型是指系统中允许的数据的类型，可以决定数据的存储格式、有效范围和相应的值范围限制。

MySQL 的数据类型包括数值类型、字符串类型、日期和时间类型、二进制数据类型、其他数据类型等。

2.3.1 数值类型

数值类型包括整数类型、定点数类型、浮点数类型。

1．整数类型

整数类型包括 tinyint、smallint、mediumint、int、bigint 等类型，integer 是 int 的同义词，其字节数和取值范围如表 2.2 所示。

表 2.2　数值类型的字节数和取值范围

数据类型	字节数	无符号数取值范围	有符号数取值范围
tinyint	1	0～255	-128～127
smallint	2	0～65535	-32768～32767
mediumint	3	0～16777215	-8388608～8388607
int/integer	4	0～4294967295	-2147483648～2147483647
bigint	8	0～1.84×10^{19}	$\pm9.22\times10^{18}$

2．定点数类型

定点数类型用于存储定点数，保存必须为确切精度的值。

在 MySQL 中，decimal(m, d)和 numeric(m, d)视为相同的定点数类型，m 是小数总位数，d 是小数点后面的位数。

m 的取值范围为 1～65，取 0 时会被设置为默认值，超出范围会报错。d 的取值范围为 0～30，而且必须不超过 m，超出范围会报错。m 的默认取值为 10，d 的默认取值为 0。dec 是 decimal 的同义词。

3．浮点数类型

浮点数类型包括单精度浮点数 float 类型和双精度浮点数 double 类型。

MySQL 中的浮点数类型有 float(m, d)和 double(m, d)，m 是小数位数的总数，d 是小数点后面的位数。

（1）float 类型

float 类型占 4 字节，其中 1 位表示符号位，8 位表示指数，23 位表示尾数。

在 float(m, d)中，m≤6 时，数字通常是准确的，即 float 类型只保证 6 位有效数字的准确性。

（2）double 类型

double 类型占 8 字节，其中 1 位表示符号位，11 位表示指数，52 位表示尾数。

在 double(m, d)中，m≤16 时，数字通常是准确的，即 double 类型只保证 16 位有效数字的准确性。

数值类型应该遵循以下原则。

① 选择最小的可用类型，若该字段的值不超过 127，则使用 tinyint 比 int 效果好。

② 对于完全都是数字的，无小数点时，可以选择整数类型，如年龄。

③ 浮点数类型用于可能具有的小数部分的数，如学生成绩。

④ 在需要表示金额等货币类型时，优先选择 decimal 数据类型。

2.3.2 字符串类型

常用的字符串类型有 char(n)、varchar(n)、tinytext、text 等，其取值范围和说明如表 2.3 所示。

表 2.3 字符串类型的取值范围和说明

数据类型	取值范围	说明
char(n)	0～255	固定长度字符串
varchar(n)	0～65535	可变长度字符串
tinytext	0～255	可变长度短文本
text	0～65535	可变长度长文本

说明：

① char(n)和 varchar(n)中的 n 表示字符的个数，并不表示字节数，所以当使用中文时（UTF-8），意味着可以插入 n 个中文字符，但是实际会占用 3n 字节。

② char 与 varchar 最大的区别在于，char 不管实际值都会占用 n 个字符的空间，而 varchar 只会占用实际字符应该占用的空间+1，并且实际空间不超过 n。

③ 实际超过 char 和 varchar 的 n 设置后，字符串后面超过部分会被截断。

④ char 取值范围的上限为 255，varchar 取值范围的上限为 65535，text 取值范围的上限为 65535。

⑤ char 在存储时会截断尾部的空格，varchar 和 text 则不会。

2.3.3 日期和时间类型

MySQL 主要支持 5 种日期和时间类型：date、time、datetime、timestamp、year，其取值范围和说明如表 2.4 所示。

表 2.4 日期和时间类型的取值范围和说明

数据类型	取值范围	格式	说明
date	1000-01-01	YYYY-MM-DD	日期
time	-838:58:59～835:59:59	HH:MM:SS	时间
datetime	1000-01-01 00:00:00～9999-12-31 23:59:59	YYYY-MM-DD HH:MM:SS	日期和时间
timestamp	1970-01-01 00:00:00～2037 年	YYYY-MM-DD HH:MM:SS	时间标签
year	1901-2155	YY 或 YY YY	年份

2.3.4 二进制数据类型

二进制数据类型包括 binary 和 blob。

1．binary

binary 和 varbinary 类型类似 char 和 varchar 类型，但它们存储的不是字符串，而是二进制串，所以它们没有字符集，并且排序和比较需要基于列字节的数值。

当保存 binary 值时，在它们右边填充 0x00 值，以达到指定长度；取值时，不删除尾部的字节。比较时，注意空格与 0x00 是不同的（0x00<空格），插入'a '会变成'a \0'。对于 varbinary 来说，插入时不填充字符，选择时不裁剪字节。

2．blob

blob 是一个二进制大对象，可以容纳可变数量的数据，可以存储数据量很大的二进制数据，如图片、音频、视频等二进制数据。在大多数情况下，可以将 blob 列视为能够足够大的 varbinary 列。blob 类型有 4 种：tinyblob、blob、mediumblob 和 longblob，它们只是可容纳值的最大长度不同。

2.3.5 其他数据类型

1．枚举类型

```
enum(成员 1, 成员 2, …)
```

enum 数据类型就是定义了一种枚举，最多包含 65535 个不同的成员。当定义了一个 enum 列时，该列的值限制为列定义中声明的值。若列声明包含 NULL 属性，则 NULL 将被认为是一个有效值，并且是默认值。若声明了 NOT NULL，则列表的第一个成员是默认值。

2．集合类型

```
set(成员 1, 成员 2, …)
```

set 数据类型为指定一组预定义值中的零个或多个值提供了一种方法，最多包括 64 个成员。值的选择限制为列定义中声明的值。

2.3.6 数据类型的选择

一般来说，数据类型要遵循以下原则。

① 在符合应用要求（取值范围、精度）的前提下，尽量使用“短”数据类型。

② 数据类型越简单越好。

③ 尽量采用精确小数类型（如 decimal），而不采用浮点数类型。

④ 在 MySQL 中，应该使用内置的日期和时间数据类型，而不是使用字符串存储日期。

⑤ 尽量避免字段的属性值为 NULL，建议将字段指定为 NOT NULL 约束。

2.4 常量和变量

2.4.1 常量

常量（Constant）的值在定义时被指定，在程序运行过程中不能改变，常量的使用格式取决于值的数据类型。

常量可以分为字符串常量、数值常量、十六进制常量、日期时间常量、位字段值、布尔值和 NULL 值。

1. 字符串常量

字符串常量是用单引号或双引号括起来的字符序列，分为 ASCII 字符串常量和 Unicode 字符串常量。

① ASCII 字符串常量是由 ASCII 字符构成的符号串，每个 ASCII 字符使用一个字节存储。例如：

```
'hello'
"hello"
'InPut Y',
```

② Unicode 字符串常量前面有一个 N 标志符（N 表示 SQL-92 标准中的国际语言 National Language）。N 前缀必须为大写字母，Unicode 数据中的每个字符使用 2 字节存储，如 N'hello'。

【例 2.1】验证字符串常量。

```
mysql> SELECT 'hello', "hello", 'InPut Y', N'hello';
```

运行结果：

```
+--------+---------+-----------+---------+
| hello  | hello   | InPut Y   | hello   |
+--------+---------+-----------+---------+
| hello  | hello   | InPut Y   | hello   |
+--------+---------+-----------+---------+
1 row in set, 1 warning (0.09 sec)
```

2. 数值常量

数值常量可以分为整数常量和浮点数常量。

① 整数常量是指不带小数点的十进制数。例如：

```
4715
-682
```

② 浮点数常量是指使用小数点的数值常量。例如：

```
93.5
-32.8
2.1E8
-1.25E-5
```

【例 2.2】验证数值常量。

```
mysql> SELECT 4715, -682,93.5, -32.8, 2.1E8, -1.25E-5;
```

运行结果：

```
+--------+--------+--------+---------+---------------+-----------------+
```

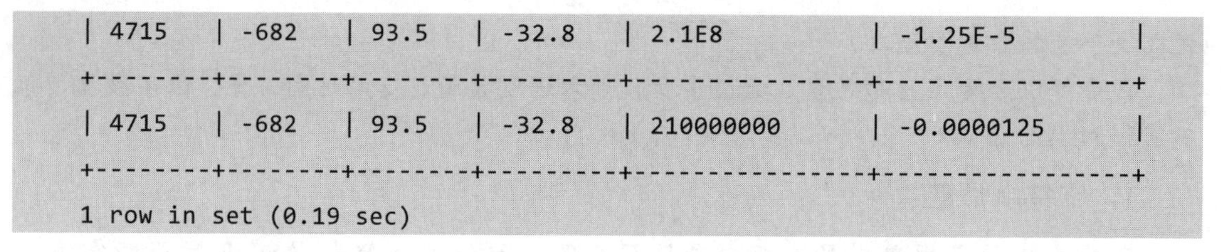

```
| 4715   | -682   | 93.5   | -32.8   | 2.1E8            | -1.25E-5        |
+--------+--------+--------+---------+------------------+-----------------+
| 4715   | -682   | 93.5   | -32.8   | 210000000        | -0.0000125      |
+--------+--------+--------+---------+------------------+-----------------+
1 row in set (0.19 sec)
```

3．十六进制常量

十六进制常量通常指定为一个字符串常量。每对十六进制数值被转换为一个字符，不区分字母大小写，可以使用数字 0～9 和字母 a～f 或 A～F，其前缀有“0x”和“X”(“x”)两种。

① 前缀为“0x”。前缀“0x”中的 x 一定要是小写字母。例如，0x41 表示大写字母 A，0x4D7953514C 表示字符串 MySQL。

② 前缀为“X”或“x”。前缀为“X”或“x”后面有引号。例如，X'41'表示大写字母 A，X'4D7953514C'表示字符串 MySQL。

【例 2.3】验证十六进制常量。

```
mysql> SELECT 0x41, 0x4D7953514C, X'41', X'4D7953514C';
```

运行结果：

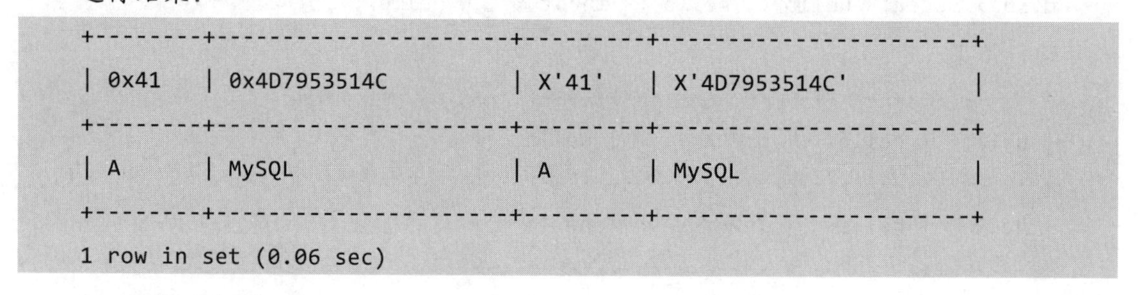

```
+--------+----------------------+---------+----------------------+
| 0x41   | 0x4D7953514C         | X'41'   | X'4D7953514C'        |
+--------+----------------------+---------+----------------------+
| A      | MySQL                | A       | MySQL                |
+--------+----------------------+---------+----------------------+
1 row in set (0.06 sec)
```

4．日期时间常量

日期时间常量使用双引号将表示日期时间的字符串括起来。

数据类型为 DATE 的日期型常量包括年、月、日，如"2020-06-20"。

数据类型为 TIME 时间型常量包括小时数、分钟数、秒数及微秒数，如"14:50:28.00037"。

数据类型为 DATETIME 或 TIMESTAMP 日期时间常量支持日期/时间的组合，如"2020-06-20 14:50:28"。

MySQL 按“年-月-日”的顺序表示日期，中间的间隔符“-”也可以使用“\”“@”“%”等特殊符号代替。

【例 2.4】验证日期时间常量。

```
mysql> SELECT "2020-06-20", "14:50:28.00037", "2020-06-20 14:50:28";
```

运行结果：

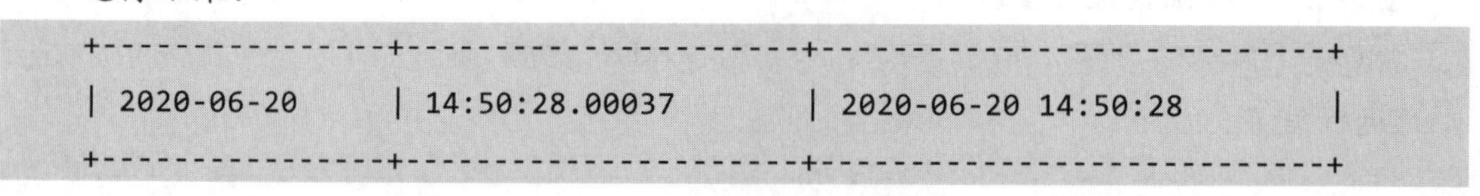

```
+---------------+-------------------+-------------------------+
| 2020-06-20    | 14:50:28.00037    | 2020-06-20 14:50:28     |
+---------------+-------------------+-------------------------+
```

```
| 2020-06-20    | 14:50:28.00037      | 2020-06-20 14:50:28        |
+---------------+---------------------+----------------------------+
1 row in set (0.00 sec)
```

5. 位字段值

b'value'格式符号用于书写位字段值，value 是由 0 和 1 写成的二进制值，位字段符号用于指定分配给 BIT 列的值。例如，b'1'显示为笑脸图标，b'11101'显示为双箭头图标。

【例 2.5】验证位字段值。

```
mysql> SELECT b'1', b'11101';
```

运行结果：

```
+---------+------------+
| b'1'    | b'11101'   |
+---------+------------+
|         |            |
+---------+------------+
1 row in set (0.08 sec)
```

6. 布尔值

布尔值只包含两个值，分别为 TRUE 和 FALSE。TRUE 的数值为“1”，FALSE 的数值为“0”。

【例 2.6】验证布尔值。

```
mysql> SELECT TRUE, FALSE;
```

运行结果：

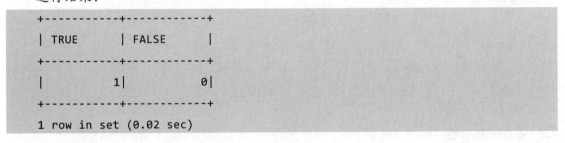

```
+-----------+-----------+
| TRUE      | FALSE     |
+-----------+-----------+
|          1|          0|
+-----------+-----------+
1 row in set (0.02 sec)
```

7. NULL 值

NULL 值通常用来表示“没有值”和“无数据”等意义，并且不同于数字类型的“0”或字符串类型的空字符串。

2.4.2 变量

变量（Variable）和常量都用于存储数据，但变量的值可以根据程序运行的需要随时改变，而常量的值在程序运行中是不能改变的。变量名用于标识该变量，数据类型用于确定该变量存储值的格式和允许的运算。

MySQL 的变量可以分为用户变量和系统变量。

1. 用户变量

在使用时，用户变量前面常添加“@”符号，以与列名区分。

用户变量通过 SET 语句定义。语法格式：

```
SET @user_variable1＝expression1 [,@user_variable2= expression2 , …]
```

其中，@user_variable1 为用户变量的名称，expression1 为要给变量赋的值，可以是常量、变量或它们通过运算符组成的式子。可以同时定义多个变量，中间使用“,”隔开。

【例 2.7】创建用户变量 name 并赋值为“李明”。

```
mysql> SET @name='李明';
```

运行结果：

```
Query OK, 0 rows affected (0.06 sec)
```

【例 2.8】创建用户变量 u1、u2、u3，并分别赋值为 20、30、40。

```
mysql> SET @u1=20, @u2=30, @u3=40;
```

运行结果：

```
Query OK, 0 rows affected (0.00 sec)
```

【例 2.9】创建用户变量 u4，它的值为 u3 的值加 60。

```
mysql> SET @u4=@u3+60;
```

运行结果：

```
Query OK, 0 rows affected (0.04 sec)
```

【例 2.10】查询创建的变量 name 的值。

```
mysql> SELECT @name;
```

运行结果：

```
+------------+
| @name      |
+------------+
| 李明        |
+------------+
1 row in set (0.00 sec)
```

2. 系统变量

系统变量在 MySQL 启动时被引入，并初始化为默认值。大多数的系统变量在应用时，必须在名称前面添加“@@”符号，而某些特定的系统变量要省略“@@”符号，如 CURRENT_TIME。

【例 2.11】获取 MySQL 版本号。

```
mysql> SELECT @@version ;
```

运行结果：

```
+---------------+
| @@version     |
```

```
+----------------+
| 8.0.18         |
+----------------+
1 row in set (0.07 sec)
```

【例 2.12】获取系统当前时间。

```
mysql> SELECT CURRENT_TIME;
```

运行结果:

```
+------------------------+
| CURRENT_TIME           |
+------------------------+
| 16:41:24               |
+------------------------+
1 row in set (0.03 sec)
```

在 MySQL 中，有些系统变量的值是不可以改变的，如 VERSION 和系统日期。而有些系统变量是可以通过 SET 语句来修改的，如 SQL_WARNINGS。

下面介绍系统变量中的全局系统变量和会话系统变量。

（1）全局系统变量

当 MySQL 启动时，全局系统变量就初始化了，并且应用于每个启动的会话。如果使用 GLOBAL（要求 SUPER 权限）设置系统变量，那么该值被记住，并被用于新的连接，直到服务器重新启动为止。

【例 2.13】将全局系统变量 sort_buffer_size 的值修改为 25000。

```
mysql> SET @@global.sort_buffer_size=25000;
```

运行结果:

```
Query OK, 0 rows affected, 1 warning (0.05 sec)
```

（2）会话系统变量

会话系统变量只适用于当前的会话。大多数会话系统变量的名字和全局系统变量的名字相同。当启动会话时，每个会话系统变量的值都与同名的全局系统变量的值相同。一个会话系统变量的值是可以改变的，但是这个新的值仅适用于正在运行的会话，不适用于其他会话。

【例 2.14】对于当前会话，系统变量 SQL_SELECT_LIMIT 决定了 SELECT 语句的结果集中的最大行数，先将系统变量 SQL_SELECT_LIMIT 的值设置为 100，显示设置结果；再将该系统变量设置为 MySQL 默认值，显示设置结果。

① 将系统变量 SQL_SELECT_LIMIT 的值设置为 100，显示设置结果。

```
mysql> SET @@SESSION.SQL_SELECT_LIMIT=100;
Query OK, 0 rows affected (0.00 sec)
mysql> SELECT @@LOCAL.SQL_SELECT_LIMIT;
```

运行结果:

```
+----------------------------------------+
```

```
| @@LOCAL.SQL_SELECT_LIMIT                  |
+-------------------------------------------+
|                                        100|
+-------------------------------------------+
1 row in set (0.00 sec)
```

② 将该系统变量设置为 MySQL 默认值，显示设置结果。

```
mysql> SET @@SESSION.SQL_SELECT_LIMIT=DEFAULT;
Query OK, 0 rows affected (0.00 sec)
mysql> SELECT @@LOCAL.SQL_SELECT_LIMIT;
```

运行结果:

```
+--------------------------------------------+
| @@LOCAL.SQL_SELECT_LIMIT                   |
+--------------------------------------------+
|                       18446744073709551615 |
+--------------------------------------------+
1 row in set (0.00 sec)
```

2.5 运算符和表达式

运算符是一种符号，用来指定在一个或多个表达式中执行的操作，在 MySQL 中常用的运算符有算术运算符、比较运算符、逻辑运算符和位运算符。表达式由数字、常量、变量和运算符组成，表达式的结果是一个值。MySQL 中的 SELECT 语句具有输出功能，能够显示表达式和函数的值。

2.5.1 算术运算符

算术运算符在两个表达式上执行数学运算，这两个表达式可以是任何数字数据类型。算术运算符有+（加）、–（减）、*（乘）、/（除）和%（求余）5 种，如表 2.5 所示。

表 2.5 算术运算符

运 算 符	作 用
+	加法运算
–	减法运算
*	乘法运算
/	除法运算，返回商
%	求余运算，返回余数

- ❖ +运算符：用于获取两个或多个值的和。
- ❖ –运算符：用于获取从一个值中减去另一个值的差。
- ❖ *运算符：用于获取两个或多个值的积。
- ❖ /运算符：用于获取一个值除以另一个值的商。
- ❖ %运算符：用于获取一个或多个除法运算的余数。

【例 2.15】使用算术运算符进行加、减、乘、除、求余等运算。

```
mysql> SELECT 5+7, 361-43.7, 4.7*8.3, 5/16, 17%3;
```

运行结果：

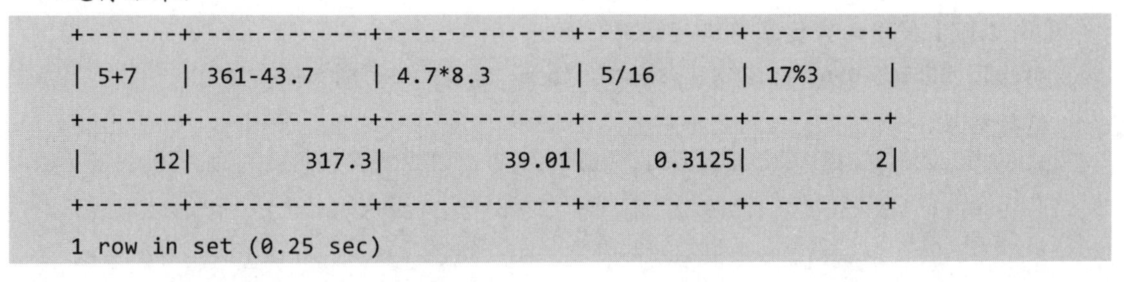

```
+-------+------------+------------+----------+---------+
| 5+7   | 361-43.7   | 4.7*8.3    | 5/16     | 17%3    |
+-------+------------+------------+----------+---------+
|     12|       317.3|       39.01|    0.3125|        2|
+-------+------------+------------+----------+---------+
1 row in set (0.25 sec)
```

2.5.2 比较运算符

比较运算符（又被称为关系运算符）用于比较两个表达式的值，其运算结果为以下3种之一：1（真）、0（假）或NULL（不确定）。比较运算符的运算有=（等于）、<（小于）、<=（小于或等于）、>（大于）、>=（大于或等于）、<>（不等于）、!=（不等于），如表2.6所示。

表2.6 比较运算符

运算符	作 用
=	等于
>	大于
<	小于
=>	大于或等于
<=	小于或等于
!=或<>	不等于

- = 运算符：用于比较表达式的两边的值是否相等，若相等，则返回1，否则返回0。
- < 运算符：用于比较表达式左边的值是否小于右边的值，若左边的值小于右边的值，则返回1，否则返回0。
- <= 运算符：用于比较表达式左边的值是否小于或等于右边的值，若左边的值小于或等于右边的值，则返回1，否则返回0。
- > 运算符：用于比较表达式左边的值是否大于右边的值，若左边的值大于右边的值，则返回1，否则返回0。
- >= 运算符：用于比较表达式左边的值是否大于或等于右边的值，若左边的值大于或等于右边的值，则返回1，否则返回0。
- <> 运算符：用于比较表达式的两边的值是否不相等，若不相等，则返回1，否则返回0。

比较运算符可用于比较数字和字符串，数字作为浮点值比较，字符串以不区分字母大小写的方式进行比较，在比较时，MySQL可自动将字符串转换为数字，即将字母转换为ASCII值。

【例2.16】使用比较运算符“=”进行运算。

```
mysql> SELECT 8.47=8.470, 4.13=4.131, 'a'='A', 'B'='C';
```

运行结果：

```
+--------------+-----------------+-------------+---------+
| 8.47=8.470   | 4.13=4.131      | 'a'='A'     | 'B'='C' |
+--------------+-----------------+-------------+---------+
|             1|                0|            1|        0|
+--------------+-----------------+-------------+---------+
```

```
1 row in set (0.00 sec)
```

【例 2.17】使用比较运算符进行运算。

```
mysql> SELECT 9>6, 'D'<'E', 5>= 7, 'b'<= 'b', 6<>3+5, 'F'<>'F';
```

运行结果：

```
+-------+----------+--------+-----------+----------+-----------+
|  9>6  |  'D'<'E'  |  5>= 7  |  'b'<= 'b'  |  6<>3+5     |  'F'<>'F'  |
+-------+----------+--------+-----------+----------+-----------+
|      1|         1|       0|          1|         1|          0|
+-------+----------+--------+-----------+----------+-----------+
1 row in set (0.07 sec)
```

2.5.3 逻辑运算符

逻辑运算符用于对某个条件进行测试，运算结果为 1(真) 或 0（假）。逻辑运算符的运算有 AND 或&&（逻辑与）、OR 或||（逻辑或）、NOT 或!（逻辑非）、XOR（逻辑异或），如表 2.7 所示。

表 2.7 逻辑运算符

<table>
<tr><th>运 算 符</th><th>作 用</th></tr>
<tr><td>AND 或&&</td><td>逻辑与</td></tr>
<tr><td>OR 或||</td><td>逻辑或</td></tr>
<tr><td>NOT 或!</td><td>逻辑非</td></tr>
<tr><td>XOR</td><td>逻辑异或</td></tr>
</table>

- ❖ AND 运算符：用于测试两个或更多的值的有效性，若它的所有成分为真且不是 NULL，则返回 1（真），否则返回 0（假）。
- ❖ OR 运算符：若包含的值或表达式有一个为真且不是 NULL，则返回 1（真），否则返回 0（假）。
- ❖ NOT 运算符：对跟在它后面的逻辑测试判断取反，把 1（真）变 0（假），0（假）变 1（真）。
- ❖ XOR 运算符：若包含的值或表达式一个为真，而另一个为假且不是 NULL，则返回 1（真），否则返回 0（假）。

【例 2.18】使用逻辑运算符 AND、OR 进行运算。

```
    mysql> SELECT (1=1)AND(7<6), ('c'='c')AND('d'>'e'), (4=4)OR(8>9), ('f'='g')
OR(6<5);
```

运行结果：

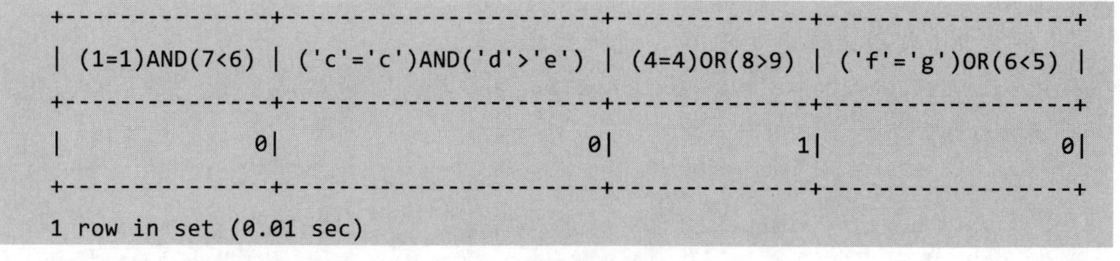

```
+---------------+---------------------+--------------+-----------------+
| (1=1)AND(7<6) | ('c'='c')AND('d'>'e') | (4=4)OR(8>9) | ('f'='g')OR(6<5) |
+---------------+---------------------+--------------+-----------------+
|              0|                    0|             1|                0|
+---------------+---------------------+--------------+-----------------+
1 row in set (0.01 sec)
```

【例 2.19】使用逻辑运算符 NOT、XOR 进行运算。

```
mysql> SELECT NOT 1, NOT 0, NOT(7=8), (2=2)XOR(3=4), (14<15)XOR(21<22);
```

运行结果：

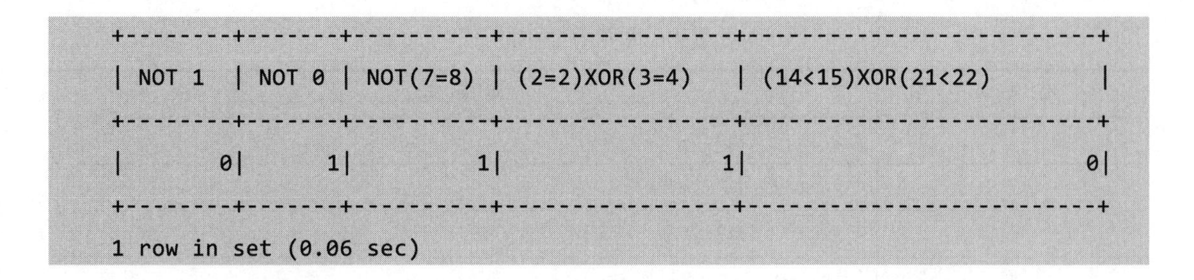
```
+--------+-------+----------+--------------------+-------------------------+
| NOT 1  | NOT 0 | NOT(7=8) | (2=2)XOR(3=4)      | (14<15)XOR(21<22)       |
+--------+-------+----------+--------------------+-------------------------+
|       0|      1|         1|                   1|                        0|
+--------+-------+----------+--------------------+-------------------------+
1 row in set (0.06 sec)
```

2.5.4 位运算符

位运算符在两个表达式之间执行二进制位操作，这两个表达式的类型可以为整型或与整型兼容的数据类型（如字符型），位运算符的运算有&（位与）、|（位或）、~（位取反）、^（位异或）、>>（位右移）、<<（位左移），如表 2.8 所示。

表 2.8　位运算符

运 算 符	作　用	运 算 符	作　用
&	按位与	^	按位异或
|	按位或	<<	按位左移
~	按位取反	>>	按位右移

- &运算符：用于执行一个位的与操作。
- | 运算符：用于执行一个位的或操作。
- ~ 运算符：用于执行位取反操作，并返回 64 位整型结果。
- ^ 运算符：用于执行位异或操作。
- << 运算符：用于向左移动位。
- >> 运算符：用于向右移动位。

【例 2.20】使用位运算符进行运算。

```
mysql> SELECT 3&2, 2|3, ~1, 1<<5, 128>>3, 6^4;
```

运行结果：

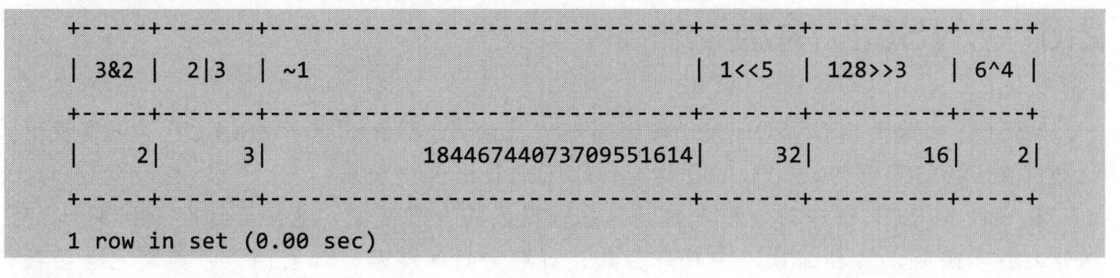
```
+-----+-------+------------------------------+------+----------+-----+
| 3&2 |  2|3  | ~1                           | 1<<5 | 128>>3   | 6^4 |
+-----+-------+------------------------------+------+----------+-----+
|    2|      3|          18446744073709551614|    32|        16|    2|
+-----+-------+------------------------------+------+----------+-----+
1 row in set (0.00 sec)
```

2.5.5 运算符的优先级

当一个复杂的表达式有多个运算符时，运算符的优先级决定执行运算的先后次序，执行的次序有时会影响所得到的运算结果，运算符的优先级如表 2.9 所示。

表 2.9 运算符的优先级

优先级	运算符
1	+（正）、-（负）、~（按位取反）
2	*（乘）、/（除）、%(模）
3	+（加）、-（减）
4	=、<、<=、>、>=、!= 、<>
5	^（位异或）、&（位与）、|（位或）
6	NOT
7	AND
8	ALL、ANY、BETWEEN、IN、LIKE、OR、SOME
9	=（赋值）

当一个表达式中的两个运算符有相同的优先等级时，根据它们在表达式中的位置，一般来说，一元运算符按从右向左的顺序运算，二元运算符按从左到右的顺序运算。

可以使用括号改变运算符的优先级，首先对括号内的表达式求值，然后对括号外的运算符进行运算时使用该值。

2.5.6 表达式

可以根据值的复杂性对表达式进行分类。

① 标量表达式：表达式的结果只是一个值。例如，25+7，'D'<'E'。

② 行表达式：表达式的结果是由不同类型数据组成的一行值。例如，('学号','唐思远','男','计算机', 52)，当学号列的值为 191001 时，行表达式的值为('191001','唐思远','男','计算机', 52)。

③ 表表达式：表达式的结果为 0 个、1 个或多个行表达式的集合。

2.6 MySQL 函数

MySQL 函数是指 MySQL 提供的丰富的内置函数，不仅可以在 SELECT 语句中使用、还可以在 INSERT 语句、UPDATE 语句、DELETE 语句中使用。

在设计 MySQL 程序时，经常要调用系统提供的内置函数。这些函数有 100 多个，可以分为数学函数、聚合函数、字符串函数、日期和时间函数、加密函数、控制流程函数、格式化函数、类型转换函数、系统信息函数等。下面介绍 MySQL 中的几种常用函数。

2.6.1 数学函数

数学函数用于对数字表达式进行数学运算并返回运算结果，下面介绍几个常用的数学函数。

（1）RAND()函数

RAND()函数用于返回 0～1 之间的随机值。

【例 2.21】使用 RAND()函数求 3 个随机值。

```
mysql> SELECT RAND(), RAND(), RAND();
```

运行结果：

```
+--------------------+----------------------+--------------------------+
| RAND()             | RAND()               | RAND()                   |
+--------------------+----------------------+--------------------------+
|   0.4104902003058141|   0.6943682326882782 |       0.24037059325759355|
+--------------------+----------------------+--------------------------+
1 row in set (0.09 sec)
```

（2）SQRT()函数

SQRT()函数用于返回一个数的平方根。

【例 2.22】求 3 和 4 的平方根。

```
mysql> SELECT SQRT(3), SQRT(4);
```

运行结果：

```
+-------------------------+-------------+
| SQRT(3)                 | SQRT(4)     |
+-------------------------+-------------+
|       1.7320508075688772|            2|
+-------------------------+-------------+
1 row in set (0.00 sec)
```

（3）ABS()函数

ABS()函数用于获取一个数的绝对值。

【例 2.23】求 7.2 和−7.2 的绝对值。

```
mysql> SELECT ABS(7.2), ABS(-7.2);
```

运行结果：

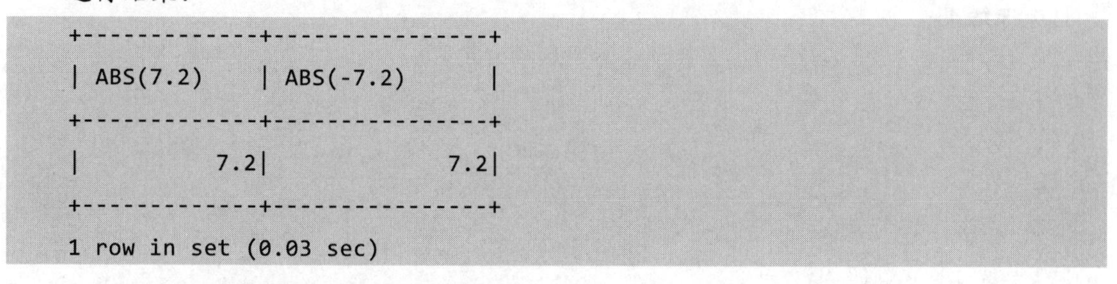

```
+-----------+--------------+
| ABS(7.2)  | ABS(-7.2)    |
+-----------+--------------+
|        7.2|           7.2|
+-----------+--------------+
1 row in set (0.03 sec)
```

（4）FLOOR()函数和 CEILING()函数

FLOOR ()函数用于获取小于或等于一个数的最大整数。

CEILING()函数用于获取大于或等于一个数的最小整数。

【例 2.24】求小于或等于−3.5 或 6.8 的最大整数，大于或等于−3.5 或 6.8 的最小整数。

```
mysql> SELECT FLOOR(-3.5), FLOOR(6.8), CEILING(-3.5), CEILING(6.8);
```

运行结果:

```
+----------------+-------------+----------------+---------------+
| FLOOR(-3.5)    | FLOOR(6.8)  | CEILING(-3.5)  | CEILING(6.8)  |
+----------------+-------------+----------------+---------------+
|              -4|            6|              -3|              7|
+----------------+-------------+----------------+---------------+
1 row in set (0.05 sec)
```

(5) TRUNCATE()函数和 ROUND()函数

TRUNCATE()函数用于截取一个指定小数位数的数字。

ROUND()函数用获得一个数的四舍五入的整数。

【例 2.25】求 8.546 小数点后 2 位的值和四舍五入的整数。

```
mysql> SELECT TRUNCATE(8.546, 2), ROUND(8.546);
```

运行结果:

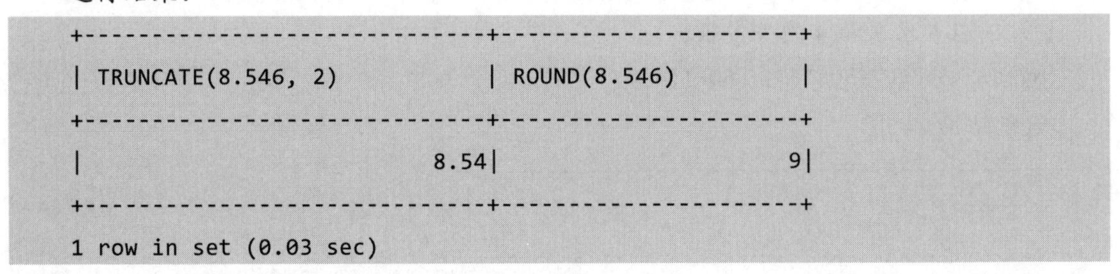

```
+-----------------------------+---------------------+
| TRUNCATE(8.546, 2)          | ROUND(8.546)        |
+-----------------------------+---------------------+
|                         8.54|                    9|
+-----------------------------+---------------------+
1 row in set (0.03 sec)
```

2.6.2 字符串函数

字符串函数用于对字符串进行处理，下面介绍一些常用的字符串函数。

(1) ASCII()函数

ASCII()函数用于返回字符表达式最左端字符的 ASCII 值。

【例 2.26】求 X 的 ASCII 值。

```
mysql> SELECT ASCII('X');
```

运行结果:

```
+--------------+
| ASCII('X')   |
+--------------+
|            88|
+--------------+
1 row in set (0.05 sec)
```

(2) CHAR()函数

CHAR(x1, x2, x3)函数用于将 x1、x2、x3 的 ASCII 值转换为 ASCII 字符。

【例 2.27】将 ASCII 值 88、89、90 组合成字符串。

```
mysql> SELECT CHAR(88, 89, 90);
```

运行结果：

```
+------------------------+
| CHAR(88, 89, 90)       |
+------------------------+
| XYZ                    |
+------------------------+
1 row in set (0.08 sec)
```

（3）LEFT()函数和 RIGHT()函数

LEFT(s, n)函数和 RIGHT(s, n)函数分别用于返回字符串 s 左侧和右侧开始的 n 个字符。

【例 2.28】求 joyful 左侧和右侧开始的 3 个字符。

```
mysql> SELECT LEFT('joyful', 3), RIGHT('joyful', 3);
```

运行结果：

```
+---------------------+------------------------+
| LEFT('joyful', 3)   | RIGHT('joyful', 3)     |
+---------------------+------------------------+
| joy                 | ful                    |
+---------------------+------------------------+
1 row in set (0.03 sec)
```

（4）LENGTH()函数

LENGTH()函数用于返回参数值的长度，返回值为整数。参数值可以是字符串、数字或表达式。

【例 2.29】查询字符串“计算机网络”的长度。

```
mysql> SELECT LENGTH('计算机网络');
```

运行结果：

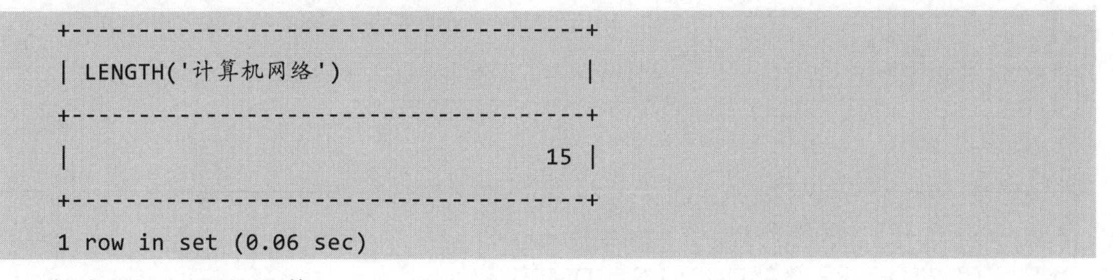

```
+----------------------------------+
| LENGTH('计算机网络')             |
+----------------------------------+
|                               15 |
+----------------------------------+
1 row in set (0.06 sec)
```

（5）REPLACE()函数

REPLACE()函数用第三个字符串表达式替换第一个字符串表达式中包含的第二个字符串表达式，并返回替换后的表达式。

【例 2.30】将“数据库原理与应用”中的“原理与应用”替换为“技术”。

```
mysql> SELECT REPLACE('数据库原理与应用','原理与应用','技术');
```

运行结果：

```
+------------------------------------------------------------+
```

```
| REPLACE('数据库原理与应用','原理与应用','技术')                        |
+-------------------------------------------------------------------+
| 数据库技术                                                          |
+-------------------------------------------------------------------+
1 row in set (0.00 sec)
```

（6）SUBSTRING()函数

SUBSTRING(s, n , len)函数用于从字符串 s 的第 n 个位置开始截取长度为 len 的字符串。

【例 2.31】返回字符串 joyful 从第 4 个字符开始的 3 个字符。

```
mysql> SELECT SUBSTRING('joyful',4, 3);
```

运行结果：

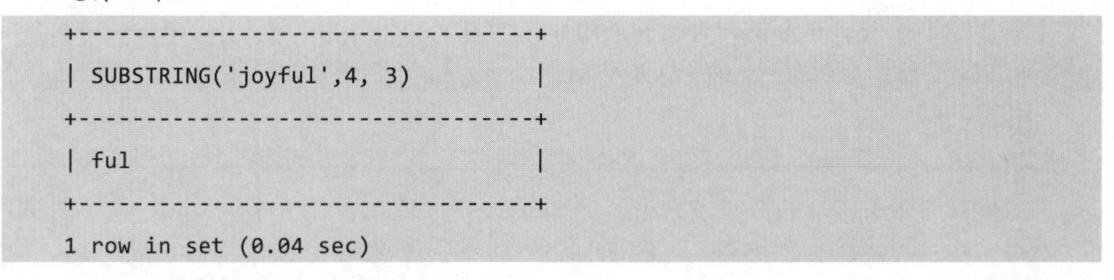

```
+-----------------------------------+
| SUBSTRING('joyful',4, 3)          |
+-----------------------------------+
| ful                               |
+-----------------------------------+
1 row in set (0.04 sec)
```

2.6.3 日期和时间函数

日期和时间函数用于对表中的日期和时间数据进行处理。

（1）CURDATE()函数和 CURRENT_DATE()函数

CURDATE()函数和 CURRENT_DATE()函数用于返回当前日期。

【例 2.32】获取当前日期。

```
mysql> SELECT CURDATE(), CURRENT_DATE();
```

运行结果：

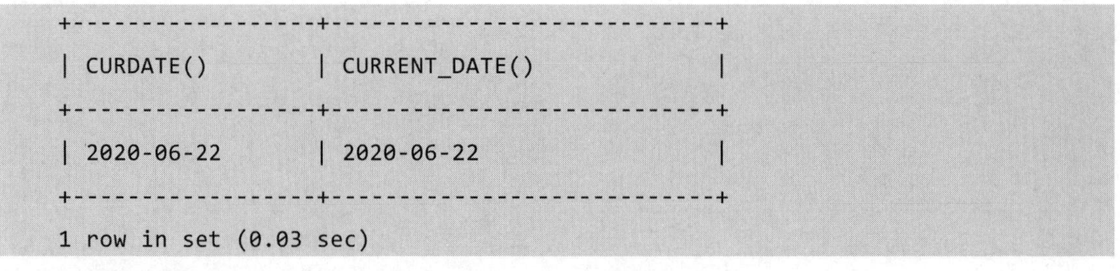

```
+------------------+---------------------------+
| CURDATE()        | CURRENT_DATE()            |
+------------------+---------------------------+
| 2020-06-22       | 2020-06-22                |
+------------------+---------------------------+
1 row in set (0.03 sec)
```

（2）CURTIME()函数和 CURRENT_TIME()函数

CURTIME()函数和 CURRENT_TIME()函数用于取得当前时间。

【例 2.33】获取当前时间。

```
mysql> SELECT CURTIME(), CURRENT_TIME();
```

运行结果：

```
+----------------+--------------------------+
| CURTIME()      | CURRENT_TIME()           |
```

```
+----------------+--------------------------+
| 15:12:56       | 15:12:56                 |
+----------------+--------------------------+
1 row in set (0.00 sec)
```

（3）NOW()函数

NOW()函数用于返回当前日期和时间。

【例 2.34】获取当前日期和时间。

```
mysql> SELECT NOW();
```

运行结果：

```
+-----------------------------+
| NOW()                       |
+-----------------------------+
| 2020-06-22 15:14:58         |
+-----------------------------+
1 row in set (0.02 sec)
```

2.6.4 其他函数

除了上述函数，MySQL 函数还包含控制流程函数、系统信息函数等，下面举例说明。

（1）IF()函数

IF(expr, v1, v2)函数用于条件判断，若表达式 expr 成立，则执行 v1，否则执行 v2。

【例 2.35】判断 3×6 的值是否小于 17+5 的值，若成立，则返回“是”，否则返回“否”。

```
mysql> SELECT IF(3*6<17+5, '是', '否');
```

运行结果：

```
+------------------------------+
| IF(3*6<17+5, '是', '否')     |
+------------------------------+
| 是                           |
+------------------------------+
1 row in set (0.00 sec)
```

（2）IFNULL()函数

IFNULL(v1, v2)函数也用于条件判断，若表达式 v1 不为空，则显示 v1 的值，否则显示 v2 的值。

【例 2.36】使用 IFNULL()函数进行条件判断。

```
mysql> SELECT IFNULL(1/0, 'NULL');
```

运行结果：

```
+---------------------------+
| IFNULL(1/0, 'NULL')       |
```

```
+----------------------------+
| NULL                       |
+----------------------------+
1 row in set (0.08 sec)
```

（3）VERSION()函数

VERSION()函数用于返回数据库的版本号。

【例 2.37】获取当前数据库的版本号。

```
mysql> SELECT VERSION();
```

运行结果：

```
+-----------------+
| VERSION()       |
+-----------------+
| 8.0.18          |
+-----------------+
1 row in set (0.03 sec)
```

小　结

本章主要介绍了以下内容。

① SQL 是关系数据库的标准语言，是一种专门用来与数据库通信的语言，本身不能脱离数据库而存在。

SQL 具有高度非过程化，专门用来与数据库通信，面向集合的操作方式，既是自含式语言、又是嵌入式语言，综合统一，语言简洁、易学易用等特点。

② SQL 可以分为以下 3 类。

数据定义语言的主要 SQL 语句有 CREATE 语句、ALTER 语句、DROP 语句。

数据操纵语言的主要 SQL 语句有 INSERT 语句、UPDATE、DELETE 语句。

数据查询语言的主要 SQL 语句有 SELECT 语句。

数据控制语言的主要 SQL 语句有 GRANT 语句、REVOKE 语句。

③ MySQL 是以标准 SQL 为主体并进行了扩展。MySQL 数据库支持的 SQL 由数据定义语言、数据操纵语言、数据控制语言、MySQL 数据扩展增加的语言元素 5 部分组成。其中，MySQL 扩展增加的语言元素包括常量、变量、运算符、表达式、内置函数等。

④ MySQL 的数据类型包括数值类型、字符串类型、日期和时间类型、二进制数据类型、其他类型等。

⑤ 常量（Constant）的值在定义时被指定，在程序运行过程中不能改变，常量的使用格式取决于值的数据类型。常量可以分为字符串常量、数值常量、十六进制常量、日期时间常量、位字段值、布尔值和 NULL 值。

变量（Variable）和常量都用于存储数据，但变量的值可以根据程序运行的需要随时改变，而常量的值在程序运行中是不能改变的。变量名用于标识该变量，数据类型用于确定该变量存储值的格式和允许的运算。MySQL 的变量可以分为用户变量和系统变量。

⑥ 运算符是一种符号，用来指定在一个或多个表达式中执行的操作。在 MySQL 中常用的运算符有算术运算符、比较运算符、逻辑运算符和位运算符。表达式是由数字、常量、变量和运算符组成的式子，其结果是一个值。

⑦ MySQL 函数是指 MySQL 提供的丰富的内置函数，使用户能够容易地对表中的数据进行操作。这些函数可以分为数学函数、聚合函数、字符串函数、日期和时间函数、加密函数、控制流程函数、格式化函数、类型转换函数、系统信息函数等。

习 题 2

一、选择题

2.1 SQL 又被称为________。

A．结构化操纵语言　　　　B．结构化定义语言

C．结构化控制语言　　　　D．结构化查询语言

2.2 关于用户变量错误的说法是________。

A．用户变量用于临时存储数据　　　　B．用户变量可用于 SQL 语句中

C．用户变量可以先引用后定义　　　　D．@符号必须放在用户变量前面

2.3 在下列算术运算符的运算中，错误的是________。

A．+　　　　B．~　　　　C．*　　　　D．-

2.4 在下列字符串函数的名称中，错误的是________。

A．SUBSTR()　　　　B．LEFT()　　　　C．RIGHT()　　　　D．ASCII()

二、填空题

2.5 SQL 是关系数据库的________，是一种专门用来与数据库通信的语言。

2.6 数据定义语言的主要 SQL 语句有________、ALTER 语句、DROP 语句。

2.7 数据操纵语言的主要 SQL 语句有 SELECT 语句、________语句、UPDATE 语句、DELETE 语句。

2.8 数据控制语言的主要 SQL 语句有________、REVOKE 语句。

2.9 MySQL 在标准 SQL 的基础上进行了________，并以标准 SQL 为主体。

2.10 MySQL 扩展增加的语言元素包括常量、变量、运算符、表达式、________等。

2.11 变量的值可以根据程序运行的需要随时________，而常量的值在程序运行中是不能改变的。

2.12 在 MySQL 中，常用的运算符有算术运算符、________、逻辑运算符和位运算符。

2.13 表达式是由数字、常量、变量和运算符组成的式子，其结果是一个________。

2.14 MySQL 函数是指 MySQL 提供的丰富的内置函数，使用户能够________地对表中的数据进行操作。

三、问答题

2.15 什么是 SQL？它有哪些特点？

2.16 SQL 可以分为哪几类？简述各类包含的语句。

2.17 MySQL 由哪几部分组成？简述每一部分包含的 SQL 语句或语言元素。

2.18 什么是常量？举例说明各种类型的常量。

2.19 什么是变量？变量可以分为哪两类？

2.20 什么是用户变量？简述使用用户变量的好处。

2.21 简述 MySQL 中常用的运算符。

2.22 什么是内置函数？常用的内置函数有哪几种？

四、应用题

2.23 定义用户变量@cname，赋值为“数据结构”。

2.24 使用比较运算符进行比较判断：'B'<'C', 'Y'>'y'。

2.25 使用逻辑运算符进行逻辑判断：(6=6)AND(17>14), ('D'='d')XOR(4=5)。

2.26 保留浮点数 3.14159 小数点后 2 位。

2.27 从字符串“Thank you very much!”中获取子字符串“very”。

实 验 2

实验 2.1 MySQL 语言结构

1．实验目的及要求

（1）理解 SQL、MySQL 组成、数据类型、常量、变量、运算符和表达式、内置函数的概念。

（2）掌握常量、变量、运算符和表达式、内置函数的操作和使用方法。

（3）具备设计、编写和调试包含常量、变量、运算符和表达式、内置函数语句、并用于解决应用问题的能力。

2．验证性实验

使用包含常量、变量、运算符和表达式、内置函数语句解决以下应用问题。

① 定义用户变量：将@usr1 赋值为 Lee、@usr2 赋值为 Sun，查询用户变量的值。

```
mysql> SET @usr1='Lee', @usr2='Sun';
mysql> SELECT @usr1, @usr2;
```

② 使用系统变量获取当前日期。

```
mysql> SELECT CURRENT_DATE;
```

③ 计算 3.2+18.5, 0.28−3.47, −7*4.6, 43.000/−7.00000, 1/0, −65%9 的值。

```
mysql> SELECT 3.2+18.5, 0.28-3.47, -7*4.6, 43.000/-7.00000, 1/0, -65%9;
```

④ 计算 2+4.1=6.10, 'e'='f', 15>8, 'C'<'D', 4+5<>9 的值。

```
mysql> SELECT 2+4.1=6.10, 'e'='f', 15>8, 'C'<'D', 4+5<>9;
```

⑤ 计算(5=4)AND(5<12), (12<13)OR('D'='E'), NOT('C'='D'), (12=10+2)XOR(7=9)的值。

```
mysql> SELECT (5=4)AND(5<12), (12<13)OR('D'='E'), NOT('C'='D'), (12=10+2)XOR(7=9);
```

⑥ 计算 5&4, 6|9, ~2, 16<<4, 8>>5, 8^12 的值。

```
mysql> SELECT 5&4, 6|9, ~2, 16<<4, 8>>5, 8^12;
```

⑦ 将字符串“WAMP: Windows, Apache, MySQL, PHP”分成 5 行显示出来。

```
mysql> SELECT 'WAMP:\nWindows,\nApache,\nMySQL,\nPHP';
```

⑧ 求 3 个 0～100 之间的随机值。

```
mysql> SELECT ROUND(RAND()*100), ROUND(RAND()*100), ROUND(RAND()*100);
```

3．设计性实验

设计、编写和调试包含常量、变量、运算符和表达式、内置函数语句以解决以下应用问题。

（1）定义用户变量：将@name1 赋值为“操作系统”、@name2 赋值为“计算机组成原理”，查询用户变量的值。

（2）使用系统变量获取当前时间。

（3）计算 0.0037+4.0059, 138−365, −214*−483, 2.8/−0.05, 41%7, 4%0 的值。

（4）计算 4.21=3.1+1.12, 'B'='b', 'x'>'y', 23>26, 'G'<>'H"的值。

（5）计算 ('B'='B')AND('g'>'h'), (7=7)OR(14>25), NOT(14=11), ('G'='G')XOR(3+1>8)的值。

（6）计算 7&8, 8|5, ~0, 32<<6, 4>>4, 4^9 的值。

（7）求两个 100～1000 之间的随机值。

（8）计算字符串“Hello World!”的长度。

4．观察与思考

（1）设置和使用用户变量的方法。

（2）当大多数的系统变量应用于 SQL 语句时，必须在名称前面加上“@@”符号，但有些特定的系统变量要省略“@@”符号。

（3）使用多种函数解决较为复杂的应用问题的方法。

第 3 章　数据定义语言

数据定义语言（Data Definition Language，DDL）用于对数据库及数据库中的各种对象进行创建、删除、修改等操作。数据定义语言的主要 SQL 语句有用于创建数据库或数据库对象的 CREATE 语句，用于对数据库或数据库对象进行修改的 ALTER 语句，用于删除数据库或数据库对象的 DROP 语句。

数据库是一个存储数据对象的容器，数据对象包含表、视图、索引、存储过程、触发器等，而表是数据库中最重要的数据库对象，用于存储数据库中的数据。在实际应用中，必须先创建数据库，才能创建存放于数据库中的表和其他数据对象。本章主要介绍数据定义语言概述、MySQL 数据库的基本概念、创建 MySQL 数据库、表的基本概念、创建 MySQL 表、存储引擎等内容。

本书很多例题都是基于销售数据库 sales，sales 是本书重要的数据库，销售数据库 sales 中的表有员工表 employee、订单表 orderform、订单明细表 orderdetail、商品表 goods、部门表 department，在很多例题中使用了这些表。参见“附录 A”。

3.1　数据定义语言概述

数据定义语言用于对数据库及数据库中的各种对象进行创建、删除、修改等操作。数据库对象主要包括表、默认约束、规则、视图、触发器、存储过程等。

数据定义语言的主要 SQL 语句如下。

① CREATE 语句：用于创建数据库或数据库对象。不同数据库对象的 CREATE 语句的语法格式不同。

② ALTER 语句：对数据库或数据库对象进行修改。不同数据库对象的 ALTER 语句的语法格式不同。

③ DROP 语句：删除数据库或数据库对象。不同数据库对象的 DROP 语句的语法格式不同。

3.2　MySQL 数据库的基本概念

MySQL 数据库安装时自动生成了系统使用的数据库，包括 mysql、information_schema、

performance_schema 和 sys 等，MySQL 把有关数据库管理系统自身的管理信息都保存在其中。如果删除了它们，那么 MySQL 不能正常工作，所以操作时要十分小心。

SHOW DATABASES 命令用于查看已有的数据库。

【例 3.1】查看 MySQL 服务器中已有的数据库。

```
mysql> SHOW DATABASES;
```

运行结果：

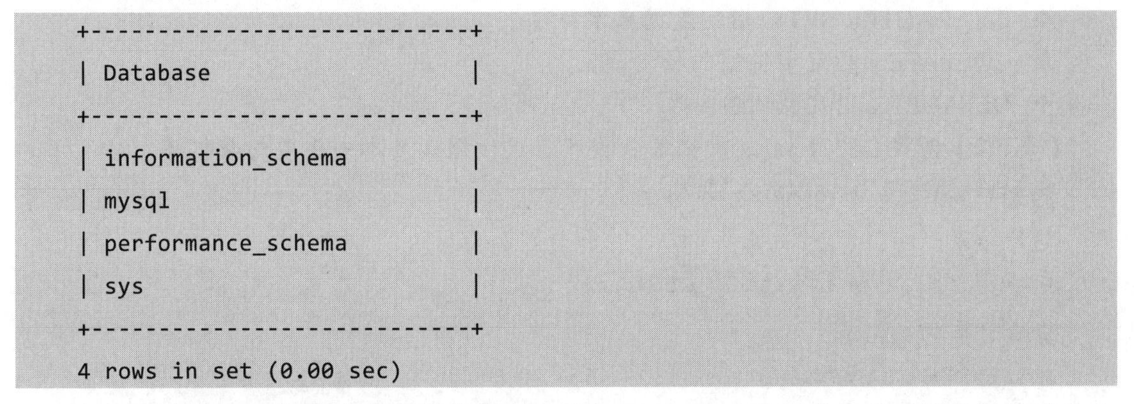

```
+---------------------------+
| Database                  |
+---------------------------+
| information_schema        |
| mysql                     |
| performance_schema        |
| sys                       |
+---------------------------+
4 rows in set (0.00 sec)
```

如果删除了这几个系统使用的数据库，那么 MySQL 无法正常工作，用户操作时务必要注意。这几个数据库的作用如下。

- ❖ mysql：描述用户访问权限。
- ❖ information_schema：保存关于 MySQL 服务器所维护的所有其他数据库的信息，如数据库名、数据库的表、表栏的数据类型与访问权限等。
- ❖ performance_schema：主要用于收集数据库服务器的性能参数。
- ❖ sys：包含一系列的存储过程、自定义函数及视图，存储了许多系统的元数据信息。

3.3 创建 MySQL 数据库

创建 MySQL 数据库包括创建数据库、选择数据库、修改数据库和删除数据库等操作，下面分别进行介绍。

3.3.1 创建数据库

在使用数据库之前，先要创建数据库。在学生成绩管理系统中，我们以创建名称为 stusco 的学生成绩数据库为例，说明创建数据库使用的 SQL 语句。

CREATE DATABASE 语句用于创建数据库。

语法格式：

```
CREATE {DATABASE | SCHEMA} [IF NOT EXISTS] db_name
[[DEFAULT] CHARACTER SET charset_name]
[[DEFAULT] COLLATE collation_name];
```

说明：

❖ 语句中的“[]”为可选语法项，“{}”为必选语法项，“|”用于分隔“{}”中的语法项，只能选择其中一项。
❖ db_name：数据库名称。
❖ IF NOT EXISTS：在创建数据库前进行判断，只有该数据库目前尚不存在时才能执行 CREATE DATABASE 操作。
❖ CHARACTER SET：指定数据库字符集。
❖ COLLATE：指定字符集的校对规则。
❖ DEFAULT：指定默认值。

【例 3.2】创建名称为 sales 的销售数据库，该数据库是本书重要的数据库。

```
mysql> CREATE DATABASE sales;
```

运行结果：

```
Query OK, 1 row affected (0.05 sec)
```

查看已有的数据库：

```
mysql> SHOW DATABASES;
```

显示结果：

```
+---------------------------+
| Database                  |
+---------------------------+
| information_schema        |
| mysql                     |
| performance_schema        |
| sales                     |
| sys                       |
+---------------------------+
5 rows in set (0.00 sec)
```

可以看出，数据库列表中包含了刚才创建的 sales 销售数据库。

3.3.2 选择数据库

在使用 CREATE DATABASE 语句创建数据库后，该数据库不会自动成为当前数据库，需要使用 USE 语句指定当前数据库。

语法格式：

```
USE db_name;
```

【例 3.3】选择 sales 作为当前数据库。

```
mysql> USE sales;
```

运行结果：

```
Database changed
```

3.3.3 修改数据库

在创建完数据库后，若需要修改数据库的参数，则可以使用 ALTER DATABASE 语句。

语法格式：

```
ALTER {DATABASE | SCHEMA} [db_name]
[DEFAULT] CHARACTER SET charset_name
[DEFAULT] COLLATE collation_name;
```

说明：

❖ 数据库名称可以省略，表示修改当前（默认）数据库。

❖ CHARACTER SET 选项和 COLLATE 选项的含义与创建数据库语句中相应选项的含义相同。

【例 3.4】修改 sales 销售数据库的默认字符集和校对规则。

```
mysql> ALTER DATABASE sales
    -> DEFAULT CHARACTER SET gb2312
    -> DEFAULT COLLATE gb2312_chinese_ci;
Query OK, 1 row affected (0.04 sec)
```

运行结果：

```
Query OK, 1 row affected (0.04 sec)
```

3.3.4 删除数据库

DROP DATABASE 语句用于删除数据库。

语法格式：

```
DROP {DATABASE | SCHEMA} [IF EXISTS] db_name
```

说明：

❖ db_name：指定要删除的数据库名称。

❖ DROP DATABASE 或 DROP SCHEMA：这两个语句用于删除指定的整个数据库，数据库中所有的表和所有数据也将被永久删除，并不会给出任何提示确认的信息。因此，用户在删除数据库时要特别小心。

❖ IF EXISTS：可以避免删除不存在的数据库时出现 MySQL 错误信息。

【例 3.5】删除 sales 销售数据库。

```
mysql> DROP DATABASE sales;
```

运行结果：

```
Query OK, 0 rows affected (0.09 sec)
```

查看现有数据库：

```
mysql> SHOW DATABASES;
```

显示结果：

```
+---------------------------+
```

```
| Database                  |
+---------------------------+
| information_schema        |
| mysql                     |
| performance_schema        |
| sys                       |
+---------------------------+
4 rows in set (0.00 sec)
```

可以看到，由于 sales 销售数据库被删除，数据库列表中已经没有名称为 sales 的数据库。

3.4 表的基本概念

在创建数据库的过程中，最重要的一步就是创建表，下面介绍表和表结构、表结构设计。

3.4.1 表和表结构

在工作和生活中，表是经常使用的一种表示数据及其关系的形式。在 sales 销售数据库中，员工表 employee 如表 3.1 所示。

表 3.1　员工表 employee

员工号	姓名	性别	出生日期	地址	工资/元	部门号
E001	冯文捷	男	1982-03-17	春天花园	4700	D001
E002	叶莉华	女	1987-11-02	丽都花园	3500	D002
E003	周维明	男	1974-08-12	春天花园	6800	D004
E004	刘思佳	女	1985-05-21	公司集体宿舍	3700	D003
E005	肖婷	女	1986-12-16	公司集体宿舍	3600	D001
E006	黄杰	男	1977-04-25	NULL	4500	D001

表包含以下基本概念。

（1）表

表是数据库中存储数据的数据库对象，每个数据库包含若干表，表由行和列组成。例如，表 3.1 由 6 行 7 列组成。

（2）表结构

每个表具有一定的结构，表结构包含一组固定的列，列由数据类型、长度、允许 NULL 值、键、默认值等组成。

（3）记录

每个表包含若干行数据，表中一行称为一条记录（Record）。在表 3.1 中有 6 条记录。

（4）字段

表中的每列称为字段（Field），每条记录由若干数据项（列）组成，构成记录的每个数据项称为字段。在表 3.1 中有 7 个字段。

（5）空值

空值（NULL）通常表示未知、不可用或将在以后添加的数据。

（6）关键字

关键字用于唯一标识记录，若表中记录的某一个字段或字段组合能唯一标识记录，则该字段或字段组合称为候选键。若一个表有多个候选键，则选定其中的一个候选键作为主键（Primary Key）。表 3.1 中的主键为“员工号”。

（7）默认值

默认值是指在插入数据时，没有明确给出某列的值，系统为此列指定一个值。在 MySQL 中，默认值即关键字 DEFAULT。

3.4.2 表结构设计

在数据库设计过程中，最重要的是表结构设计。好的表结构设计具有较高的查询效率和安全性，而差的表设计具有较差的查询效率和安全性。

创建表的核心是定义表结构及设置表和列的属性。在创建表前先要确定表名和表的属性，表所包含的列名、列的数据类型、长度、允许 NULL 值、键、默认值等属性构成表结构。

在销售数据库 sales 中，员工表 employee、订单表 orderform、订单明细表 orderdetail、商品表 goods、部门表 department 的表结构参见附录 A。其中，员工表 employee 的表结构介绍如下。

员工表 employee 包含 emplno、emplname、sex、birthday、address、wages、deptno 等列。

① emplno 列是学生的学号，数据类型为 char[(n)]类型，n 的值为 4，不允许为空值，无默认值。在 employee 表中，只有 emplno 列能唯一标识一个学生，所以将 emplno 列设置为主键。

② emplname 列是员工的姓名，姓名一般不超过 4 个中文字符，所以该列为 char[(n)]类型，n 的值为 8，不允许为空值，无默认值。

③ sex 列是员工的性别，为 char[(n)]类型，n 的值为 2，不允许为空值，默认值为“男”。

④ birthday 列是员工的出生日期，为 date 类型，不允许为空值，无默认值。

⑤ address 列是员工的地址，为 char[(n)]类型，n 的值为 20，允许为空值，无默认值。

⑥ wages 列是员工的工资，为 decimal(m, d)类型，m 的值为 8，d 的值为 2，不允许为空值，无默认值。

⑦ deptno 列是员工的部门号，为 char[(n)]类型，n 的值为 4，不允许为空值，无默认值。

employee 表的表结构设计如表 3.2 所示。

表 3.2　employee 表的表结构设计

列名	数据类型	允许 NULL 值	键	默认值	说明
emplno	char(4)	×	主键	无	员工号
emplname	char(8)	×		无	姓名
sex	char(2)	×		男	性别
birthday	date	×		无	出生日期
address	char(20)	√		无	地址
wages	decimal(8,2)	×		无	工资
deptno	char(4)	×		无	部门号

3.5 创建 MySQL 表

创建 MySQL 表包括创建表、查看表、修改表、删除表等操作，下面分别进行介绍。

3.5.1 创建表

创建表包括创建新表和复制已有表。

1. 创建新表

在 MySQL 数据库中，CREATE TABLE 语句用于创建新表。

语法格式：

```
CREATE [TEMPORARY] TABLE [IF NOT EXISTS] table_name
    [ ( [ column_definition ],… [ index_definition ] ) ]
    [table_option] [SELECT_statement];
```

说明：

① TEMPORARY：使用 CREATE 命令创建临时表。

② IF NOT EXISTS：只有该表目前尚不存在时才执行 CREATE TABLE 操作，以避免出现表已存在无法再新建的错误。

③ column_definition：列定义，包括列名、数据类型、宽度、允许 NULL 值、默认值、主键约束、唯一性约束、列注释、外键等。

列定义的语法格式为：

```
col_name type [NOT NULL | NULL] [DEFAULT default_value]
    [AUTO_INCREMENT] [UNIQUE [KEY] | [PRIMARY] KEY]
    [COMMENT ' string '] [reference_definition]
```

❖ col_name：列名。

❖ type：数据类型，有的数据类型需要指明长度 n，并使用括号括起来。

❖ NOT NULL 或 NULL：指定该列非空或允许为空值，若不指定，则默认为空值。

❖ DEFAULT：为列指定默认值，默认值必须为一个常数。
❖ AUTO_INCREMENT：设置自增属性，只有整数类型列才能设置此属性。
❖ UNIQUE KEY：设置该列为唯一性约束。
❖ PRIMARY KEY：设置该列为主键约束，一个表只能定义一个主键，主键必须是 NOT NULL。
❖ COMMENT 'string'：注释字符串。
❖ reference_definition：设置该列为外键约束。

【例 3.6】在 sales 销售数据库中创建 employee 表。

```
mysql> USE sales;
Database changed
mysql> CREATE TABLE employee
    ->    (
    ->        emplno char(4) NOT NULL PRIMARY KEY,
    ->        emplname  char(8) NOT NULL,
    ->        sex char(2) NOT NULL DEFAULT '男',
    ->        birthday date NOT NULL,
    ->        address char(20) NULL,
    ->        wages decimal(8,2) NOT NULL,
    ->        deptno char(4) NOT NULL
    ->    );
```

运行结果：

```
Query OK, 0 rows affected (0.26 sec)
|
```

2. 复制已有表

直接使用复制数据库中已有表的结构和数据来创建一个表，更加方便和快捷。

语法格式：

```
CREATE [TEMPORARY] TABLE [IF NOT EXISTS] table_name
    [ ( ) LIKE old_table_name [ ] ]
    | [AS (SELECT_statement)];
```

说明：

❖ LIKE old_table_name：使用 LIKE 关键字创建一个与“源表名”相同结构的新表，但是表的内容不会被复制。
❖ AS (SELECT_statement)：使用 AS 关键字可以复制表的内容，但索引和完整性约束不会被复制。

【例 3.7】在 sales 销售数据库中，使用复制方式创建 employee1 表，该表结构取自 employee 表。

```
mysql> USE sales;
Database changed
mysql> CREATE TABLE employee1 like employee;
```

运行结果:

```
Query OK, 0 rows affected (0.17 sec)
```

3.5.2 查看表

查看表包括查看表的名称、表的基本结构、表的详细结构等操作，下面分别进行介绍。

1．查看表的名称

SHOW TABLES 语句用于查看表的名称。

语法格式:

```
SHOW TABLES [ { FROM | IN } db_name ];
```

其中，使用{ FROM | IN } db_name 选项可以显示非当前数据库中的表名。

【例 3.8】查看 sales 销售数据库中的所有表名。

```
mysql> USE sales;
Database changed
mysql> SHOW TABLES;
```

显示结果:

```
+----------------------+
| Tables_in_sales      |
+----------------------+
| employee             |
| employee1            |
+----------------------+
2 rows in set (0.1 sec)
```

2．查看表的基本结构

SHOW COLUMNS 语句或 DESCRIBE/DESC 语句用于查看表的基本结构，包括列名、列的数据类型、长度、是否为空值、是否为主键、是否有默认值等。

（1）SHOW COLUMNS 语句用于查看表的基本结构

语法格式:

```
SHOW COLUMNS { FROM | IN } table_name [ { FROM | IN } db_name ];
```

（2）DESCRIBE/DESC 语句用于查看表的基本结构

语法格式:

```
{ DESCRIBE | DESC } table_name;
```

注意: MySQL 支持使用 DESCRIBE 作为 SHOW COLUMNS 的一种快捷方式。

【例 3.9】查看 sales 销售数据库中 employee 表的基本结构。

```
mysql> SHOW COLUMNS FROM employee;
```

或

```
mysql> DESC employee;
```

显示结果:

```
+------------+---------------+--------+--------+-----------+---------+
| Field      | Type          | Null   | Key    | Default   | Extra   |
+------------+---------------+--------+--------+-----------+---------+
| emplno     | char(4)       | NO     | PRI    | NULL      |         |
| emplname   | char(8)       | NO     |        | NULL      |         |
| sex        | char(2)       | NO     |        | 男        |         |
| birthday   | date          | NO     |        | NULL      |         |
| address    | char(20)      | YES    |        | NULL      |         |
| wages      | decimal(8,2)  | NO     |        | NULL      |         |
| deptno     | char(4)       | NO     |        | NULL      |         |
+------------+---------------+--------+--------+-----------+---------+
7 rows in set (0.27 sec)
```

3. 查看表的详细结构

SHOW CREATE TABLE 语句用于查看表的详细结构。

语法格式:

```
SHOW CREATE TABLE table_name;
```

【例 3.10】查看 sales 销售数据库中 employee 表的详细结构。

```
mysql> SHOW CREATE TABLE employee\G
```

运行结果:

```
*************************** 1. row ***************************
       Table: employee
Create Table: CREATE TABLE 'employee' (
  'emplno' char(4) NOT NULL,
  'emplname' char(8) NOT NULL,
  'sex' char(2) NOT NULL DEFAULT '男',
  'birthday' date NOT NULL,
  'address' char(20) DEFAULT NULL,
  'wages' decimal(8,2) NOT NULL,
  'deptno' char(4) NOT NULL,
  PRIMARY KEY ('emplno')
) ENGINE=InnoDB DEFAULT CHARSET=utf8mb4 COLLATE=utf8mb4_0900_ai_ci
1 row in set (0.05 sec)
```

3.5.3 修改表

修改表用于更改原有表的结构，可以添加列、修改列、删除列、重新命名列或表等。

ALTER TABLE 语句用于修改表。

语法格式：

```
ALTER [IGNORE] TABLE table_name
    alter_specification [, alter_specification] …

alter_specification:
ADD [COLUMN] column_definition [FIRST | AFTER col_name ]          /*添加列*/
  | ALTER [COLUMN] col_name {SET DEFAULT literal | DROP DEFAULT}  /*修改默认值*/
                                                                  /*对列重命名*/
  | CHANGE [COLUMN] old_col_name column_definition [FIRST|AFTER col_name]
  | MODIFY [COLUMN] column_definition [FIRST | AFTER col_name]    /*修改列类型*/
  | DROP [COLUMN] col_name                                        /*删除列*/
  | RENAME [TO] new_table_name                                    /*重命名该表*/
  | ORDER BY col_name                                             /*排序*/
                                                   /*将字符集转换为二进制形式*/
  | CONVERT TO CHARACTER SET charset_name [COLLATE collation_name]
                                                   /*修改默认字符集*/
  | [DEFAULT] CHARACTER SET charset_name [COLLATE collation_name]
```

1．添加列

在 ALTER TABLE 语句中，可以使用 ADD [COLUMN]子句添加列：增加无完整性约束条件的列，增加有完整性约束条件的列，在表的第一个位置增加列，在表的指定位置后面增加列。

【例 3.11】在 sales 销售数据库的 employee 表中增加一列 eid，添加到表的第 1 列，不允许为空值，取值唯一并自动增加。

```
mysql> ALTER TABLE sales.employee
    -> ADD COLUMN eid int NOT NULL UNIQUE AUTO_INCREMENT FIRST;
```

运行结果：

```
Query OK, 0 rows affected (0.39 sec)
Records: 0  Duplicates: 0  Warnings: 0
```

DESC 语句用于查看表 employee。

```
mysql> DESC sales.employee;
```

显示结果：

```
+----------+-------------+--------+------+----------+----------------+
| Field    | Type        | Null   | Key  | Default  | Extra          |
+----------+-------------+--------+------+----------+----------------+
| eid      | int(11)     | NO     | UNI  | NULL     | auto_increment |
| emplno   | char(4)     | NO     | PRI  | NULL     |                |
| emplname | char(8)     | NO     |      | NULL     |                |
```

```
| sex       | char(2)      | NO     |      | 男       |                 |
| birthday  | date         | NO     |      | NULL     |                 |
| address   | char(20)     | YES    |      | NULL     |                 |
| wages     | decimal(8,2) | NO     |      | NULL     |                 |
| deptno    | char(4)      | NO     |      | NULL     |                 |
+----------+------------+--------+------+---------+-----------------+
8 rows in set (0.01 sec)
```

2．修改列

ALTER TABLE 语句有以下 3 个修改列的子句。

❖ ALTER [COLUMN]子句：用于修改或删除表中指定列的默认值。

❖ CHANGE [COLUMN]子句：可以同时修改表中指定列的名称和数据类型。

❖ MODIFY [COLUMN]子句：不仅可以修改表中指定列的名称，还可以修改指定列在表中的位置。

【例 3.12】将 sales 销售数据库中 employee1 表的列 birthday 修改为 age，将数据类型修改为 tinyint，允许为空值，默认值为 18。

```
mysql> ALTER TABLE sales.employee1
    -> CHANGE COLUMN birthday age tinyint DEFAULT 18;
```

运行结果：

```
Query OK, 0 rows affected (0.45 sec)
Records: 0  Duplicates: 0  Warnings: 0
```

DESC 语句用于查看 employee1 表。

```
mysql> DESC sales.employee1;
```

显示结果：

```
+-----------+---------------+--------+--------+-----------+---------+
| Field     | Type          | Null   | Key    | Default   | Extra   |
+-----------+---------------+--------+--------+-----------+---------+
| emplno    | char(4)       | NO     | PRI    | NULL      |         |
| emplname  | char(8)       | NO     |        | NULL      |         |
| sex       | char(2)       | NO     |        | 男        |         |
| age       | tinyint(4)    | YES    |        | 18        |         |
| address   | char(20)      | YES    |        | NULL      |         |
| wages     | decimal(8,2)  | NO     |        | NULL      |         |
| deptno    | char(4)       | NO     |        | NULL      |         |
+-----------+-----------------+--------+-------+-----------+---------+
7 rows in set (0.01 sec)
```

3．删除列

在 ALTER TABLE 语句中，可以通过 DROP [COLUMN]子句完成删除列的操作。

【例 3.13】删除 sales 销售数据库中 employee 表的 eid 列。

```
mysql> ALTER TABLE sales.employee
    -> DROP COLUMN eid;
```

运行结果:

```
Query OK, 0 rows affected (0.26 sec)
Records: 0  Duplicates: 0  Warnings: 0
```

4. 重命名表

ALTER TABLE 语句中的 RENAME [TO]子句用于重命名表，而 RENAME TABLE 语句用于重命名表。

（1）RENAME [TO]子句

【例 3.14】在 sales 销售数据库中，将 employee1 表重命名为 employee2 表。

```
mysql> ALTER TABLE sales.employee1
    -> RENAME TO sales.employee2;
```

运行结果:

```
Query OK, 0 rows affected (0.29 sec)
```

（2）RENAME TABLE 语句

语法格式:

```
RENAME TABLE old_table_name TO new_table_name [, old_table_name TO new_table_name ]…
```

【例 3.15】在 sales 销售数据库中，将 employee2 表重命名为 employee3 表。

```
mysql> RENAME TABLE sales.employee2 TO sales.employee3;
```

运行结果:

```
Query OK, 0 rows affected (0.18 sec)
```

3.5.4 删除表

当不需要表时，可以将其删除。当删除表时，表的结构定义、表中的所有数据及表的索引约束等都被删除。

DROP TABLE 语句用于删除表。

语法格式:

```
DROP [TEMPORARY] TABLE [IF NOT EXISTS] table_name [, table_name ]…
```

【例 3.16】删除 sales 销售数据库中的 employee3 表。

```
mysql> DROP TABLE sales.employee3;
```

运行结果:

```
Query OK, 0 rows affected (0.31 sec)
```

3.6 存储引擎

存储引擎决定了表在计算机中的存储方式。存储引擎就是如何存储数据、如何为存储的数据创建索引，以及如何更新、查询数据等技术的实现方法。因为在关系数据库中数据是以表的形式存储的，所以存储引擎是指表的类型。

3.6.1 存储引擎概述

在 Oracle 和 SQL Server 等数据库管理系统中只有一种存储引擎，所有数据存储管理机制都是一样的。而 MySQL 提供了多种存储引擎，用户可以根据不同的需求为表选择不同的存储引擎，也可以根据自己的需要编写存储引擎，MySQL 的核心就是存储引擎。

MySQL 8.0 支持的存储引擎有 MEMORY、MRG_MYISAM、CSV、FEDERATED、PERFORMANCE_SCHEMA、MyISAM、InnoDB、BLACKHOLE、ARCHIVE 等 9 种，默认的存储引擎是 InnoDB。

3.6.2 常用存储引擎

下面介绍几种常用的存储引擎。

1．InnoDB 存储引擎

InnoDB 是 MySQL 8.0 默认的存储引擎，为表提供了事务、回滚、崩溃恢复功能和并发控制的事务安全。

从 MySQL 5.6 版本以后，除系统数据库外，默认存储引擎由 MyISAM 改为 InnoDB，而 MySQL 8.0 在原先的基础上进一步将系统数据库存储引擎也改为 InnoDB。

InnoDB 支持外键约束、支持自动增长列 AUTO_INCREMENT。

InnoDB 存储引擎的优点是提供了良好的事务管理，缺点是读/写效率稍差，占用数据空间较大。

2．MyISAM 存储引擎

MyISAM 是 MySQL 常见的存储引擎，曾经是 MySQL 默认的存储引擎。

MyISAM 存储引擎的表存储为 3 个文件。文件的名字与表名相同。扩展名包括.frm、.myd 和.myi。其中，以.frm 为扩展名的文件存储表的结构，以.myd 为扩展名的文件存储数据，以.myi 为扩展名的文件存储索引。

MyISAM 存储引擎的优点是占用空间小，处理速度快；缺点是不支持事务的完整性和并发性。

3．MEMORY 存储引擎

MEMORY 是 MySQL 中的一种特殊存储引擎，使用存储在内存中的内容来创建表，所有数据也存储在内存中。这些特性都与 InnoDB 存储引擎、MyISAM 存储引擎不同。

每个基于 MEMORY 存储引擎的表实际对应一个磁盘文件，其文件名与表名相同，为.frm 文件。该文件存储表的结构，而其数据文件是存储在内存中的。这样有利于对数据进行快速处理，提高整个表的处理效率。

MEMORY 表由于存储在内存的特性，处理速度很快，但容易丢失数据，生命周期短。

3.6.3 选择存储引擎

在实际工作中，选择一个合适的存储引擎是一个很复杂的问题。每种存储引擎都有各自的优势，可以根据各种存储引擎的特性进行对比，给出不同情况下选择存储引擎的建议。

下面对 InnoDB、MyISAM 和 MEMORY 存储引擎的事务安全、存储显示、空间使用、内存使用、对外键的支持、插入数据速度、批量插入速度、锁机制、数据可压缩等特性进行比较，如表 3.3 所示。

表 3.3 存储引擎的特性比较

特性	InnoDB	MyISAM	MEMORY
事务安全	支持	无	无
存储显示	64TB	有	有
空间使用	高	低	低
内存使用	高	低	高
对外键的支持	支持	无	无
插入数据速度	低	高	高
批量插入速度	低	高	高
锁机制	行锁	表锁	表锁
数据可压缩	无	支持	无

1．InnoDB 存储引擎

InnoDB 存储引擎支持事务处理、支持外键、支持崩溃恢复功能和并发控制，如果对事务完整性和并发控制要求比较高，那么选择 InnoDB 存储引擎具有优势。需要频繁进行更新、删除操作的数据库也可以选择 InnoDB 存储引擎。

2．MyISAM 存储引擎

MyISAM 存储引擎处理数据的速度快，空间和内存使用率低。如果表主要用于插入记录和读取记录，那么选择 MyISAM 存储引擎处理效率高。完整性、并发性低的数据库也可以选择 MyISAM 存储引擎。

3．MEMORY 存储引擎

MEMORY 存储引擎的数据都存储在内存中，数据处理速度快，但安全性不高。如果要求很快的读/写速度，对数据安全性要求低，那么可以选择 MEMORY 存储引擎。由于

MEMORY 存储引擎对表的大小有要求，不能创建较大的表，因此适合应较小的数据库。

存储引擎是 MySQL 的一个特性，可以简单理解为后面要介绍的表类型。每个表都有一个存储引擎，可以在创建表时指定，也可以使用 ALTER TABLE 语句修改，通过 ENGINE 关键字设置。

小　结

本章主要介绍了以下内容。

① 数据定义语言（Data Definition Language，DDL）用于对数据库及数据库中的各种对象进行创建、删除、修改等操作。数据定义语言的主要 SQL 语句有：创建数据库或数据库对象的 CREATE 语句，修改数据库或数据库对象的 ALTER 语句，删除数据库或数据库对象的 DROP 语句。

② 数据库是一个存储数据对象的容器，数据对象包含表、视图、索引、存储过程、触发器等。

安装 MySQL 数据库时生成了系统使用的数据库，包括 mysql、information_schema、performance_schema 和 sys 等。

SHOW DATABASES 命令用于查看已有的数据库。

③ 在创建 MySQL 数据库时可以使用以下语句：CREATE DATABASE 语句用于创建数据库；USE 语句用于选择数据库；ALTER DATABASE 语句用于修改数据库；DROP DATABASE 语句用于删除数据库。

④ 表是数据库中存储数据的数据库对象。每个数据库包含若干表。表由行和列组成。每个表具有一定的结构，表结构包含一组固定的列。列由列名、列的数据类型、长度、允许 NULL 值、键、默认值等组成。

⑤ 在创建表时可以使用以下语句：CREATE TABLE 语句用于创建表；SHOW TABLES 语句用于查看表的名称，SHOW COLUMNS 语句或 DESCRIBE/DESC 语句用于查看表的基本结构，SHOW CREATE TABLE 语句用于查看表的详细结构；ALTER TABLE 语句用于修改表；DROP TABLE 语句用于删除表。

⑥ 存储引擎决定了表在计算机中的存储方式。存储引擎就是如何存储数据、如何为存储的数据创建索引，以及如何更新、查询数据等技术的实现方法。因为在关系数据库中数据是以表的形式存储的，所以存储引擎是指表的类型。

SHOW ENGINES 语句用于查看存储引擎。

MySQL 常用的存储引擎有 InnoDB、MyISAM 和 MEMORY。

InnoDB 是 MySQL 8.0 默认的存储引擎，支持事务处理、支持外键、支持崩溃恢复功能和并发控制。如果对事务完整性和并发控制要求比较高，那么选择 InnoDB 存储引擎具有优势。需要频繁进行更新、删除操作的数据库也可以选择 InnoDB 存储引擎。

MyISAM 存储引擎处理数据的速度快，空间和内存使用率低。如果表主要用于插入记录和读取记录，那么选择 MyISAM 存储引擎处理效率高。完整性、并发性低的数据库也可以选择 MyISAM 存储引擎。

MEMORY存储引擎的数据都存储在内存中，数据处理速度快，但安全性不高。如果要求很快的读/写速度，对数据安全性要求低，那么可以选择MEMORY存储引擎。由于MEMORY存储引擎对表的大小有要求，不能创建较大的表，因此适合较小的数据库。

习题3

一、选择题

3.1 在MySQL自带的数据库中，存储系统权限的是________。

A．sys　　B．information_schema

C．mysql　　D．performance_schema

3.2 创建数据库后，需要使用________语句指定当前数据库。

A．USES　　B．USE　　C．USED　　D．USING

3.3 ________语句用于修改数据库。

A．ALTER DATABASE　　B．DROP DATABASE

C．CREATE DATABASE　　D．USE

3.4 在创建数据库时，确保数据库不存在时才能执行创建的子句是________。

A．IF EXIST　　B．IF NOT EXIST

C．IF EXISTS　　D．IF NOT EXISTS

3.5 ________字段可以采用默认值。

A．出生日期　　B．姓名　　C．专业　　D．学号

3.6 性别字段不宜选择________类型。

A．char　　B．tinyint　　C．int　　D．float

3.7 下面描述中正确的是________。

A．一个数据库只能包含一个表　　B．一个数据库只能包含两个表

C．一个数据库可以包含多个表　　D．一个表可以包含多个数据库

3.8 使当前创建的表为临时表，可以使用关键字________。

A．TEMPTABLE　　B．TEMPORARY

C．TRUNCATE　　D．IGNORE

3.9 创建表时，不允许某列为空可以使用关键字________。

A．NOT NULL　　B．NOT BLANK

C．NO NULL　　D．NO BLANK

3.10 修改表结构的语句是________。

A．ALTER STRUCTURE　　B．MODIFY STRUCTURE

C．ALTER TABLE　　D．MODIFY TABLE

3.11 只修改列的数据类型的语句是________。

A．ALTER TABLE…MODIFY COLUMN…

B．ALTER TABLE…ALTER COLUMN…

C．ALTER TABLE…UPDATE COLUMN…

D．ALTER TABLE…UPDATE…

3.12 删除列的语句是________。

A．ALTER TABLE…DELETE COLUMN…

B．ALTER TABLE…DROP COLUMN…

C．ALTER TABLE…DELETE…

D．ALTER TABLE…DROP…

3.13 ________存储引擎支持事务处理，支持外键和并发控制。

A．MEMORY　　B．MyISAM　　C．InnoDB　　D．MySQL

二、填空题

3.14 数据定义语言的主要 SQL 语句有：创建数据库或数据库对象的 CREATE 语句，修改数据库或数据库对象的 ALTER 语句，删除数据库或数据库对象的________语句。

3.15 系统使用的数据库包括________、information_schema、performance_schema 和 sys 等。

3.16 关键字用于唯一________记录。

3.17 空值通常表示________、不可用或将在以后添加的数据。

3.18 在 MySQL 中，默认值即关键字________。

3.19 存储引擎决定了表在计算机中的________。

3.20 InnoDB 是 MySQL 8.0 的________存储引擎。

3.21 MySQL 提供了________存储引擎，用户可以根据不同的需求为表选择不同的存储引擎。

3.22 InnoDB 存储引擎支持________、支持外键、支持崩溃恢复功能和并发控制。

3.23 MyISAM 存储引擎的优点是占用空间小，数据处理速度快；缺点是不支持事务的________和并发性。

3.24 MEMORY 存储引擎的数据都存储在________中，数据处理速度快，但安全性不高。

三、问答题

3.25 简述数据定义语言的主要 SQL 语句。

3.26 为什么需要系统数据库？用户是否可以删除系统数据库？

3.27 使用哪些语句可以创建数据库？

3.28 什么是表？简述表的组成。

3.29 什么是表结构设计？简述表结构的组成。

3.30 什么是关键字？什么是主键？

3.31 简述创建表、查看表、修改表、删除表使用的语句。

3.32 什么是存储引擎？MySQL 的存储引擎与 Oracle、SQL Server 的存储引擎有何不同？

3.33 简述 InnoDB、MyISAM 和 MEMORY 共 3 种存储引擎的特性。

3.34 对比分析常用的存储引擎 InnoDB、MyISAM 和 MEMORY。

四、应用题

3.35 创建商品表 goods，显示 goods 表的基本结构。

3.36 基于 goods 表，使用复制方式创建 goods1 表。

3.37 在 goods 表中增加一列 gid，作为表的第 1 列，不允许为空值，取值唯一并自动增加，显示 goods 表的基本结构。

3.38 将 goods1 表中 stockquantity 列的默认值修改为 10，显示 goods1 表的基本结构。

3.39 将 goods1 表中 unitprice 列的类型修改为 float，并移动到 goodsno 列的后面，显示 goods1 表的基本结构。

3.40 在 goods 表中删除 gid 列。

3.41 将 goods1 表更名为 goods2。

3.42 删除 goods2 表。

3.43 创建订单表 orderform、订单明细表 orderdetail、部门表 department，其表结构参见附录 A。

实 验 3

实验 3.1 创建数据库

1．实验目的及要求

（1）理解数据定义语言的概念和 CREATE DATABASE 语句、ALTER DATABASE 语句、DROP DATABASE 语句的语法格式。

（2）掌握使用 MySQL 命令行客户端登录服务器的方法，掌握查看已有的数据库的命令和方法。

（3）掌握使用数据定义语言创建数据库的命令和方法，具备编写和调试创建数据库、修改数据库、删除数据库的代码能力。

2．验证性实验

（1）使用 MySQL 命令行客户端登录服务器。

① 选择“开始”→“所有程序”→“MySQL”→“MySQL Server 8.0”→“MySQL Server 8.0 Command Line Client”命令，打开密码输入窗口，要求输入密码：

```
Enter password:
```

② 输入管理员口令（密码），这里是 123456，出现命令行提示符“mysql>”，表示已经成功登录 MySQL 服务器。

（2）查看已有的数据库。

在 MySQL 命令行客户端输入如下语句：

```
mysql> SHOW DATABASES;
```

（3）定义数据库。

使用 SQL 语句定义学生成绩实验数据库 stuscopm。学生成绩实验数据库在实验中被多次用到。

① 创建数据库 stuscopm。

```
mysql> CREATE DATABASE stuscopm;
```

② 选择数据库 stuscopm。

```
mysql> USE stuscopm;
```

③ 修改数据库 stuscopm，要求字符集为 utf8，校对规则为 utf8_general_ci。

```
mysql> ALTER DATABASE stuscopm
    -> DEFAULT CHARACTER SET gb2312;
```

④ 删除数据库 stuscopm。

```
mysql> DROP DATABASE stuscopm;
```

3．设计性实验

使用 SQL 语句定义销售实验数据库 salespm，包括创建数据库、选择数据库、修改数据库和删除数据库等操作。销售实验数据库 salespm 在实验中多次被用到。

① 创建销售实验数据库 salespm。

② 选择销售实验数据库 salespm。

③ 修改销售实验数据库 salespm，要求字符集为 utf8，校对规则为 utf8_general_ci。

④ 删除销售实验数据库 salespm。

4．观察与思考

（1）在销售实验数据库 salespm 已存在的情况下，使用 CREATE DATABASE 语句创建数据库 library，查看错误信息。怎样避免数据库已存在又再创建的错误？

（2）使用 Windows 命令行登录服务器，进行销售实验数据库 stuscopm 的创建、选择、修改和删除等操作。

实验 3.2　创建表

1．实验目的及要求

（1）理解数据定义语言的概念和 CREATE TABLE 语句、ALTER TABLE 语句、DROP TABLE 语句的语法格式。

（2）理解表的基本概念。

（3）掌握使用数据定义语言创建表的操作，具备编写和调试创建表、修改表、删除表的代码能力。

2．验证性实验

学生成绩实验数据库 stuscopm 是实验中多次被用到的数据库，包含学生表 Student、课程表 Course、成绩表 Score、教师表 Teacher、讲课表 Lecture，它们的表结构分别如表 3.4～表 3.8 所示。

表 3.4　学生表 Student 的表结构

列名	数据类型	允许 NULL 值	键	默认值	说明
StudentID	varchar(6)	×	主键	无	学号
Name	varchar(8)	×		无	姓名

续表

列名	数据类型	允许 NULL 值	键	默认值	说明
Sex	varchar(2)	×		男	性别
Birthday	date	×		无	出生日期
Speciality	Varchar(12)	√		无	专业
Native	varchar(20)	√		无	籍贯

表 3.5 课程表 Course 的表结构

列名	数据类型	允许 NULL 值	键	默认值	说明
CourseID	varchar(4)	×	主键	无	课程号
CourseName	varchar (16)	×		无	课程名
Credit	tinyint	√		无	学分

表 3.6 成绩 Score 的表结构

列名	数据类型	允许 NULL 值	键	默认值	说明
StudentID	varchar(6)	×	主键	无	学号
CourseID	varchar(4)	×	主键	无	课程号
Grade	tinyint	√		无	成绩

表 3.7 教师表 Teacher 的表结构

列名	数据类型	允许 NULL 值	键	默认值	说明
TeacherID	varchar(6)	×	主键	无	教师编号
TeacherName	varchar(8)	×		无	姓名
TeacherSex	varchar(2)	×		男	性别
TeacherBirthday	date	×		无	出生日期
School	varchar(12)	√		无	学院
TeacherNative	varchar(20)	√		无	籍贯

表 3.8 讲课表 Lecture 的表结构

列名	数据类型	允许 NULL 值	键	默认值	说明
TeacherID	varchar(6)	×	主键	无	教师编号
CourseID	varchar(4)	×	主键	无	课程号
Location	varchar(10)	√		无	上课地点

使用 SQL 语句创建学生成绩实验数据库 stuscopm，在该数据库中，编写和调试创建表、查看表、修改表、删除表的代码。

① 创建学生成绩实验数据库 stuscopm。

```
mysql> CREATE DATABASE stuscopm;
```

```
mysql> USE stuscopm;
```

② 创建 Student 表，显示 Student 表的基本结构。

```
mysql> CREATE TABLE Student
    ->     (
    ->         StudentID varchar(6) NOT NULL PRIMARY KEY,
    ->         Name varchar(8) NOT NULL,
    ->         Sex varchar(2) NOT NULL DEFAULT '男',
    ->         Birthday date NOT NULL,
    ->         Speciality varchar(12) NULL,
    ->         Native varchar(20) NULL
    ->     );

mysql> DESC Student;
```

③ 创建 Course 表，显示 Course 表的基本结构。

```
mysql> CREATE TABLE Course
    ->     (
    ->         CourseID varchar(4) NOT NULL PRIMARY KEY,
    ->         CourseName varchar(16) NOT NULL,
    ->         Credit tinyint NULL
    ->     );

mysql> DESC Course;
```

④ 由 Student 表使用复制方式创建 Student1 表。

```
mysql> CREATE TABLE Student1 like Student;
```

⑤ 在 Student 表中增加 StuNo 列，作为表的第 1 列。该列不允许为空值，取值唯一并自动增加，显示 Student 表的基本结构。

```
mysql> ALTER TABLE Student
    -> ADD COLUMN StuNo int NOT NULL UNIQUE AUTO_INCREMENT FIRST;

mysql> DESC Student;
```

⑥ 将 Student1 表中 Native 列的名称修改为 City，将数据类型修改为 char。该列允许为空值，默认值为“北京”，显示 Student1 表的基本结构。

```
mysql> ALTER TABLE Student1
    -> CHANGE COLUMN Native City char(20) NULL DEFAULT '北京';
Query OK, 0 rows affected (0.52 sec)

mysql> DESC Student1;
```

⑦ 将 Student1 表中 Speciality 列的名称修改为 School，将数据类型修改为 char。该列允许为空值，默认值为“计算机学院”。

```
mysql> ALTER TABLE Student1
    -> CHANGE COLUMN Speciality School char(20) NULL DEFAULT '计算机学院';
```

⑧ 将 Student1 表中 City 列的默认值修改为“四川”。

```
mysql> ALTER TABLE Student1
    -> ALTER COLUMN City SET DEFAULT '四川';
```

⑨ 将 Student1 表中 City 列的类型修改为 varchar，并移动到 Name 列之后。

```
mysql> ALTER TABLE Student1
    -> MODIFY COLUMN City varchar(20) AFTER Name;
```

⑩ 在 Student1 表中删除 StuNo 列。

```
mysql> ALTER TABLE Student1
    -> DROP COLUMN StuNo;
```

⑪ 将 Student1 表更名为 Student2 表。

```
mysql> ALTER TABLE Student1
    -> RENAME TO Student2;
```

⑫ 删除 Student2 表。

```
mysql> DROP TABLE Student2;
```

3. 设计性实验

销售实验数据库 salespm 是实验中多次被用到的另一个数据库，包含员工表 EmplInfo、部门表 DeptInfo 和商品表 GoodsInfo，它们的表结构分别如表 3.9～表 3.11 所示。

表 3.9　员工表 EmplInfo 的表结构

列名	数据类型	允许 NULL 值	键	默认值	说明
EmplID	varchar(4)	×	主键	无	员工号
EmplName	varchar(8)	×		无	姓名
Sex	varchar(2)	×		男	性别
Birthday	date	×		无	出生日期
Native	varchar(20)	√		无	籍贯
Wages	decimal(8, 2)	×		无	工资
DeptID	varchar(4)	√		无	部门号

表 3.10　部门表 DeptInfo 的表结构

列名	数据类型	允许 NULL 值	键	默认值	说明
DeptID	varchar(4)	×	主键	无	部门号
DeptName	varchar(20)	×		无	部门名称

表 3.11　商品表 GoodsInfo 的表结构

列名	数据类型	允许 NULL 值	键	默认值	说明
GoodsID	varchar(4)	×	主键	无	商品号

续表

列名	数据类型	允许 NULL 值	键	默认值	说明
GoodsName	varchar(20)	×		无	商品名称
ClassificationName	varchar(16)	×		无	商品类型
UnitPrice	decimal(8, 2)	√		无	单价
StockQuantity	int	×		5	库存量

使用 SQL 语句创建销售实验数据库 salespm，在该数据库中，验证和调试创建表、查看表、修改表、删除表的代码。

① 创建销售实验数据库 salespm。

② 创建 EmplInfo 表，显示 EmplInfo 表的基本结构。

③ 创建 DeptInfo 表，显示 DeptInfo 表的基本结构。

④ 由 EmplInfo 表使用复制方式创建 EmplInfo1 表。

⑤ 在 EmplInfo 表中增加 Eno 列，添加到表的第 1 列。该列不允许为空值，取值唯一并自动增加，显示 EmplInfo 表的基本结构。

⑥ 将 EmplInfo1 表中 Sex 列的名称修改为 Gender，将数据类型修改为 char。该列允许为空值，默认值修改为“女”，显示 EmplInfo1 表的基本结构。

⑦ 将 EmplInfo1 表中 Native 列的名称修改为 Telephone，将数据类型改为 char。该列允许为空值。

⑧ 将 EmplInfo1 表中 Gender 列的默认值修改为“男”。

⑨ 将 EmplInfo1 表中 Wages 列的数据类型修改为 float，并移动到 EmplName 列后。

⑩ 在 EmplInfo 表中删除 Eno 列。

⑪ 将 EmplInfo1 表更名为 EmplInfo2 表。

⑫ 删除 EmplInfo2 表。

4．观察与思考

（1）在创建表的语句中，NOT NULL 的作用是什么？

（2）一个表可以设置几个主键？

（3）主键列能否被修改为 NULL？

第 4 章　数据操纵语言

数据操纵语言（Data Manipulation Language，DML）用于操纵数据库中的表和视图，进行插入、修改、删除等操作。数据操纵语言的主要 SQL 语句有将数据插入表或视图中的 INSERT 语句，修改表或视图中数据的 UPDATE 语句，从表或视图中删除数据的 DELETE 语句。本章主要介绍数据操纵语言概述、使用 INSERT 语句插入数据、使用 UPDATE 语句修改数据、使用 DELETE 语句删除数据。

4.1　数据操纵语言概述

数据操纵语言用于操纵数据库中的各种对象，进行插入、修改、删除等操作。

数据操纵语言的主要 SQL 语句如下。

① INSERT 语句：将数据插入表或视图中。

② UPDATE 语句：修改表或视图中的数据，既可以修改表或视图的一行数据，也可以修改一组或全部数据。

③ DELETE 语句：从表或视图中删除数据，可以根据条件删除指定的数据。

4.2　使用 INSERT 语句插入数据

下面介绍 INSERT 语句、REPLACE 语句和插入查询结果语句。

4.2.1　向表中的所有列插入数据

INSERT 语句用于向数据库的表中插入一行或多行数据。语法格式：

```
INSERT [LOW_PRIORITY | DELAYED | HIGH_PRIORITY] [IGNORE]
    [INTO] table_name [(col_name ,…)]
    VALUES({EXPR| DEFAULT},…),(…),…
    |
```

说明：

① table_name：需要插入数据的表名。

② col_name：列名，插入列值的方法有以下两种。

❖ 不指定列名：必须为每个列都插入数据，并且值的顺序必须与表定义的列的顺序一一对应，数据类型相同。

❖ 指定列名：只需为指定列插入数据。

③ VALUES 子句：包含各列需要插入的数据清单，数据的顺序要与列的顺序相对应。

下面举例说明向表中的所有列插入数据时，列名可以省略。假设 employee、employee1 和 employee2 共 3 个员工表的表结构已经创建，其表结构参见附录 A。

【例 4.1】向 employee1 表中插入一条记录 ('E004','刘思佳','女','1985-05-21','公司集体宿舍',3700,'D003')。

```
mysql> INSERT INTO employee1
    ->     VALUES('E004','刘思佳','女','1985-05-21','公司集体宿舍',3700,'D003');
```

运行结果：

```
Query OK, 1 row affected (0.03 sec)
```

SELECT 语句用于查询插入的数据：

```
mysql> SELECT * FROM employee1;
```

查询结果：

```
+--------+----------+-----+----------+-----------+-------+--------+
| emplno | emplname | sex | birthday | address   | wages | deptno |
+--------+----------+-----+----------+-----------+-------+--------+
| E004   | 刘思佳   | 女  | 1985-05-21| 公司集体宿舍 | 3700.00| D003  |
+--------+----------+-----+----------+-----------+-------+--------+
1 row in set (0.00 sec)
```

可以看出插入全部列的数据成功，在插入语句中，已经省略列名表，只有插入值表，且插入值的顺序和表定义的列的顺序相同。

如果插入值的顺序和表定义的列的顺序不同，那么在插入全部列时不能省略列名表，参见下例。

【例 4.2】向 employee1 表中插入一条记录，员工号为“E005”，姓名为“肖婷”，地址为“公司集体宿舍”，工资为 3600 元，部门号为“D001”，性别为“女”，出生日期为“1986-12-16”。

```
mysql> INSERT INTO employee1(emplno, emplname, address, wages, deptno, sex, birthday)
    ->     VALUES('E005','肖婷','公司集体宿舍',3600,'D001','女','1986-12-16');
```

运行结果：

```
Query OK, 1 row affected (0.02 sec)
```

SELECT 语句用于查询插入的数据：

```
mysql> SELECT * FROM employee1;
```

查询结果：

```
+--------+----------+-----+----------+------------+---------+--------+
| emplno | emplname | sex | birthday | address    | wages   | deptno |
+--------+----------+-----+----------+------------+---------+--------+
| E004   | 刘思佳   | 女  | 1985-05-21| 公司集体宿舍 | 3700.00 | D003   |
| E005   | 肖婷     | 女  | 1986-12-16| 公司集体宿舍 | 3600.00 | D001   |
+--------+----------+-----+----------+------------+---------+--------+
2 rows in set (0.00 sec)
```

4.2.2 向表中的指定列插入数据

向表中的指定列插入数据时，插入语句中只给出了部分列的值，其他列的值为表定义时的默认值，或允许该列取空值。

【例 4.3】向 employee1 表中插入一条记录，员工号为"E006"，姓名为"黄杰"，性别为"男"(取默认值)，出生日期为"1977-04-25"，地址为空值、工资为 4500 元，部门号为"D001"。

```
mysql> INSERT INTO employee1(emplno, emplname, birthday, wages, deptno)
    ->     VALUES('E006','黄杰','1977-04-25',4500,'D001');
```

运行结果：

```
Query OK, 1 row affected (0.03 sec)
```

SELECT 语句用于查询插入的数据：

```
mysql> SELECT * FROM employee1
```

查询结果：

```
+--------+----------+-----+------------+------------+---------+--------+
| emplno | emplname | sex | birthday   | address    | wages   | deptno |
+--------+----------+-----+------------+------------+---------+--------+
| E004   | 刘思佳   | 女  | 1985-05-21 | 公司集体宿舍 | 3700.00 | D003   |
| E005   | 肖婷     | 女  | 1986-12-16 | 公司集体宿舍 | 3600.00 | D001   |
| E006   | 黄杰     | 男  | 1977-04-25 | NULL       | 4500.00 | D001   |
+--------+----------+-----+------------+------------+---------+--------+
3 rows in set (0.00 sec)
```

4.2.3 插入多条记录

当插入多条记录时，插入语句中只需指定多个插入值列表，插入值列表之间使用","隔开。

【例 4.4】向 employee 表中插入样本数据，共 6 条记录，参见附录 A。

```
mysql> INSERT INTO employee
    ->     VALUES('E001','冯文捷','男','1982-03-17','春天花园',4800,'D001'),
```

```
    ->     ('E002','叶莉华','女','1987-11-02','丽都花园',3400,'D002'),
    ->     ('E003','周维明','男','1974-08-12','春天花园',7200,'D004'),
    ->     ('E004','刘思佳','女','1985-05-21','公司集体宿舍',3700,'D003'),
    ->     ('E005','肖婷','女','1986-12-16','公司集体宿舍',3600,'D001'),
    ->     ('E006','黄杰','男','1977-04-25',NULL,4500,'D001');
```

运行结果:

```
Query OK, 6 rows affected (0.06 sec)
Records: 6  Duplicates: 0  Warnings: 0
```

SELECT 语句用于查询插入的数据:

```
mysql> SELECT * FROM student;
```

查询结果:

```
+--------+----------+-----+------------+--------------+---------+--------+
| emplno | emplname | sex | birthday   | address      | wages   | deptno |
+--------+----------+-----+------------+--------------+---------+--------+
| E001   | 冯文捷   | 男  | 1982-03-17 | 春天花园     | 4800.00 | D001   |
| E002   | 叶莉华   | 女  | 1987-11-02 | 丽都花园     | 3400.00 | D002   |
| E003   | 周维明   | 男  | 1974-08-12 | 春天花园     | 7200.00 | D004   |
| E004   | 刘思佳   | 女  | 1985-05-21 | 公司集体宿舍 | 3700.00 | D003   |
| E005   | 肖婷     | 女  | 1986-12-16 | 公司集体宿舍 | 3600.00 | D001   |
| E006   | 黄杰     | 男  | 1977-04-25 | NULL         | 4500.00 | D001   |
+--------+----------+-----+------------+--------------+---------+--------+
6 rows in set (0.00 sec)
```

4.2.4 REPLACE 语句

REPLACE 语句的语法格式与 INSERT 语句的语法格式基本相同。当存在相同记录时，REPLACE 语句用于在插入数据前将与新记录产生冲突的旧记录删除，使新记录能够正常插入。

【例 4.5】在 employee1 表中重新插入记录('E005','肖婷','女','1986-12-16','公司集体宿舍',3600,'D001')。

```
mysql> REPLACE INTO employee1
    ->     VALUES('E005','肖婷','女','1986-12-16','公司集体宿舍',3600,'D001');
```

运行结果:

```
Query OK, 1 row affected (0.05 sec)
```

4.2.5 插入查询结果语句

INSERT INTO…SELECT…语句可以将已有表的记录快速插入当前表中。其中，

SELECT 语句返回一个查询结果集，INSERT 语句将这个结果集插入指定表中。语法格式：

```
INSERT [INTO] table_name 1 (column_list1)
    SELECT (column_list2) FROM table_name 2 WHERE (condition)
```

其中，table_name 1 是待插入数据的表名，column_list1 是待插入数据的列名表；table_name 2 是数据来源表名，column_list2 是数据来源表的列名表；column_list2 列名表必须和 column_list1 列名表的列数相同，且数据类型匹配；condition 指定查询语句的查询条件。

【例 4.6】向 employee2 表中插入 employee 表的记录。

```
mysql> INSERT INTO employee2
    ->      SELECT * FROM employee;
```

运行结果：

```
Query OK, 6 rows affected (0.05 sec)
Records: 6  Duplicates: 0  Warnings: 0
```

4.3 使用 UPDATE 语句修改数据

UPDATE 语句用于修改表中一条或多条记录的列值。语法格式：

```
UPDATE table_name
   SET column1=value1[, column2=value2,…]
   [WHERE < condition >]
```

说明：

① SET 子句用于指定表中要修改的列名及其值，column1、column2、…为指定修改的列名，value1、value2、…为相应的指定列修改后的值。

② WHERE 子句用于限定表中要修改的某条记录，condition 指定要修改的某条记录满足的条件。如果语句中不指定 WHERE 子句，那么修改所有记录。

注意： UPDATE 语句修改的是一条或多条记录中的列。

4.3.1 修改指定记录

修改指定记录需要通过 WHERE 子句指定要修改的记录满足的条件。

【例 4.7】在 employee1 表中，将员工黄杰的出生日期修改为“1978-04-25”。

```
mysql> UPDATE employee1
    ->      SET birthday='1978-04-25'
    ->      WHERE emplname ='黄杰';
```

运行结果：

```
Query OK, 1 row affected (0.07 sec)
Rows matched: 1  Changed: 1  Warnings: 0
```

SELECT 语句用于查询修改指定记录后的数据:

```
mysql> SELECT * FROM employee1;
```

查询结果:

```
+--------+----------+-----+------------+--------------+---------+--------+
| emplno | emplname | sex | birthday   | address      | wages   | deptno |
+--------+----------+-----+------------+--------------+---------+--------+
| E004   | 刘思佳   | 女  | 1985-05-21 | 公司集体宿舍 | 3700.00 | D003   |
| E005   | 肖婷     | 女  | 1986-12-16 | 公司集体宿舍 | 3600.00 | D001   |
| E006   | 黄杰     | 男  | 1978-04-25 | NULL         | 4500.00 | D001   |
+--------+----------+-----+------------+--------------+---------+--------+
3 rows in set (0.00 sec)
```

4.3.2 修改全部记录

修改全部记录不需要指定 WHERE 子句。

【例 4.8】在 employee1 表中，将所有员工的工资增加 200 元。

```
mysql> UPDATE employee1
    ->     SET wages=wages+200;
```

运行结果:

```
Query OK, 3 rows affected (0.13 sec)
Rows matched: 3  Changed: 3  Warnings: 0
```

SELECT 语句用于查询修改全部记录后的数据:

```
mysql> SELECT * FROM employee1;
```

查询结果:

```
+--------+----------+-----+------------+--------------+---------+--------+
| emplno | emplname | sex | birthday   | address      | wages   | deptno |
+--------+----------+-----+------------+--------------+---------+--------+
| E004   | 刘思佳   | 女  | 1985-05-21 | 公司集体宿舍 | 3900.00 | D003   |
| E005   | 肖婷     | 女  | 1986-12-16 | 公司集体宿舍 | 3800.00 | D001   |
| E006   | 黄杰     | 男  | 1978-04-25 | NULL         | 4700.00 | D001   |
+--------+----------+-----+------------+--------------+---------+--------+
3 rows in set (0.00 sec)
```

4.4 使用 DELETE 语句删除数据

DELETE 语句用于删除表中的一条或多条记录。语法格式:

```
DELETE FROM table_name
```

```
    [WHERE < condition >]
```

其中，table_name 是要删除数据的表名，WHERE 子句是可选项，用于指定表中要删除的记录，condition 用于指定删除条件，若省略 WHERE 子句，则删除所有记录。

注意： 通过 DELETE 语句删除的是一条或多条记录。若删除所有记录，则表结构仍然存在，即存在一个空表。

4.4.1 删除指定记录

删除指定记录需要通过 WHERE 子句指定表中要删除的行所满足的条件。

【例 4.9】在 employee1 表中，删除员工号为 E006 的行。

```
mysql> DELETE FROM employee1
    ->     WHERE emplno='E006';
```

运行结果：

```
Query OK, 1 row affected (0.09 sec)
```

SELECT 语句用于查询删除一行后的数据：

```
mysql> SELECT * FROM employee1;
```

查询结果：

```
+--------+----------+-----+------------+--------------+---------+--------+
| emplno | emplname | sex | birthday   | address      | wages   | deptno |
+--------+----------+-----+------------+--------------+---------+--------+
| E004   | 刘思佳   | 女  | 1985-05-21 | 公司集体宿舍 | 3900.00 | D003   |
| E005   | 肖婷     | 女  | 1986-12-16 | 公司集体宿舍 | 3800.00 | D001   |
+--------+----------+-----+------------+--------------+---------+--------+
2 rows in set (0.00 sec)
```

4.4.2 删除全部记录

删除全部记录有两种方法：一种方法是通过 DELETE 语句并省略 WHERE 子句，删除表中所有记录，在数据库中仍保留表的定义；另一种方法是通过 TRUNCATE 语句，删除原来的表并重新创建一个新表。

1．DELETE 语句

省略 WHERE 子句的 DELETE 语句用于删除表中所有记录，而不删除表的定义。

【例 4.10】在 employee1 表中，删除所有记录。

```
mysql> DELETE FROM employee1;
Query OK, 2 rows affected (0.06 sec)
```

运行结果：

```
Query OK, 2 rows affected (0.06 sec)
```

使用 SELECT 语句查询：

```
mysql> SELECT * FROM employee1;
```

查询结果：

```
Empty set (0.00 sec)
```

2. TRUNCATE 语句

TRUNCATE 语句用于删除原来的表并重新创建一个表，而不是逐行删除表中记录，TRUNCATE 语句的执行速度比 DELETE 语句的执行速度快。语法格式：

```
TRUNCATE [TABLE] table_name
```

其中，table_name 用于删除全部数据的表名。

【例 4.11】在 employee 表中，删除所有记录。

```
mysql> TRUNCATE employee;
```

运行结果：

```
Query OK, 0 rows affected (0.34 sec)
```

使用 SELECT 语句查询：

```
mysql> SELECT * FROM employee;
```

查询结果：

```
Empty set (0.01 sec)
```

小　结

本章主要介绍了以下内容。

① 数据操纵语言（Data Manipulation Language，DML）用于操纵数据库中的表和视图，进行插入、修改、删除等操作。数据操纵语言的主要 SQL 语句有插入数据语句 INSERT、修改数据语句 UPDATE、删除数据语句 DELETE。

② 插入数据的语句有 INSERT 语句、REPLACE 语句和插入查询结果语句。

INSERT 语句用于向数据库的表中插入一行或多行数据，可以为表的所有列插入数据，也可以为表的指定列插入数据和插入多行数据。

当存在相同记录时，REPLACE 语句用于在插入数据前将与新记录产生冲突的旧记录删除，使新记录能够正常插入。

INSERT INTO…SELECT…语句用于将已有表的记录快速插入当前表中。

③ UPDATE 语句用于修改表中的一条或多条记录的列值。

修改指定记录需要通过 WHERE 子句指定要修改的记录满足的条件，修改全部记录不需要指定 WHERE 子句。

④ DELETE 语句用于删除表中的一条或多条记录。

删除指定记录需要通过 DELETE 语句的 WHERE 子句指定表中要删除的记录所满足的条件，删除全部记录有两种方法：一种方法是通过 DELETE 语句并省略 WHERE 子句，删除表中所有记录，在数据库中仍保留表的定义；另一种方法是通过 TRUNCATE 语句，删除原来的表并重新创建一个新表。

习 题 4

一、选择题

4.1 表数据操作的基本语句不包括________。

A．INSERT　　B．DROP　　C．UPDATE　　D．DELETE

4.2 删除表的全部记录采用________。

A．DELETE　　B．TRUNCATE　　C．A 和 C 选项　　D．INSERT

4.3 以下________语句无法用于添加记录。

A．INSERT INTO…UPDATE…　　B．INSERT INTO…SELECT…

C．INSERT INTO…SET…　　D．INSERT INTO…VALUES…

4.4 ________ 语句用于快速清空表中的记录。

A．DELETE　　B．TRUNCATE　　C．CLEAR TABLE　　D．DROP TABLE

4.5 ________字段可以采用默认值。

A．出生日期　　B．姓名　　C．专业　　D．学号

二、填空题

4.6 数据操纵语言的主要 SQL 语句有插入数据语句 INSERT、修改数据语句________、删除数据语句 DELETE。

4.7 插入数据的语句有________语句和 REPLACE 语句。

4.8 ________语句用于将已有表的记录快速插入当前表中。

4.9 插入数据时不指定列名，要求必须为每个列都插入数据，且值的顺序必须与表定义的列的顺序________。

4.10 VALUES 子句包含了__________需要插入的数据，数据的顺序要与列的顺序相对应。

4.11 为表的指定列插入数据，在插入语句中，除了给出了部分列的值，其他列的值为表定义时的默认值或允许该列取________。

4.12 当存在相同记录时，REPLACE 语句用于在插入数据前将与新记录产生冲突的旧记录________，使新记录能够正常插入。

4.13 当插入多条记录时，在插入语句中只需指定多个插入值列表，插入值列表之间使用__________隔开。

4.14 UPDATE 语句用于修改表中的一条或多条记录的________。

4.15 修改指定记录需要通过 WHERE 子句指定要修改的记录满足的________。

4.16 删除全部记录有两种方法：一种方法是通过 DELETE 语句并省略 WHERE 子句；另一种方法是通过________语句。

三、问答题

4.17 简述数据操纵语言的主要 SQL 语句。

4.18 简述插入数据所使用的语句。

4.19 比较插入列值使用的两种方法：不指定列名和指定列名。

4.20 修改数据有哪两种方法？

4.21 比较删除数据使用的两种方法：删除指定记录和删除全部记录。

4.22 删除全部记录有哪两种方法？它们各有哪些特点？

四、应用题

4.23 假设已经创建 orderdetail、orderdetail1 和 orderdetail2 共 3 个订单明细表，其表结构参见附录 A，使用 3 种不同的方法，向 orderdetail1 表中插入数据。

（1）省略列名表，插入记录('S00001','3002',8599,2,17198,0.1,15478.2)。

（2）不省略列名表，插入订单号为“S00001”，销售单价为 8877 元，数量为 2 台，总价为 17754 元，折扣率为 0.1，折扣总价为 15978.6 元，商品号为“1004”的记录。

（3）插入订单号为“S00003”，商品号为“1001”，销售单价为 6288 元，数量为 3 台，总价为 18864 元，折扣率为 0.1（取默认值），折扣总价为 16977.6 元的记录。

4.24 向 orderdetail 表中插入样本数据，参见附录 A。

4.25 使用 INSERT INTO…SELECT…语句，将 orderdetail 表中的记录快速插入 orderdetail2 表。

4.26 在 orderdetail1 表中，将订单号为“S00003”和商品号为“1001”的记录的折扣率修改为 0.15，折扣总价修改为 16034.4 元。

4.27 在 orderdetail1 表中，删除订单号为“S00001”和商品号为“3002”的记录。

4.28 使用两种不同的方法，删除表中的全部记录。

（1）使用 DELETE 语句，删除 orderdetail1 表中的全部记录。

（2）使用 TRUNCATE 语句，删除 orderdetail2 表中的全部记录。

4.29 分别向商品表 goods、部门表 department、订单表 orderform 插入样本数据，参见附录 A。

实验 4

实验 4.1　数据操纵语言

1．实验目的及要求

（1）理解数据操纵语言的概念和 INSERT 语句、UPDATE 语句、DELETE 语句的语法格式。

（2）掌握使用数据操纵语言的 INSERT 语句进行表数据的插入、UPDATE 语句进行表数据的修改和 DELETE 语句进行表数据的删除操作。

（3）具备编写和调试插入数据、修改数据和删除数据的代码能力。

2．验证性实验

在学生成绩实验数据库 stuscopm 中，学生表 Student 的样本数据、课程表 Course 的样本数据、成绩表 Score 的样本数据、教师表 Teacher 的样本数据、讲课表 Lecture 的样本数据，分别如表 4.1～表 4.5 所示。

表 4.1　学生表 Student 的样本数据

学号	姓名	性别	出生日期	专业	籍贯
191001	唐思远	男	1998-09-16	计算机	北京
191002	李婷婷	女	1999-10-23	计算机	上海
191003	吴莉英	女	1999-02-18	计算机	北京
195001	刘超	男	1999-04-06	通信	四川
195002	王燕	女	1998-10-05'	通信	上海
195004	罗贵成	男	1998-07-19'	通信	四川

表 4.2　课程表 Course 的样本数据

课程号	课程名	学分/分
1004	数据库系统	4
1009	软件工程	3
4002	数字电路	3
8001	高等数学	4
1201	英语	4

表 4.3　成绩表 Score 的样本数据

学号	课程号	成绩/分	学号	课程号	成绩/分
191001	1004	94	195001	8001	92
191002	1004	88	195002	8001	NULL
191003	1004	92	195004	8001	90
195001	4002	91	191001	1201	92
195002	4002	78	191002	1201	87
195004	4002	86	191003	1201	94
191001	8001	93	195001	1201	93
191002	8001	85	195002	1201	78
191003	8001	90	195004	1201	90

表 4.4　教师表 Teacher 的样本数据

教师编号	姓名	性别	出生日期	学院	籍贯
100008	孙友晨	男	1971-10-15	计算机学院	北京
100027	张博洲	男	1978-08-24	计算机学院	北京
400015	彭蛟	女	1987-03-19	通信学院	四川
800021	周仁德	男	1977-02-21	数学学院	上海
120034	曾红彬	女	1975-11-02	外国语学院	四川

表 4.5　讲课表 Lecture 的样本数据

教师编号	课程号	上课地点
100008	1004	1-216
400015	4002	2-109
800021	8001	5-207
120034	1201	6-102

假设课程表 Course、Course1、Course2 和教师表 Teacher 的表结构已经被创建，按照以下要求完成表数据的插入、修改和删除操作。

（1）向课程表 Course 中插入样本数据。

```
mysql> INSERT INTO Course
    ->     VALUES('1004','数据库系统',4),
    ->     ('1009','软件工程',3),
    ->     ('4002','数字电路',3),
    ->     ('8001','高等数学',4),
    ->     ('1201','英语',4);
```

（2）向教师表 Teacher 中插入样本数据。

```
mysql> INSERT INTO Teacher
    ->     VALUES('100008','孙友晨','男','1971-10-15','教授','北京'),
    ->     ('100027','张博洲','男','1978-08-24','教授','北京'),
    ->     ('400015','彭蛟','女','1987-03-19','讲师','四川'),
    ->     ('800021','周仁德','男','1977-02-21','副教授','上海'),
    ->     ('120034','曾红彬','女','1975-11-02','副教授','四川');
```

（3）使用 INSERT INTO…SELECT…语句，将 Course 表的记录快速插入 Course1 表中。

```
mysql> INSERT INTO Course1
    ->     SELECT * FROM Course;
```

（4）使用 3 种不同的方法，向 Course2 表中插入数据。

① 省略列名表，插入记录('1004','数据库系统',4)。

```
mysql> INSERT INTO Course2
    ->     VALUES('1004','数据库系统',4);
```

② 不省略列名表，插入课程号为“1017”、学分为 3 分、课程名为“数据结构”的记录。

```
mysql> INSERT INTO Course2(CourseID,Credit,CourseName)
    ->     VALUES('1017',3,'数据结构');
```

③ 插入课程号为“4002”，课程名为“数字电路”，学分为空值的记录。

```
mysql> INSERT INTO Course2(CourseID,CourseName,Credit)
    ->     VALUES('4002','数字电路',NULL);
```

（5）在 Course1 表中，将课程名“软件工程”修改为“计算机网络”。

```
mysql> UPDATE Course1
    ->    SET CourseName='计算机网络'
    ->    WHERE CourseName='软件工程';
```

（6）在 Course1 表中，将课程号 1201 的学分修改为 3 分。

```
mysql> UPDATE Course1
    ->    SET Credit=3
    ->    WHERE CourseID='1201';
```

（7）在 Course1 表中，删除课程名为“高等数学”的记录。

```
mysql> DELETE FROM Course1
    ->     WHERE CourseName='高等数学';
```

（8）使用两种不同的方法，删除表中的全部记录。

① 使用 DELETE 语句，删除 Course1 表中的全部记录。

```
mysql> DELETE FROM Course1;
```

② 使用 TRUNCATE 语句，删除 Course2 表中的全部记录。

```
mysql> TRUNCATE Course2;
```

3. 设计性实验

在销售实验数据库 salespm 中，包含员工表 EmplInfo 的样本数据、部门表 DeptInfo 的样本数据和商品表 GoodsInfo 的样本数据，分别如表 4.6～表 4.8 所示。

表 4.6　员工表 EmplInfo 的样本数据

员工号	姓名	性别	出生日期	籍贯	工资/元	部门号
E001	吴永波	男	1981-07-21	北京	4200	D001
E002	李丽君	女	1986-02-15	上海	3400	D002
E003	周莉	女	1983-12-07	NULL	3600	D003
E004	韩松	男	1975-09-23	上海	7100	D004
E005	张娟	女	1984-11-04	四川	3700	D001
E006	朱文思	男	1978-09-21	北京	4400	D001

表 4.7　部门表 DeptInfo 的样本数据

部门号	部门名称
D001	销售部
D002	人事部
D003	财务部
D004	经理办
D005	物资部

表 4.8　商品表 GoodsInfo 的样本数据

商品号	商品名称	商品类型	单价/元	库存量/台
1001	Microsoft Surface Pro 7	笔记本电脑	6288	5
1002	DELL XPS13-7390	笔记本电脑	8877	5
2001	Apple iPad Pro	平板电脑	7029	5
3001	DELL PowerEdgeT140	服务器	8899	5
4001	EPSON L565	打印机	1959	10

假设商品表 GoodsInfo、GoodsInfo1、GoodsInfo2 的表结构已经被创建，编写和调试表数据的插入、修改和删除的代码，完成以下操作。

（1）向 GoodsInfo 表中插入样本数据。

（2）使用 INSERT INTO…SELECT…语句，将 GoodsInfo 表的记录快速插入 GoodsInfo1 表中。

（3）使用 3 种不同的方法，向 GoodsInfo2 中表插入数据。

① 省略列名表，插入记录('1001','Microsoft Surface Pro 7','笔记本电脑', 6288,5)。

② 不省略列名表，插入商品号为“2001”、商品名称为“Apple iPad Pro”、库存量为 5 台、单价为 7029 元、商品类型为“平板电脑”的记录。

③ 插入商品号为“3001”，商品名称为“DELL PowerEdgeT140”，商品类型为“服务器”，单价为空值，库存量为 5 台、取默认值的记录。

（4）在 GoodsInfo1 表中，将商品名称为“Microsoft Surface Pro 7”的类型修改为“笔记本平板电脑二合一”。

（5）在 GoodsInfo1 表中，将商品名称为“EPSON L565”的库存量修改为 12 台。

（6）在 GoodsInfo1 表中，删除商品类型为“平板电脑”的记录。

（7）使用两种不同的方法，删除表中的全部记录。

① 使用 DELETE 语句，删除 GoodsInfo1 表中的全部记录。

② 使用 TRUNCATE 语句，删除 GoodsInfo2 表中的全部记录。

4．观察与思考

（1）省略列名表插入记录需要满足什么条件？

（2）使用什么语句将已有表的记录快速插入当前表？

（3）比较 DELETE 语句和 TRUNCATE 语句的异同。

（4）DROP 语句与 DELETE 语句有何区别？

第 5 章　数据查询语言

数据库查询是数据库的核心操作，数据查询语言（Data Query Language，DQL）通过SELECT语句实现查询功能。SELECT语句具有灵活的使用方式和强大的功能，能够实现选择、投影和连接等操作。

本章主要介绍数据查询语言概述，对数据库进行单表查询，如投影查询、选择查询、分组查询和统计计算、排序查询和限制查询结果的数量等查询方法，以及对数据库进行多表查询，如连接查询、子查询和联合查询等查询方法。

5.1　数据查询语言概述

数据查询语言的主要SQL语句是SELECT语句，用于从表或视图中检索数据，是使用最频繁的SQL语句之一。SELECT语句是SQL的核心。语法格式：

```
SELECT [ALL | DISTINCT | DISTINCTROW ] 列名或表达式 …        /*SELECT子句*/
[FROM 源表… ]                                              /*FROM子句*/
[WHERE 条件]                                                /*WHERE子句*/
                                                            /*GROUP BY子句*/
[GROUP BY {列名| 表达式 | position} [ASC | DESC], … [WITH ROLLUP]]
    /*GROUP BY子句*/
[HAVING 条件]                                               /*HAVING 子句*/
[ORDER BY {列名 | 表达式 | position} [ASC | DESC] , …]      /*ORDER BY子句*/
[LIMIT {[offset,] row_count | row_count OFFSET offset}]     /*LIMIT子句*/
```

说明：

① SELECT子句用于指定要显示的列或表达式。

② FROM子句用于指定查询数据来源的表或视图，可以指定一个表，也可以指定多个表。

③ WHERE子句用于指定选择行的条件。

④ GROUP BY子句用于指定分组表达式。

⑤ HAVING子句用于指定满足分组的条件。

⑥ ORDER BY子句用于指定行的升序或降序排列。

⑦ LIMIT子句用于指定查询结果集中包含的行数。

5.2　单表查询

单表查询是指通过 SELECT 语句从一个表上查询数据，下面分别介绍 SELECT 子句、WHERE 子句、GROUP BY 子句、HAVING 子句、ORDER BY 子句和 LIMIT 子句的使用。

5.2.1　SELECT 子句的使用

SELECT 子句用于选择列，选择列的查询称为投影查询。语法格式：

```
SELECT [ALL | DISTINCT | DISTINCTROW ] 列名或表达式 …
```

其中，如果没有指定 ALL | DISTINCT | DISTINCTROW 选项，那么默认选项为 ALL，即返回投影操作所有匹配行，包括可能存在的重复行；如果指定 DISTINCT 选项或 DISTINCTROW 选项，那么清除结果集中的重复行。DISTINCT 与 DISTINCTROW 为同义词。

1．投影指定的列

SELECT 语句可以选择表中的一列或多列，如果是多列，那么各列名之间要使用“,”隔开。

【例 5.1】查询 employee 表中所有员工的员工号、姓名和部门号。

```
mysql> SELECT emplno, emplname, deptno
    -> FROM employee;
```

查询结果：

```
+----------+-------------+----------+
| emplno   | emplname    | deptno   |
+----------+-------------+----------+
| E001     | 冯文捷      | D001     |
| E002     | 叶莉华      | D002     |
| E003     | 周维明      | D004     |
| E004     | 刘思佳      | D003     |
| E005     | 肖婷        | D001     |
| E006     | 黄杰        | D001     |
+----------+-------------+---------+
6 rows in set (0.00 sec)
```

2．投影全部列

在 SELECT 子句指定列的位置上使用“*”时，表示查询表中的所有列。

【例 5.2】查询 employee 表中的所有列。

```
mysql> SELECT *
    -> FROM employee;
```

该语句与下面语句等价：

```
mysql> SELECT emplno, emplname, sex, birthday, address, wages, deptno
    -> FROM employee;
```

查询结果:

```
+-----------+---------+-----+----------+-----------+-------+---------+
| emplno    | emplname | sex | birthday | address   | wages | deptno  |
+-----------+---------+-----+----------+-----------+-------+---------+
| E001      | 冯文捷   | 男  | 1982-03-17| 春天花园   | 4700.00| D001    |
| E002      | 叶莉华   | 女  | 1987-11-02| 丽都花园   | 3500.00| D002    |
| E003      | 周维明   | 男  | 1974-08-12| 春天花园   | 6800.00| D004    |
| E004      | 刘思佳   | 女  | 1985-05-21| 公司集体宿舍| 3700.00| D003    |
| E005      | 肖婷     | 女  | 1986-12-16| 公司集体宿舍| 3600.00| D001    |
| E006      | 黄杰     | 男  | 1977-04-25| NULL      | 4500.00| D001    |
+-----------+---------+-----+----------+-----------+-------+---------+
6 rows in set (0.00 sec)
```

3．修改查询结果的列标题

为了改变查询结果中显示的列标题，可以在列名后面使用 AS <列别名>。语法格式:

```
SELECT … 列名 [AS 列别名]
```

【例 5.3】查询 employee 表中所有员工的员工的 emplno、emplname、deptno，并将结果中各列的标题分别修改为员工号、姓名、部门号。

```
mysql> SELECT emplno AS 员工号, emplname AS 姓名, deptno AS 部门号
    -> FROM employee;
```

查询结果:

```
+-----------+------------+----------+
|员工号      |姓名         |部门号     |
+-----------+------------+----------+
| E001      | 冯文捷      | D001     |
| E002      | 叶莉华      | D002     |
| E003      | 周维明      | D004     |
| E004      | 刘思佳      | D003     |
| E005      | 肖婷        | D001     |
| E006      | 黄杰        | D001     |
+-----------+------------+----------+
6 rows in set (0.00 sec)
```

4．计算列值

当使用 SELECT 子句对列进行查询时，可以对数值类型的列进行计算，在计算时既可以使用加（+）、减(−)、乘（∗）、除（/）等算术运算符，也可以使用表达式。语法格式:

```
SELECT <表达式> [ , <表达式> ]
```

【例 5.4】列出 goods 表中商品名称、商品价格和商品 9 折价格 3 个列的信息。

```
mysql> SELECT goodsname AS 商品名称, unitprice AS 商品价格, unitprice *0.9 AS 商品 9 折价格
    -> FROM goods;
```

查询结果：

```
+------------------------------+------------------+--------------------+
| 商品名称                      | 商品价格          | 商品 9 折价格        |
+------------------------------+------------------+--------------------+
| Microsoft Surface Pro 7      |          6288.00|           5659.200|
| DELL XPS13-7390              |          8877.00|           7989.300|
| Apple iPad Pro               |          7029.00|           6325.100|
| DELL PowerEdgeT140           |          8899.00|           8009.100|
| HP HPE ML30GEN10             |          8599.00|           7739.100|
| EPSON L565                   |          1959.00|           1763.100|
| HP LaserJet Pro M203d/dn/dw  |          1799.00|           1619.100|
+------------------------------+------------------+--------------------+
7 rows in set (0.11 sec)
```

5．删除重复行

在语句中，DISTINCT 关键字用于删除结果集中的重复行。语法格式：

```
SELECT DISTINCT <列名> [ , <列名>…]
```

【例 5.5】查询 employee 表中的 deptno 列，删除结果集中的重复行。

```
mysql> SELECT DISTINCT deptno
    -> FROM employee;
```

查询结果：

```
+-----------+
| deptno    |
+-----------+
| D001      |
| D002      |
| D004      |
| D003      |
+-----------+
4 rows in set (0.12 sec)
```

5.2.2 WHERE 子句的使用

WHERE 子句用于选择行，选择行的查询称为选择查询。WHERE 子句通过条件表达

式给出查询条件，必须紧跟在FROM子句后。语法格式：

```
WHERE 条件

条件=:
<判定条件> [ 逻辑运算符 <判定条件> ]

<判定条件> =:
表达式 { = | < | <= | > | >= | <=> | <> | != }表达式          /*比较运算*/
|表达式[ NOT ] LIKE 表达式 [ ESCAPE 'escape_character ' ]     /*LIKE运算符*/
    |表达式[ NOT ][ REGEXP | RLIKE ] 表达式                   /*REGEXP运算符*/
    |表达式[ NOT ] BETWEEN 表达式 AND 表达式                  /*指定范围*/
    |表达式 IS [ NOT ] NULL                                   /*是否为空值判断*/
    |表达式[ NOT ] IN ( subquery |表达式[,…n] )               /*IN子句*/
    |表达式{ = | < | <= | > | >= | <=> | <> | !=} { ALL | SOME | ANY }
( subquery ) /*比较子查询*/
    | EXISTS ( 子查询 )                                       /*EXISTS子查询*/
```

说明：

① 判定运算包括比较运算、模式匹配、指定范围、空值判断、子查询等。

② 判定运算的结果为TRUE、FALSE或UNKNOWN。

③ 逻辑运算符包括AND（与）、OR（或）、NOT（非），逻辑运算符的使用是有优先级的。其中，NOT优先级最高，AND次之，OR优先级最低。

④ 条件表达式可以使用多个判定运算通过逻辑运算符组成复杂的查询条件。

⑤ 字符串和日期必须使用单引号（''）括起来。

1．表达式比较

比较运算符用于比较两个表达式的值，共7个：=（等于）、<（小于）、<=（小于或等于）、>（大于）、>=（大于或等于）、<>（不等于）、!=（不等于）。语法格式：

```
<表达式1> { = | < | <= | > | >= | <> | != } <表达式2>
```

【例5.6】查询employee表中部门号为D001或性别为男的员工。

```
mysql> SELECT *
    -> FROM employee
    -> WHERE deptno='D001' or sex='男';
```

查询结果：

```
+----------+----------+-------+------------+------------+---------+--------+
| emplno   | emplname | sex   | birthday   | address    | wages   | deptno |
+----------+----------+-------+------------+------------+---------+--------+
| E001     | 冯文捷   | 男    | 1982-03-17 | 春天花园   | 4700.00 | D001   |
| E003     | 周维明   | 男    | 1974-08-12 | 春天花园   | 6800.00 | D004   |
| E005     | 肖婷     | 女    | 1986-12-16 | 公司集体宿舍| 3600.00 | D001   |
```

```
| E006       | 黄杰      | 男     | 1977-04-25 | NULL          | 4500.00| D001   |
+----------+---------+------+-----------+-----------+-------+--------+
4 rows in set (0.06 sec)
```

【例 5.7】列出 employee 表中工资在 3600 元以上的员工信息。

```
mysql> SELECT *
    -> FROM employee
    -> WHERE wages>3600;
```

查询结果：

```
+---------+---------+------+-----------+------------+-------+-------+
| emplno   | emplname | sex   | birthday   | address      | wages   | deptno|
+---------+--------+-----+-----------+------------+-------+-------+
| E001     | 冯文捷   | 男    | 1982-03-17| 春天花园      | 4700.00 | D001   |
| E003     | 周维明   | 男    | 1974-08-12| 春天花园      | 6800.00 | D004   |
| E004     | 刘思佳   | 女    | 1985-05-21| 公司集体宿舍  | 3700.00 | D003   |
| E006     | 黄杰     | 男    | 1977-04-25| NULL          | 4500.00 | D001   |
+---------+--------+-----+-----------+------------+-------+-------+
4 rows in set (0.00 sec)
```

2. 指定范围

关键字 BETWEEN、NOT BETWEEN、IN 用于指定范围，用于查找字段值在（或不在）指定范围的行。

当要查询的条件是某个值的范围时，可以使用 BETWEEN 关键字。BETWEEN 关键字用于指出查询范围。语法格式：

```
<表达式> [NOT] BETWEEN <表达式 1> AND <表达式 2>
```

当不使用 NOT 关键字时，若表达式的值在表达式 1 与表达式 2 之间（包括这两个值），则返回 TRUE，否则返回 FALSE；当使用 NOT 关键字时，返回值刚好相反。

【例 5.8】查询 employee 表中工资为 3700 元和 4500 元的员工记录。

```
mysql> SELECT *
    -> FROM employee
    -> WHERE wages in (3700,4500);
```

查询结果：

```
+----------+---------+------+-----------+-----------+-------+--------+
| emplno     | emplname | sex  | birthday   | address     | wages   | deptno   |
+----------+---------+------+-----------+-----------+-------+--------+
| E004       | 刘思佳    | 女   | 1985-05-21| 公司集体宿舍 | 3700.00| D003     |
| E006       | 黄杰      | 男   | 1977-04-25| NULL         | 4500.00| D001     |
+----------+---------+------+-----------+-----------+-------+--------+
2 rows in set (0.00 sec)
```

【例 5.9】查询 employee 表中不在 20 世纪 80 年代出生的员工信息。

```
mysql> SELECT *
    -> FROM employee
    -> WHERE birthday NOT BETWEEN '19800101' AND '19891231';
```

查询结果:

```
+----------+--------+------+----------+-----------+---------+--------+
| emplno   | emplname| sex  | birthday  | address   | wages   | deptno |
+----------+--------+------+----------+-----------+---------+--------+
| E003     | 周维明  | 男   | 1974-08-12| 春天花园   | 6800.00 | D004   |
| E006     | 黄杰    | 男   | 1977-04-25| NULL      | 4500.00 | D001   |
+----------+--------+------+----------+-----------+---------+--------+
2 rows in set (0.00 sec)
```

3. 空值判断

IS NULL 关键字用于判定一个表达式的值是否为空值。语法格式:

```
<表达式> IS [ NOT ] NULL
```

【例 5.10】查询地址未知的员工信息。

```
mysql> SELECT *
    -> FROM employee
    -> WHERE address IS NULL;
```

查询结果:

```
+---------+----------+-----+----------+-----------+---------+--------+
| emplno  | emplname | sex | birthday  | address   | wages   | deptno |
+---------+----------+-----+----------+-----------+---------+--------+
| E006    | 黄杰      | 男  | 1977-04-25| NULL      | 4500.00 | D001   |
+---------+----------+-----+----------+-----------+---------+--------+
1 row in set (0.00 sec)
```

4. LIKE 关键字用于进行字符串匹配查询

LIKE 关键字用于进行字符串匹配查询。语法格式:

```
<字符串表达式 1> [ NOT ] LIKE <字符串表达式 2> [ ESCAPE '<转义字符>' ]
```

在使用 LIKE 关键字时，<字符串表达式 2>可以含有通配符。通配符有以下两种。

❖ %: 表示 0 个或多个字符。

❖ _: 表示一个字符。

在 LIKE 匹配中使用通配符的查询也被称为模糊查询。

【例 5.11】在 employee 表中，查询姓为“刘”的员工信息。

```
mysql> SELECT *
    -> FROM employee
    -> WHERE emplname LIKE '刘%';
```

查询结果:

```
+----------+----------+------+------------+--------------+---------+-------+
| emplno   | emplname | sex  | birthday   | address      | wages   | deptno|
+----------+----------+------+------------+--------------+---------+-------+
| E004     | 刘思佳   | 女   | 1985-05-21 | 公司集体宿舍 | 3700.00| D003  |
+----------+----------+------+------------+--------------+---------+-------+
1 row in set (0.00 sec)
```

5．使用正则表达式进行查询

正则表达式通常用于检索或替换符合某模式的文本内容，根据指定的匹配模式匹配文本中符合要求的特殊字符串。例如，从一个文本文件中提取电话号码，查找一篇文章中重复的单词等。正则表达式的查询功能比通配符的查询功能更强大、更灵活，可以应用于非常复杂的查询。

在 MySQL 中，REGEXP 关键字用于匹配查询正则表达式。REGEXP 是正则表达式（Regular Expression）的缩写，它的同义词是 RLIKE。语法格式：

```
match_表达式 [ NOT ][ REGEXP | RLIKE ] match_表达式
```

在 MySQL 中，REGEXP 关键字用于指定正则表达式的字符匹配模式，可以匹配任意一个字符，可以在匹配模式中使用“|”分隔每个供选择的字符串，可以使用定位符匹配处于特定位置的文本，还可以对要匹配的字符或字符串的数目进行控制。常用字符匹配选项如表 5.1 所示。

表 5.1　常用字符匹配选项

选　项	说　　明	实　例	匹配值实例
<字符串>	匹配包含指定的字符串的文本	'fa'	fan, afa, faad
[ ]	匹配[ ]中的任何一个字符	'[ab]'	bay, big, app
[^]	匹配不在[ ]中的任何一个字符	'[^abc]'	desk, six,
^	匹配文本的开始字符	'^b'	bed, bridge
$	匹配文本的结束字符	'er$'	worker, teacher
.	匹配任何单个字符	'b.t'	bit, better
*	匹配 0 个或多个*前面的字符	'f*n'	fn, fan, begin
+	匹配 1 次或多次+前面的字符	'ba+'	bay, bare, battle
{n}	匹配至少 n 次前面的字符串	'b{2}'	bb, bbb, bbbbbb

【例 5.12】在 goods 表中，查询含有“DELL”字符或“HP”字符的所有商品名称。

```
mysql> SELECT *
    -> FROM goods
    -> WHERE goodsname REGEXP 'DELL|HP';
```

查询结果：

```
+---------+-------------------------+---------------+----------+---------------+-------------+
| goodsno | goodsname               | classification | unitprice| stockquantity | goodsafloat |
+---------+-------------------------+---------------+----------+---------------+-------------+
```

```
| 1002      | DELL XPS13-7390         | 10           | 8877.00 |            5|          0|
| 3001      | DELL PowerEdgeT140      | 30           | 8899.00 |            5|          2|
| 3002      | HP HPE ML30GEN10        | 30           | 8599.00 |            5|          1|
| 4002      | HP LaserJet Pro M203d/dn/dw | 40       | 1799.00 |           12|          2|
+----------+-----------------------+-------------+--------+-------------+-----------+
4 rows in set (0.11 sec)
```

5.2.3 GROUP BY 子句和 HAVING 子句的使用

GROUP BY 子句用于指定分组表达式，HAVING 子句用于指定满足分组的条件。查询数据经常需要进行统计计算和使用聚合函数，本节主要介绍使用聚合函数、GROUP BY 子句、HAVING 子句进行统计计算的方法。

1．聚合函数

聚合函数用于实现数据的统计计算，用于计算表中的数据，返回单个计算结果。聚合函数包括 COUNT()、SUM()、AVG()、MAX()、MIN()等函数，下面分别进行介绍。

（1）COUNT()函数

COUNT()函数用于计算组中满足条件的行数或总行数。语法格式：

```
COUNT ( { [ ALL | DISTINCT ] <表达式> } | * )
```

其中，ALL 表示对所有值进行计算，ALL 为默认值，DISTINCT 表示删除重复值，COUNT()函数用于计算时忽略 NULL 值。

【例 5.13】统计员工的总人数。

```
mysql> SELECT COUNT(*) AS 总人数
    -> FROM employee;
```

该语句使用 COUNT(*)计算总行数，总人数与总行数一致。

查询结果：

```
+-------------+
| 总人数       |
+-------------+
|            6|
+-------------+
1 row in set (0.21 sec)
```

【例 5.14】分别统计各部门男女员工的人数。

```
mysql> SELECT deptno AS 部门号, sex AS 性别, COUNT(*) AS 人数
    -> FROM employee
    -> GROUP BY deptno, sex;
```

查询结果：

```
+-------------+----------+----------+
| 部门号        | 性别      | 人数      |
```

```
+--------------+----------+-----------+
| D001         | 男       |          2|
| D002         | 女       |          1|
| D004         | 男       |          1|
| D003         | 女       |          1|
| D001         | 女       |          1|
+--------------+----------+-----------+
5 rows in set (0.00 sec)
```

（2）SUM()函数和 AVG()函数

SUM()函数用于计算一组数据的总和，AVG()函数用于计算一组数据的平均值，这两个函数只能针对数值类型的数据。语法格式：

```
SUM / AVG ( [ ALL | DISTINCT ] <表达式> )
```

其中，ALL 表示对所有值进行计算，ALL 为默认值，DISTINCT 表示删除重复值，SUM() / AVG()函数用于计算时忽略 NULL 值。

【例 5.15】统计 employee 表中员工工资的总和。

```
mysql> SELECT SUM(wages) AS 员工工资总和
    -> FROM employee;
```

该语句采用 SUM ()函数统计员工工资总和。

查询结果：

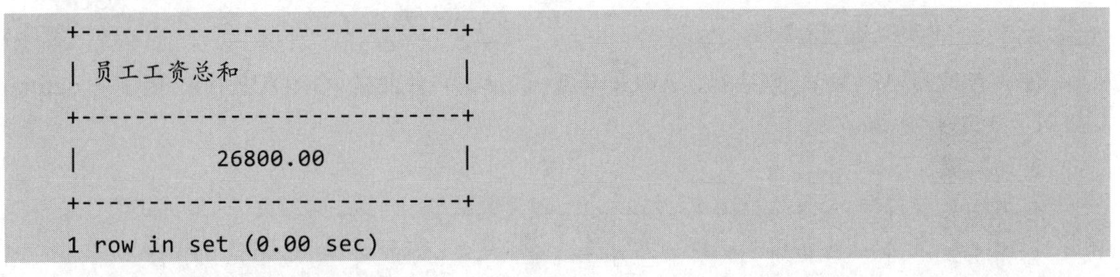

```
+--------------------------+
| 员工工资总和             |
+--------------------------+
|         26800.00         |
+--------------------------+
1 row in set (0.00 sec)
```

（3）MAX()函数和 MIN()函数

MAX()函数用于计算一组数据的最大值，MIN()函数用于计算一组数据的最小值，这两个函数都可以适用于任意类型数据。语法格式：

```
MAX / MIN ( [ ALL | DISTINCT ] <表达式> )
```

其中，ALL 表示对所有值进行计算，ALL 为默认值，DISTINCT 表示删除重复值，MAX() / MIN()函数用于计算时忽略 NULL 值。

【例 5.16】查询 employee 表中员工的最高工资、最低工资、平均工资。

```
mysql> SELECT MAX(wages) AS 员工最高工资, MIN(wages) AS 员工最低工资, AVG(wages)
AS 员工平均工资
    -> FROM employee;
```

MAX()函数用于计算员工最高工资、MIN()函数用于计算员工最低工资、AVG()函数用于计算员工平均工资。

查询结果：

```
+--------------------+--------------------+--------------------+
|员工最高工资              |员工最低工资              |员工平均工资              |
+--------------------+--------------------+--------------------+
|             6800.00|             3500.00|         4466.666667|
+--------------------+--------------------+--------------------+
1 row in set (0.22 sec)
```

2. GROUP BY 子句

GROUP BY 子句用于指定需要分组的列。语法格式：

```
GROUP BY [ ALL ] <分组表达式> [,…n]
```

其中，分组表达式通常包含字段名，ALL 显示所有分组。

注意： 如果 SELECT 子句的列名表包含聚合函数，那么该列名表只能包含聚合函数指定的列名和 GROUP BY 子句指定的列名。聚合函数常与 GROUP BY 子句一起使用。

【例 5.17】查询 employee 表中各部门员工的最高工资、最低工资、平均工资。

```
mysql> SELECT deptno AS 部门号, MAX(wages) AS 员工最高工资, MIN(wages) AS 员工最低工资, AVG(wages)
    -> AS 员工平均工资
    -> FROM employee
    -> GROUP BY deptno;
```

该语句使用 MAX()、MIN()、AVG()等聚合函数，并结合 GROUP BY 子句对 deptno（部门号）进行分组。

查询结果：

```
+---------+----------------+----------------+------------------+
| 部门号   | 员工最高工资     | 员工最低工资     | 员工平均工资       |
+---------+----------------+----------------+------------------+
| D001    |        4700.00 |        3600.00 |      4266.666667 |
| D002    |        3500.00 |        3500.00 |      3500.000000 |
| D004    |        6800.00 |        6800.00 |      6800.000000 |
| D003    |        3700.00 |        3700.00 |      3700.000000 |
+---------+----------------+----------------+------------------+
4 rows in set (0.00 sec)
```

3. HAVING 子句

HAVING 子句用于对分组按指定条件进一步进行筛选，过滤出满足指定条件的分组。语法格式：

```
[ HAVING <条件表达式> ]
```

其中，“条件表达式”为筛选条件，可以使用聚合函数。

注意：HAVING 子句可以使用聚合函数，WHERE 子句不可以使用聚合函数。

当 WHERE 子句、GROUP BY 子句、HAVING 子句、ORDER BY 子句在一条 SELECT 语句中时，执行顺序如下。

① 执行 WHERE 子句，在表中选择行。

② 执行 GROUP BY 子句，对选取行进行分组。

③ 执行聚合函数。

④ 执行 HAVING 子句，筛选满足条件的分组。

⑤ 执行 ORDER BY 子句，进行排序。

注意：HAVING 子句要放在 GROUP BY 子句后，ORDER BY 子句要放在 HAVING 子句后。

【例 5.18】列出部门中平均工资大于 4000 元的情况。

```
mysql> SELECT deptno, AVG(wages) AS 平均工资
    -> FROM employee
    -> GROUP BY deptno
    -> HAVING AVG(wages)>4000;
```

查询结果：

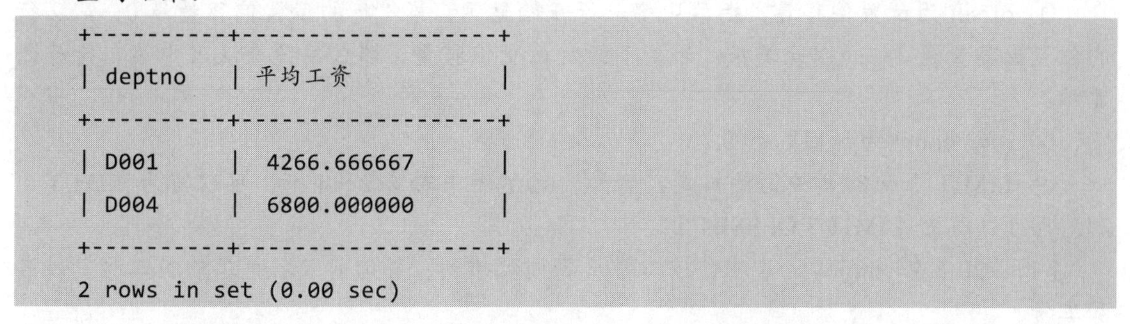

```
+----------+------------------+
| deptno   | 平均工资          |
+----------+------------------+
| D001     |  4266.666667     |
| D004     |  6800.000000     |
+----------+------------------+
2 rows in set (0.00 sec)
```

5.2.4 ORDER BY 子句和 LIMIT 子句的使用

1. ORDER BY 子句

ORDER BY 子句用于对查询结果进行排序。语法格式：

```
[ORDER BY {<排序表达式> [ASC | DESC]} [, …n]
```

其中，“排序表达式”可以是列名、表达式或一个正整数；ASC 表示升序排列，是系统默认的排序方式，DESC 表示降序排列。

提示：排序操作可以应用在数值、日期、字符串 3 种数据类型中，ORDER BY 子句只能出现在整个 SELECT 语句的最后。

【例 5.19】将 D001 部门的员工按出生日期降序排列。

```
mysql> SELECT *
```

```
    -> FROM employee
    -> WHERE deptno='D001'
    -> ORDER BY birthday DESC;
```

该语句使用 ORDER BY 子句排序。

查询结果：

```
+--------+----------+------+------------+------------+--------+---------+
| emplno | emplname | sex  | birthday   | address    | wages  | deptno  |
+--------+----------+------+------------+------------+--------+---------+
| E005   | 肖婷     | 女   | 1986-12-16 | 公司集体宿舍 | 3600.00| D001    |
| E001   | 冯文捷   | 男   | 1982-03-17 | 春天花园   | 4700.00| D001    |
| E006   | 黄杰     | 男   | 1977-04-25 | NULL       | 4500.00| D001    |
+--------+----------+------+------------+------------+--------+---------+
3 rows in set (0.00 sec)
```

2. LIMIT 子句

LIMIT 子句用于限制 SELECT 语句返回的行数。语法格式：

```
LIMIT {[offset,] row_count | row_count OFFSET offset}
```

说明：

① offset 为位置偏移量，指示从哪一行开始显示，第 1 行的位置偏移量是 0，第 2 行的位置偏移量是 1……以此类推。如果不指定位置偏移量，那么系统会从表中第 1 行开始显示。

② row_count 为返回的行数。

③ LIMIT 子句有两种语法格式。例如，显示表中的第 2～4 行，可以写为"LIMIT 1, 3"，也可以写为"LIMIT 3 OFFSET 1"。

【例 5.20】在 employee 表中，按工资从高到低排列，查询前 3 名员工的员工号、姓名和工资。

```
mysql> SELECT emplno, emplname, wages
    -> FROM employee
    -> ORDER BY wages DESC
    -> LIMIT 0, 3;
```

或

```
mysql> SELECT sno, cno, grade
    -> FROM score
    -> ORDER BY grade DESC
    -> LIMIT 3 OFFSET 0;
```

查询结果：

```
+----------+---------------+----------+
| emplno   | emplname      | wages    |
+----------+---------------+----------+
```

```
| E003       | 周维明         |    6800.00|
| E001       | 冯文捷         |    4700.00|
| E006       | 黄杰           |    4500.00|
+----------+--------------+----------+
3 rows in set (0.00 sec)
```

5.3 多表查询

多表查询是指通过 SELECT 语句从两个表或两个以上的表中查询数据，下面分别介绍连接查询、子查询和联合查询等查询方法。

5.3.1 连接查询

连接查询是重要的查询方法，包括交叉连接、内连接和外连接。连接查询属于多表查询。

1．交叉连接

交叉连接（CROSS JOIN）又称为笛卡儿积，由第一个表的每一行与第二个表的每一行连接起来形成的表。语法格式：

```
SELECT * FROM table1 CROSS JOIN table 2;
```

或

```
SELECT * FROM table 1, table 2;
```

【例 5.21】对员工表 employee 和部门表 department 进行交叉连接，查询员工和部门所有可能的组合。

```
mysql> SELECT emplname, deptname
    -> FROM employee CROSS JOIN department ;
```

或

```
mysql> SELECT emplname, deptname
    -> FROM employee, department ;
```

查询结果：

```
+-------------+-------------+
| emplname    | deptname    |
+-------------+-------------+
| 冯文捷      | 销售部      |
| 冯文捷      | 人事部      |
| 冯文捷      | 财务部      |
| 冯文捷      | 经理办      |
| 叶莉华      | 销售部      |
```

```
| 叶莉华        | 人事部        |
| 叶莉华        | 财务部        |
| 叶莉华        | 经理办        |
| 周维明        | 销售部        |
| 周维明        | 人事部        |
| 周维明        | 财务部        |
| 周维明        | 经理办        |
| 刘思佳        | 销售部        |
| 刘思佳        | 人事部        |
| 刘思佳        | 财务部        |
| 刘思佳        | 经理办        |
| 肖婷          | 销售部        |
| 肖婷          | 人事部        |
| 肖婷          | 财务部        |
| 肖婷          | 经理办        |
| 黄杰          | 销售部        |
| 黄杰          | 人事部        |
| 黄杰          | 财务部        |
| 黄杰          | 经理办        |
+--------------+--------------+
24 rows in set (0.00 sec)
```

交叉连接返回结果集的行数等于所连接的两个表行数的乘积。例如，第一个表有 100 条记录，第二个表有 200 条记录，交叉连接后结果集的记录有 100×200=20000 条。由于交叉连接查询结果集十分庞大，执行时间长，消耗大量计算机内存资源，而且结果集中很多记录没有意义，因此在实际工作中很少使用这种查询。应避免使用交叉连接，也可以在 FROM 子句后面使用的 WHERE 子句中设置查询条件，减少返回结果集的行数。

2．内连接

在内连接（INNER JOIN）查询中，只有满足查询条件的记录才能出现在结果集中。

内连接使用比较运算符进行表之间某些字段值的比较操作，并将与连接条件相匹配的数据行组成新记录，以消除交叉连接中没有意义的数据行。

内连接有以下两种连接方式。

（1）使用 INNER JOIN 的显示语法结构

语法格式：

```
SELECT 目标列表达式 1, 目标列表达式 2,…, 目标列表达式 n,
FROM table1 [INNER] JOIN table2 ON 连接条件
[WHERE 过滤条件]
```

（2）使用 WHERE 子句定义连接条件的隐示语法结构

语法格式：

```
SELECT 目标列表达式 1, 目标列表达式 2,…, 目标列表达式 n,
FROM table1, table2
WHERE 连接条件[AND 过滤条件]
```

说明：

①“目标列表达式”为需要检索列的名称或别名。

②“table1 table2”为进行内连接的表名。

③“连接条件”为连接查询中用于连接两个表的条件，其格式为

```
[<表名 1.>] <列名 1> <比较运算符> [<表名 2.>] <列名 2>
```

其中，比较运算符有<、<=、=、>、>=、!=、<>。

④ 在内连接中，连接条件放在 FROM 子句的 ON 子句中，过滤条件放在 WHERE 子句中。

⑤ 在使用 WHERE 子句定义连接条件的连接中，连接条件和过滤条件都放在 WHERE 子句中。

内连接是系统默认的，可以省略 INNER 关键字。

经常用到的内连接有等值连接与非等值连接、自然连接和自连接等。

（1）等值连接与非等值连接

表之间通过比较运算符“=”连接起来称为等值连接，而使用其他运算符为非等值连接。

【例 5.22】对员工表 employee 和部门表 department 进行等值连接。

```
mysql> SELECT employee.*, department.*
    -> FROM employee, department
    -> WHERE employee.deptno=department.deptno;
```

或

```
mysql> SELECT employee.*, department.*
    -> FROM employee INNER JOIN department ON employee.deptno=department.deptno;
```

查询结果：

```
+--------+----------+----+-----------+------------+--------+--------+--------+----------+
| emplno | emplname | sex| birthday  | address    | wages  | deptno | deptno | deptName |
+--------+----------+----+-----------+------------+--------+--------+--------+----------+
| E001   | 冯文捷   | 男 | 1982-03-17| 春天花园   | 4700.00| D001   | D001   | 销售部   |
| E002   | 叶莉华   | 女 | 1987-11-02| 丽都花园   | 3500.00| D002   | D002   | 人事部   |
| E003   | 周维明   | 男 | 1974-08-12| 春天花园   | 6800.00| D004   | D004   | 经理办   |
| E004   | 刘思佳   | 女 | 1985-05-21| 公司集体宿舍| 3700.00| D003   | D003   | 财务部   |
| E005   | 肖婷     | 女 | 1986-12-16| 公司集体宿舍| 3600.00| D001   | D001   | 销售部   |
| E006   | 黄杰     | 男 | 1977-04-25| NULL       | 4500.00| D001   | D001   | 销售部   |
+--------+----------+----+-----------+------------+--------+--------+--------+----------+
6 rows in set (0.00 sec)
```

由于连接多个表存在公共列，为了区分是哪个表中的列，在引入表名前缀时指定连接

列。例如，student.sno 表示 student 表的 sno 列，score.sno 表示 score 表的 sno 列。为了简化输入，SQL 语句允许在查询中使用表的别名，可以在 FROM 子句中为表定义别名，然后在查询中引用。

【例 5.23】查询所有员工的销售单，要求有姓名、订单号、商品号、商品名称、订单数量、折扣总价、总金额。

由于涉及员工表 employee、订单表 orderform、订单明细表 orderdetail、商品表 goods 共 4 个表的连接，因此确定采用内连接。

```
mysql> SELECT emplname, orderform.orderno, goods.goodsno, goodsname, quantity, discountTotal, cost
    -> FROM employee, orderform, orderdetail, goods
    -> WHERE employee.emplno=orderform.emplno AND
    ->    orderform.orderno=orderdetail.orderno    AND    orderdetail.goodsno=goods.goodsno;
```

或

```
mysql> SELECT emplname, orderform.orderno, goods.goodsno, goodsname, quantity, discountTotal, cost
    -> FROM employee JOIN orderform ON employee.emplno=orderform.emplno
    ->    JOIN orderdetail ON orderform.orderno=orderdetail.orderno
    ->    JOIN goods ON orderdetail.goodsno=goods.goodsno;
```

查询结果：

```
+----------+-------+--------+--------------------+----------+-------------+---------+
| emplname | orderno| goodsno | goodsname          | quantity | discountTotal| cost    |
+----------+-------+--------+--------------------+----------+-------------+---------+
| 肖婷     | S00001 | 3002   | HP HPE ML30GEN10   |        2 |    15478.20 | 31456.80 |
| 冯文捷   | S00002 | 3001   | DELL PowerEdgeT140 |        1 |     8009.10 | 31977.00 |
| 黄杰     | S00003 | 1001   | Microsoft Surface Pro 7|     3 |    16977.60 | 16977.60 |
+----------+-------+--------+--------------------+----------+-------------+---------+
3 rows in set (0.00 sec)
```

注意：内连接可用于多个表的连接，本实例用于 4 个表的连接。FROM 子句中的 JOIN 关键字可以与多个表连接。

（2）自然连接

自然连接在 FROM 子句中使用关键字 NATURAL JOIN，在目标列中去除相同的字段名。

【例 5.24】对例 5.22 进行自然连接查询。

```
mysql> SELECT *
    -> FROM employee NATURAL JOIN department;
```

该语句使用自然连接。

查询结果：

```
+---------+---------+-------+-----------+-------------+---------+--------+----------+
| emplno  | emplname | sex  | birthday  | address     | wages   | deptno | deptName |
+---------+---------+-------+-----------+-------------+---------+--------+----------+
| E001    | 冯文捷  | 男    | 1982-03-17 | 春天花园    | 4700.00 | D001   | 销售部   |
| E002    | 叶莉华  | 女    | 1987-11-02 | 丽都花园    | 3500.00 | D002   | 人事部   |
| E003    | 周维明  | 男    | 1974-08-12 | 春天花园    | 6800.00 | D004   | 经理办   |
| E004    | 刘思佳  | 女    | 1985-05-21 | 公司集体宿舍 | 3700.00 | D003   | 财务部   |
| E005    | 肖婷    | 女    | 1986-12-16 | 公司集体宿舍 | 3600.00 | D001   | 销售部   |
| E006    | 黄杰    | 男    | 1977-04-25 | NULL        | 4500.00 | D001   | 销售部   |
+---------+---------+-------+-----------+-------------+---------+--------+----------+
6 rows in set (0.00 sec)
```

（3）自连接

将某个表与自身进行连接称为自表连接或自身连接，简称为自连接。自连接需要为表指定多个别名，且对所有查询字段的引用必须使用表别名限定。

【例 5.25】对订单表 orderform，查询总金额高于员工号 E006 的员工，列出其员工号和总金额。

为了使用自连接，将 orderform 表指定两个别名，一个是 a，另一个是 b。连接条件是 a 表的总金额大于 b 表的总金额，即 a.cost>b.cost；选择条件是 b 表的员工号为 E006，即 b.emplno='E006'；查询结果是列出 a 表的员工号 a.emplno 和总金额 a.cost，并使用 a 表的总金额降序排列。

```
mysql> SELECT a.emplno, a.cost
    -> FROM orderform a, orderform b
    -> WHERE a.cost>b.cost AND b.emplno='E006'
    -> ORDER BY a.cost DESC;
```

或

```
mysql> SELECT a.emplno, a.cost
    -> FROM orderform a JOIN orderform b ON a.cost>b.cost
    -> WHERE b.emplno='E006'
    -> ORDER BY a.cost DESC;
```

该语句实现了自连接，在使用自连接时为一个表指定了两个别名 a 和 b。

查询结果：

```
+----------+------------+
| emplno   | cost       |
+----------+------------+
| E001     | 31977.00   |
| E005     | 31456.80   |
+----------+------------+
2 rows in set (0.00 sec)
```

3．外连接

在内连接的结果表中，只有满足连接条件的行才能作为结果输出。外连接（OUTER JOIN）的结果表不但包括满足连接条件的行，还包括相应表中的所有行。外连接有以下两种。

❖ 左外连接（LEFT OUTER JOIN）：结果表中除了包括满足连接条件的行，还包括左表的所有行，当左表有记录而在右表中没有匹配记录时，右表对应列被设置为空值 NULL。

❖ 右外连接（RIGHT OUTER JOIN）：结果表中除了包括满足连接条件的行，还包括右表的所有行，当右表有记录而在左表中没有匹配记录时，左表对应列被设置为空值 NULL。

【例 5.26】员工表 employee 左外连接订单表 orderform。

```
mysql> SELECT emplname, cost
    -> FROM employee LEFT OUTER JOIN orderform ON employee.emplno=
orderform.emplno;
```

该语句使用左外连接。

查询结果：

```
+--------------+-----------+
| emplname     | cost      |
+--------------+-----------+
| 肖婷         |   31456.80|
| 冯文捷       |   31977.00|
| 黄杰         |   16977.60|
| 叶莉华       |       NULL|
| 周维明       |       NULL|
| 刘思佳       |       NULL|
+--------------+-----------+
6 rows in set (0.07 sec)
```

注意： 左表的所有行共 6 行，都出现在结果表中。前 3 行为满足连接条件的行，与右表有关联记录匹配；后 3 行不满足连接条件，在右表中找不到匹配记录，设置为空值 NULL。

【例 5.27】员工表 employee 右外连接订单表 orderform。

首先，在 orderform 表中插入一条记录('S00004','','','2020-04-15',16018.2)。

```
mysql> INSERT INTO orderform VALUES('S00004','','','2020-04-15',16018.2);
Query OK, 1 row affected (0.02 sec)
```

再进行 employee 表和 orderform 表的右外连接。

```
mysql> SELECT emplname, cost
    -> FROM employee RIGHT OUTER JOIN orderform ON employee.emplno=
orderform.emplno;
```

查询结果:

```
+--------------+-----------+
| emplname     | cost      |
+--------------+-----------+
| 肖婷         |   31456.80|
| 冯文捷       |   31977.00|
| 黄杰         |   16977.60|
| NULL         |   16018.20|
+--------------+-----------+
4 rows in set (0.00 sec)
```

注意: 右表的所有行共4行，都出现在结果表中。前3行为满足连接条件的行，与左表有关联记录匹配；最后1行不满足连接条件，在左表中找不到匹配记录，设置为空值NULL。

5.3.2 子查询

子查询又称为嵌套查询，可以用一系列简单的查询构成复杂的查询，从而增强SQL语句的功能。

在SQL中，一个SELECT…FROM…WHERE语句称为一个查询块。在WHERE子句或HAVING子句的指定条件中可以使用另一个查询块的查询的结果作为条件的一部分，这被称为嵌套查询。例如:

```
SELECT *
FROM student
WHERE stno IN
    (SELECT stno
     FROM score
     WHERE cno='1004'
     );
```

在本实例中，下层查询块“SELECT stno FROM score WHERE cno='203'”的查询结果作为上层查询块“SELECT * FROM student WHERE stno IN”的查询条件，上层查询块称为父查询或外层查询，下层查询块称为子查询或内层查询。嵌套查询的处理过程是由内向外的，即由子查询到父查询，子查询的结果作为父查询的查询条件。

SQL允许SELECT多层嵌套使用，即一个子查询可以嵌套其他子查询，以增强查询功能。子查询通常与IN、EXISTS谓词和比较运算符结合使用。

1. IN子查询

在IN子查询中，IN谓词用于实现子查询和父查询的连接。语法格式:

```
<表达式> [ NOT ] IN ( <子查询>)
```

说明：

在 IN 子查询中，先执行括号内的子查询，再执行父查询，子查询的结果作为父查询的查询条件。

当表达式与子查询的结果集中的某个值相等时，IN 关键字返回 TRUE，否则返回 FALSE；若使用了 NOT，则返回的值相反。

【例 5.28】列出销售部和财务部所有员工的信息。

```
mysql> SELECT *
    -> FROM employee
    -> WHERE deptno IN
    ->   ( SELECT deptno
    ->     FROM department
    ->     WHERE deptname='销售部' OR deptname='财务部');
```

该语句使用 IN 子查询。

查询结果：

```
+--------+----------+-----+------------+--------------+---------+--------+
| emplno | emplname | sex | birthday   | address      | wages   | deptno |
+--------+----------+-----+------------+--------------+---------+--------+
| E001   | 冯文捷   | 男  | 1982-03-17 | 春天花园     | 4700.00 | D001   |
| E004   | 刘思佳   | 女  | 1985-05-21 | 公司集体宿舍 | 3700.00 | D003   |
| E005   | 肖婷     | 女  | 1986-12-16 | 公司集体宿舍 | 3600.00 | D001   |
| E006   | 黄杰     | 男  | 1977-04-25 | NULL         | 4500.00 | D001   |
+--------+----------+-----+------------+--------------+---------+--------+
4 rows in set (0.07 sec)
```

注意： 当使用 IN 子查询时，子查询返回的结果与父查询引用列的值在逻辑上应该具有可比较性。

2. 比较子查询

比较子查询是指父查询与子查询之间使用比较运算符进行关联。语法格式：

```
<表达式> { < | <= | = | > | >= | != | <> } { ALL | SOME | ANY } ( <子查询> )
```

说明：ALL、SOME 和 ANY 关键字用于对比较运算的限制。ALL 指定表达式要与子查询结果集中每个值都进行比较，当表达式与子查询结果集中每个值都满足比较关系时，才返回 TRUE，否则返回 FALSE；当 SOME 和 ANY 指定表达式要与子查询结果集中某个值满足比较关系时，才返回 TRUE，否则返回 FALSE。

【例 5.29】列出比 D001 部门所有员工年龄都小的员工号和出生日期。

```
mysql> SELECT emplno AS '员工号', birthday AS '出生日期'
    -> FROM employee
    -> WHERE birthday>ALL
    ->   ( SELECT birthday
```

```
    ->     FROM employee
    ->     WHERE deptno='D001'
    ->    );
```

查询结果：

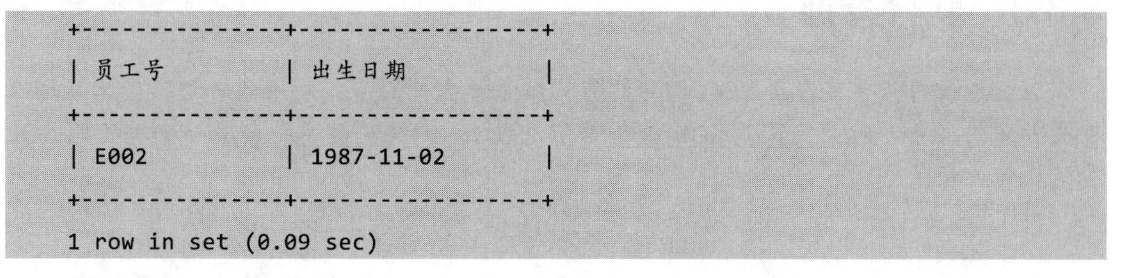

```
+--------------+----------------+
| 员工号        | 出生日期        |
+--------------+----------------+
| E002         | 1987-11-02     |
+--------------+----------------+
1 row in set (0.09 sec)
```

3．EXISTS 子查询

在 EXISTS 子查询中，EXISTS 谓词只用于测试子查询是否返回行，若子查询返回一个或多个行，则 EXISTS 返回 TRUE，否则返回 FALSE；若为 NOT EXISTS，则其返回值与 EXISTS 的返回值相反。语法格式：

```
[ NOT ] EXISTS ( <子查询> )
```

说明：

在 EXISTS 子查询中，父查询的 SELECT 语句返回的每一行数据都要由子查询来评价，若 EXISTS 谓词指定条件为 TRUE，则查询结果包含该行，否则该行被丢弃。

【例 5.30】查询销售部的所有员工姓名。

```
mysql> SELECT emplname AS '姓名'
    -> FROM employee
    -> WHERE EXISTS
    ->   ( SELECT *
    ->     FROM department
    ->     WHERE employee.deptno=department.deptno AND deptno='D001'
    ->    );
```

该语句采用比较子查询。

查询结果：

```
+--------------+
| 姓名          |
+--------------+
| 冯文捷        |
| 肖婷          |
| 黄杰          |
+--------------+
3 rows in set (0.00 sec)
```

注意： 由于 EXISTS 谓词的返回值取决于子查询是否返回行，不取决于返回行的内容，因此子查询输出列表无关紧要，可以使用“*”代替。

提示：子查询和连接往往涉及两个表或多个表，其区别是连接可以合并两个表或多个表中的数据，而带子查询的 SELECT 语句的结果只能来自一个表。

5.3.3 联合查询

联合查询将两条或多条 SQL 语句的查询结果集合并起来，利用集合进行查询处理以完成特定的任务。两个或多个 SQL 查询语句通过 UNION 关键字结合成一个单独的 SQL 查询语句。语法格式：

```
<SELECT 查询语句 1>
{UNION | UNION ALL }
<SELECT 查询语句 2>
```

UNION 语句将第一个查询中的所有行与第二个查询中的所有行相加。不使用 ALL 关键字，删除重复行，所有返回行都是唯一的。使用 ALL 关键字不会删除重复记录，也不会对结果自动排序。

在联合查询中，需要遵循以下规则。

❖ 在构成联合查询的各单独的查询中，列数和列的顺序必须匹配，数据类型必须兼容。

❖ ORDER BY 子句和 LIMIT 子句，必须置于最后一条 SELECT 语句后。

【例 5.31】列出部门号为 D004 和部门为人事部的所有员工姓名。

```
mysql> SELECT emplname
    -> FROM employee
    -> WHERE deptno='D004'
    -> UNION
    -> SELECT emplname
    -> FROM employee, department
    -> WHERE employee.deptno=department.deptno AND deptname='人事部';
```

该语句使用 UNION 关键字将两个查询的结果合并成一个结果集，删除重复行。

查询结果：

```
+---------------+
| emplname      |
+---------------+
| 周维明        |
| 叶莉华        |
+---------------+
2 rows in set (0.06 sec)
```

小　结

本章主要介绍了以下内容。

① 数据查询语言的主要 SQL 语句是 SELECT 语句，用于从表或视图中检索数据，是使用最频繁的 SQL 语句之一。

SELECT 语句是 SQL 的核心，包含 SELECT 子句、FROM 子句，WHERE 子句、GROUP BY 子句、HAVING 子句、ORDER BY 子句、LIMIT 子句等。

② 查询可以分为单表查询和多表查询。单表查询是指通过 SELECT 语句从一个表上查询数据。多表查询是指通过 SELECT 语句从两个表或两个以上的表中查询数据。

单表查询包括 SELECT 子句、WHERE 子句、GROUP BY 子句、HAVING 子句、ORDER BY 子句、LIMIT 子句等。

多表查询包括连接查询、子查询、联合查询等。

③ SELECT 子句用于选择列，选择列的查询称为投影查询。WHERE 子句用于选择行，选择行的查询称为选择查询；WHERE 子句通过条件表达式给出查询条件，该子句必须紧跟在 FROM 子句后。

④ GROUP BY 子句用于指定需要分组的列。HAVING 子句用于对分组按指定条件进一步进行筛选，过滤出满足指定条件的分组。ORDER BY 子句用于对查询结果进行排序。LIMIT 子句用于限制 SELECT 语句返回的行数。

聚合函数实现数据的统计计算，用于计算表中的数据，返回单个计算结果。聚合函数包括 COUNT()、SUM()、AVG()、MAX()、MIN()等函数。

⑤ 连接查询是重要的查询方式，包括交叉连接、内连接和外连接。

交叉连接（CROSS JOIN）又称为笛卡儿积，由第一个表的每一行与第二个表的每一行连接起来形成的表。

在内连接（INNER JOIN）查询中，只有满足查询条件的记录才能出现在结果集中。常用的内连接有等值连接与非等值连接、自然连接和自连接等。内连接有两种连接方式：使用 INNER JOIN 的显示语法结构；使用 WHERE 子句定义连接条件的隐示语法结构。

外连接（OUTER JOIN）的结果表不但包括满足连接条件的行，还包括相应表中的所有行。外连接有两种：左外连接（LEFT OUTER JOIN）和右外连接（RIGHT OUTER JOIN）。

⑥ 子查询又称为嵌套查询，将一个查询块嵌套在另一个查询块的子句指定条件中的查询称为嵌套查询。在嵌套查询中，上层查询块称为父查询或外层查询，下层查询块称为子查询或内层查询。

子查询通常包括 IN 子查询、比较子查询和 EXISTS 子查询。

⑦ 联合查询将两条或多条 SQL 语句的查询结果集合并起来，利用集合进行查询处理以完成特定的任务，使用 UNION 关键字，将两条或多条 SQL 查询语句结合成一条单独的 SQL 查询语句。

习 题 5

一、选择题

5.1 在查询语句中，与表达式“unitprice BETWEEN 1799 AND 1959”功能相同的表达式是________。

A．unitprice>1799 AND unitprice<1959

B．unitprice>=1799 AND unitprice<1959

C．unitprice>1799 AND unitprice<=1959

D．unitprice>=1799 AND unitprice<=1959

5.2 使用________聚合函数统计表中的记录数。

A．SUM()　　B．AVG()　　C．COUNT()　　D．MAX()

5.3 在 SELECT 语句中使用________关键字删除结果集中的重复行。

A．ALL　　B．MERGE　　C．UPDATE　　D．DISTINCT

5.4 ________语句用于查询 goods 表的记录数。

A．SELECT SUM(stockquantity) FROM goods

B．SELECT COUNT(goodsno) FROM goods

C．SELECT MAX(stockquantity) FROM goods

D．SELECT AVG(stockquantity) FROM goods

5.5 需要将 employee 表的所有行连接 department 表的所有行，应该创建________。

A．内连接　　B．外连接　　C．交叉连接　　D．自然连接

5.6 下面运算符中可以用于多行运算的是________。

A．=　　B．IN　　C．<>　　D．LIKE

5.7 当使用________关键字进行子查询时，只注重子查询是否返回行，若子查询返回一个或多个行，则返回 TRUE，否则返回 FALSE。

A．EXISTE　　B．ANY　　C．ALL　　D．IN

5.8 使用交叉连接查询两个表，一个表有 6 条记录，另一个表有 9 条记录，若未使用子句，则查询结果有________条记录。

A．15　　B．3　　C．9　　D．54

5.9 LIMIT 1,5 描述的是________。

A．获取第 1～6 条记录　　B．获取第 1～5 条记录

C．获取第 2～6 条记录　　D．获取第 2～5 条记录

二、填空题

5.10 数据查询语言的主要 SQL 语句是________语句。

5.11 SELECT 语句有 SELECT、FROM、WHERE、GROUP BY、HAVING、ORDER BY、________等子句。

5.12 WHERE 子句可以接收________子句输出的数据。

5.13 在 MySQL 中，________ 运算符用于指定正则表达式的字符匹配模式。

5.14 JOIN 关键字指定的连接类型有 INNER JOIN、OUTER JOIN、________共 3 种。

5.15 内连接有两种连接方式：使用________的显示语法结构；使用 WHERE 子句定义连接条件的隐示语法结构。

5.16 外连接有 LEFT OUTER JOIN、________两种方式。

5.17 SELECT 语句中的 WHERE 子句可以使用子查询，________的结果作为父查询的条件。

5.18 当使用 IN 关键字实现指定匹配查询时，使用________实现任意匹配查询，使用 ALL 关键字实现全部匹配查询。

5.19 使用 UNION 关键字实现了集合中的________运算。

三、问答题

5.20 什么是数据查询语言？简述其主要功能。

5.21 SELECT 语句包含哪几个子句？简述各子句的功能。

5.22 比较 LIKE 关键字和 REGEXP 关键字用于匹配基本字符串的异同。

5.23 什么是聚合函数？简述聚合函数的函数名称和功能。

5.24 在一条 SELECT 语句中，当 WHERE 子句、GROUP BY 子句和 HAVING 子句同时出现在一个查询中时，SQL 的执行顺序如何？

5.25 在使用 JOIN 关键字指定的连接中，怎样指定连接的多个表的表名？怎样指定连接条件？

5.26 内连接与外连接有什么区别？左外连接与右外连接有什么区别？

5.27 什么是子查询？IN 子查询、比较子查询、EXISTS 子查询各有什么功能？

5.28 什么是联合查询？简述其功能。

四、应用题

5.29 在 goods 表中，查询全部记录。

5.30 在 employee 表中，查询地址为公司集体宿舍的员工信息。

5.31 在 orderform 表中，查询最高总金额、最低总金额、平均总金额。

5.32 将销售人员按销售总金额降序排列。

5.33 查询销售总金额排在前两名的销售人员的信息。

5.34 查询刘思佳所在的部门。

5.35 查询销售部门的最高工资。

5.36 查询销售订单有两张以上且总金额在 20000 元以上的销售人员信息。

5.37 查询销售了商品“DELL XPS13-7390”的员工姓名、商品名称、销售单价、数量、折扣率和折扣总价。

5.38 查询销售了商品“HP HPE ML30GEN10”且总金额在 20000 元以上的员工信息。

5.39 查询销售总金额高于平均总金额的员工号。

5.40 查询比财务部所有员工工资高的姓名。

5.41 查询年龄大于人事部所有员工的姓名。

5.42 列出财务部和销售部的所有员工信息。

实 验 5

实验 5.1 单表查询

1. 实验目的及要求

（1）理解数据查询语言的概念和 SELECT 语句的语法格式。

（2）掌握单表查询中 SELECT 语句的 WHERE 子句、GROUP BY 子句和 HAVING 子句、ORDER BY 子句和 LIMIT 子句的使用方法。

（3）具备编写和调试 SELECT 语句以进行数据库单表查询的能力。

2. 验证性实验

在 stuscopm 数据库的 Student 表、Course 表、Score 表上进行信息查询。

编写和调试查询语句的代码，完成以下操作。

（1）使用两种方式，查询 Student 表中的所有记录。

① 使用列名表查询。

```
mysql> SELECT StudentID, Name, Sex, Birthday, Speciality, Native
    -> FROM Student;
```

② 使用 *查询。

```
mysql> SELECT *
    -> FROM Student;
```

（2）查询 Score 表中的所有记录。

```
mysql> SELECT StudentID, CourseID, Grade
    -> FROM Score;
```

或

```
mysql> SELECT *
    -> FROM Score;
```

（3）查询大于或等于 85 分的成绩信息。

```
mysql> SELECT *
    -> FROM Score
    -> WHERE Grade>=85;
```

（4）使用两种方式，查询分数为 80～90（包含）分的成绩信息。

① 使用 BETWEEN AND 关键字查询。

```
mysql> SELECT *
    -> FROM Score
    -> WHERE Grade BETWEEN 80 AND 90;
```

② 使用 AND 关键字和比较运算符。

```
mysql> SELECT *
    -> FROM Score
```

```
    -> WHERE Grade>=80 AND Grade<=90;
```

（5）通过两种方式查询含有“数字”的课程名信息。

① 使用 LIKE 关键字查询。

```
mysql> SELECT CourseID, CourseName, Credit
    -> FROM Course
    -> WHERE CourseName LIKE '数字%';
```

② 使用 REGEXP 关键字查询。

```
mysql> SELECT CourseID, CourseName, Credit
    -> FROM Course
    -> WHERE CourseName REGEXP '^数字';
```

（6）查询每个专业有多少人。

```
mysql> SELECT Speciality AS 专业, COUNT(StudentID) AS 专业人数
    -> FROM Student
    -> GROUP BY Speciality;
```

（7）查询 1201 课程的平均成绩、最高分和最低分。

```
mysql> SELECT AVG(Grade) AS 平均成绩, MAX(Grade) AS 最高分, MIN(Grade) AS 最低分
    -> FROM Score
    -> WHERE CourseID='1201';
```

（8）将 1004 课程成绩按从高到低的顺序排列。

```
mysql> SELECT *
    -> FROM Score
    -> WHERE CourseID='1004'
    -> ORDER BY Grade DESC;
```

（9）通过两种方式查询 8001 课程成绩第 1～4 名的信息。

① 使用 LIMIT offset row_count 格式查询。

```
mysql> SELECT *
    -> FROM Score
    -> WHERE CourseID='8001'
    -> ORDER BY Grade DESC
    -> LIMIT 0, 4;
```

② 使用 LIMIT row_count OFFSET offset 格式查询。

```
mysql> SELECT *
    -> FROM Score
    -> WHERE CourseID='8001'
    -> ORDER BY Grade DESC
    -> LIMIT 4 OFFSET 0;
```

3．设计性实验

在 salespm 数据库中，对 EmplInfo 表、DeptInfo 表、GoodsInfo 表进行信息查询操作，

查询要求如下。

（1）使用两种方式，查询 EmplInfo 表的所有记录。

① 使用列名表查询。

② 使用*查询。

（2）查询 EmplInfo 表有关员工号、姓名和地址的记录。

（3）从 DeptInfo 表查询部门号、部门名称的记录。

（4）通过两种方式查询 GoodsInfo 表中价格为 1500～4000 元的商品。

① 通过指定范围关键字查询。

② 通过比较运算符查询。

（5）通过两种方式查询籍贯是北京的员工的姓名、出生日期和部门号。

① 使用 LIKE 关键字查询。

② 使用 REGEXP 关键字查询。

（6）查询各个部门的员工人数。

（7）查询每个部门的总工资和最高工资。

（8）查询员工工资，按照工资从高到低的顺序排列。

（9）从高到低排列员工工资，通过两种方式查询第 2～4 名的信息。

① 使用 LIMIT offset row_count 格式查询。

② 使用 LIMIT row_count OFFSET offset 格式查询。

4．观察与思考

（1）LIKE 的通配符“%”和“_”有何不同？

（2）IS 能用“=”来代替吗？

（3）在什么情况下“=”与 IN 的作用相同？

（4）空值的使用可以分为哪几种情况？

（5）聚集函数能否被直接使用在 SELECT 子句、WHERE 子句、GROUP BY 子句、HAVING 子句之中？

（6）WHERE 子句与 HAVING 子句有何不同？

（7）COUNT (*)、COUNT (列名)、COUNT (DISTINCT 列名)三者的区别是什么？

（8）LIKE 与 REGEXP 有何不同？

实验 5.2　多表查询

1．实验目的及要求

（1）理解数据查询语言的概念，以及多表查询中连接查询、子查询和联合查询的语法格式。

（2）掌握多表查询中连接查询、子查询、联合查询的操作和使用方法。

（3）具备编写和调试多表查询中连接查询、子查询、联合查询语句以进行数据库查询的能力。

2．验证性实验

在 stuscopm 数据库中，对 Student 表、Course 表、Score 表、Teacher 表、Lecture 表

进行信息查询，编写和调试查询语句的代码，完成以下操作。

（1）对 Student 表和 Score 表进行交叉连接，观察所有的可能组合。

```
mysql> SELECT Name, Grade
    -> FROM Student, Score;
```

（2）查询每个学生选修课程的情况。

① 使用 INNER JOIN 的显示语法结构。

```
mysql> SELECT Student.StudentID, Name, CourseID, Grade
    -> FROM Student JOIN Score ON Student.StudentID=Score.StudentID;
```

② 使用 WHERE 子句定义连接条件的隐示语法结构。

```
mysql> SELECT Student.StudentID, Name, CourseID, Grade
    -> FROM Student, Score
    -> WHERE Student.StudentID=Score.StudentID;
```

（3）查询籍贯为四川的学生的姓名、专业、课程号和成绩。

① 使用 INNER JOIN 的显示语法结构。

```
mysql> SELECT Name, Speciality, CourseID, Grade
    -> FROM Student JOIN Score ON Student.StudentID=Score.StudentID
    -> WHERE Native='四川';
```

② 使用 WHERE 子句定义连接条件的隐示语法结构。

```
mysql> SELECT Name, Speciality, CourseID, Grade
    -> FROM Student, Score
    -> WHERE Student.StudentID=Score.StudentID AND Native='四川';
```

（4）查询课程不同、成绩相同的学生的学号、课程号和成绩。

① 使用 INNER JOIN 的显示语法结构。

```
mysql> SELECT a.StudentID, a.CourseID, a.Grade
    -> FROM Score a JOIN Score b ON a.StudentID=b.StudentID
    -> WHERE a.CourseID!=b.CourseID AND a.Grade=b.Grade;
```

② 使用 WHERE 子句定义连接条件的隐示语法结构。

```
mysql> SELECT a.StudentID, a.CourseID, a.Grade
    -> FROM Score a, Score b
    -> WHERE a.StudentID=b.StudentID AND a.CourseID!=b.CourseID AND
a.Grade=b.Grade;
```

（5）分别使用左外连接、右外连接查询教师讲课情况。

① 左外连接。

```
mysql> SELECT TeacherName, CourseID
    -> FROM Teacher LEFT JOIN Lecture ON Teacher.TeacherID=lecture.TeacherID;
```

② 右外连接。

```
mysql> SELECT TeacherID, CourseName
    -> FROM Lecture RIGHT JOIN Course ON Lecture.CourseID=Course.CourseID;
```

（6）分别使用 IN 子查询和比较子查询课程名为“数字电路”的学生成绩信息。

① IN 子查询。

```
mysql> SELECT  StudentID, Grade
    -> FROM Score
    -> WHERE CourseID IN
    ->     (SELECT CourseID
    ->      FROM  Course
    ->      WHERE CourseName='数字电路'
    ->     );
```

② 比较子查询。

```
mysql> SELECT StudentID, Grade
    -> FROM Score
    -> WHERE CourseID=ANY
    ->     (SELECT CourseID
    ->      FROM  Course
    ->      WHERE CourseName='数字电路'
    ->     );
```

（7）使用比较子查询列出比所有通信专业年龄都小的学生的姓名和出生日期。

```
mysql> SELECT Name AS 姓名, Birthday AS 出生日期
    -> FROM Student
    -> WHERE Birthday>ALL
    ->     (SELECT Birthday
    ->      FROM Student
    ->      WHERE Speciality='通信'
    ->     );
```

（8）使用子查询列出选修“数据库系统”的学生姓名。

```
mysql> SELECT Name AS 姓名
    -> FROM Student
    -> WHERE EXISTS
    ->     (SELECT *
    ->      FROM Score, Course
    ->      WHERE Score.StudentID=Student.StudentID AND Score.CourseID=Course.
CourseID
    ->          AND CourseName='数据库系统'
    ->      );
```

（9）使用 UNION 关键字查询选修“数据库系统”和“英语”的学生名单。

```
mysql> SELECT Name AS 姓名
    -> FROM Score, Course, Student
```

```
-> WHERE Score.CourseID=Course.CourseID AND Score.StudentID=Student.StudentID
->     AND CourseName='数据库系统'
-> UNION
-> SELECT Name AS 姓名
-> FROM Score, Course, Student
-> WHERE Score.CourseID=Course.CourseID AND Score.StudentID=Student.StudentID
->     AND CourseName='英语'
-> ;
```

3．设计性实验

在 salespm 数据库中，对 EmplInfo 表、DeptInfo 表进行信息查询，查询要求如下。

（1）对 EmplInfo 表和 DeptInfo 表进行交叉连接，观察所有的可能组合。

（2）查询每个员工及其所在部门的情况。

① 使用 INNER JOIN 的显示语法结构。

② 使用 WHERE 子句定义连接条件的隐示语法结构。

（3）使用自然连接查询员工及其所属的部门的情况。

（4）查询部门号为“D001”的员工工资高于员工号为“E003”的工资的员工信息。

① 使用 INNER JOIN 的显示语法结构。

② 使用 WHERE 子句定义连接条件的隐示语法结构。

（5）分别使用左外连接、右外连接查询员工所属的部门。

① 左外连接。

② 右外连接。

（6）分别使用 IN 子查询和比较子查询两种方式查询人事部和财务部的员工信息。

① IN 子查询。

② 比较子查询。

（7）列出比所有 D001 部门员工年龄都小的员工的姓名和出生日期。

（8）查询销售部的员工姓名。

（9）查询销售部和人事部员工名单，该语句使用 EXISTS 子查询。

4．观察与思考

（1）使用 INNER JOIN 的显示语法结构和使用 WHERE 子句定义连接条件的隐示语法结构有什么不同？

（2）内连接与外连接有何区别？

（3）举例说明 IN 子查询、比较子查询和 EXIST 子查询的用法。

（4）关键字 ALL、SOME 和 ANY 对比较运算有何限制？

第 6 章　视图和索引

视图（View）是一个虚拟表，通过 SELECT 查询语句定义，用于方便用户查询和处理。索引是与表关联的存储在磁盘上的单独结构，用于提高查询的速度。本章主要介绍视图的功能、视图操作、视图的应用，以及索引的功能、分类、使用和相关操作等内容。

6.1　视图的功能

视图是从一个或多个表（或视图）导出的，用来导出视图的表称为基表（Base Table）或基本表，导出的视图称为虚表。在数据库中（Virtual Table），视图通过 SELECT 查询语句定义，它只存储视图的定义，不存储视图对应的数据，这些数据仍然存储在原来的基表中。视图被定义后，就可以像表一样被查询、修改、删除和更新。

视图可以由一个基表中选取的某些行和列组成，也可以由多个表中满足一定条件的数据组成。视图就像是基表的窗口，反映了一个或多个基表的局部数据。

视图的功能如下。

- ❖ 方便用户操作，集中分散的数据。
- ❖ 保护数据安全，增加数据库安全性。
- ❖ 便于数据共享。
- ❖ 简化查询操作，屏蔽数据库的复杂性。
- ❖ 可以重新组织数据。

6.2　视图操作

视图操作包括创建视图、修改视图定义和删除视图。下面分别进行介绍。

6.2.1　创建视图

在 MySQL 中，创建视图的语句是 CREATE VIEW 语句。语法格式：

```
CREATE [ OR REPLACE ] VIEW view_name[ (column_list) ]
    AS
```

```
    SELECT_statement
    [WITH [CASCADE | LOCAL] CHECK OPTION]
```

说明：

① OR REPLACE 为可选项，在创建视图时，如果存在同名视图，就要重新创建。

② view_name 指定视图名称。

③ column_list 子句为视图中的每个列指定列名，为可选子句。视图中包含的列可以自定义，如果使用源表或视图中相同的列名，就可以不必给出列名。

④ SELECT_statement 定义视图中的 SELECT 语句，用于创建视图，可以查询多个表或视图。

定义视图的 SELECT 语句有以下限制。

❖ 定义视图的用户必须对所涉及的基表或其他视图有查询的权限。
❖ 不能包含 FROM 子句中的子查询。
❖ 不能引用系统变量或用户变量。
❖ 不能引用预处理语句参数。
❖ 在定义中引用的表或视图必须存在。
❖ 如果引用的不是当前数据库中的表或视图，就要在表或视图前加上数据库的名称。
❖ 在视图定义中允许使用 ORDER BY，但是如果从特定视图进行了选择，而该视图使用了 ORDER BY 语句，它就会被忽略。
❖ 对于 SELECT 语句中的其他选项或子句，如果所创建的视图中包含了这些选项，那么语句执行效果未定义。

⑤ WITH CHECK OPTION 指出在视图上进行的修改都要符合 SELECT 语句所指定的限制条件。

【例 6.1】在 sales 数据库中创建 V_EmployeeDepartment 视图。该视图选择的基表为 employee 表和 department 表，指定列名为部门名、员工号、姓名、性别、地址、工资，且部门为财务部。

创建 V_EmployeeDepartment 视图的语句如下：

```
mysql> CREATE OR REPLACE VIEW V_EmployeeDepartment
    -> AS
    -> SELECT deptname, b.emplno, emplname, sex, address, wages
    -> FROM department a, employee b
    -> WHERE a.deptno=b.deptno AND deptname='财务部'
    -> WITH CHECK OPTION;
Query OK, 0 rows affected (0.04 sec)
```

【例 6.2】在 sales 数据库中创建 V_EmployeeOrderformDepartment 视图。该视图选择的基表为 employee 表、orderform 表和 department 表，指定列名为部门名、员工号、订单号、姓名、总金额，且部门为销售部，按总金额升序排列。

创建 V_EmployeeOrderformDepartment 视图的语句如下：

```
mysql> CREATE OR REPLACE VIEW V_EmployeeOrderformDepartment
    -> AS
```

```
    -> SELECT deptname, b.emplno, orderno, emplname, cost
    -> FROM department a, employee b, orderform c
    -> WHERE a.deptno=b.deptno AND b.emplno=c.emplno AND deptname='销售部'
    -> ORDER BY cost;
Query OK, 0 rows affected (0.19 sec)
```

6.2.2 修改视图定义

ALTER VIEW 语句用于修改视图定义。语法格式:

```
ALTER VIEW view_name[ (column_list) ]
    AS
    SELECT_statement
    [ WITH [ CASCADE | LOCAL ] CHECK OPTION ]
```

ALTER VIEW 语句的语法格式与 CREATE VIEW 语句的语法格式类似，此处不再赘述。

【例 6.3】将例 6.1 定义的视图 V_EmployeeDepartment 进行修改，取消部门为财务部的限制。

```
mysql> ALTER VIEW V_EmployeeDepartment
    -> AS
    -> SELECT deptname, b.emplno, emplname, sex, address, wages
    -> FROM department a, employee b
    -> WHERE a.deptno=b.deptno
    -> WITH CHECK OPTION;
Query OK, 0 rows affected (0.10 sec)
```

【例 6.4】修改例 6.2 创建的视图 V_EmployeeOrderformDepartment，并按总金额降序排列。

```
mysql> ALTER VIEW V_EmployeeOrderformDepartment
    -> AS
    -> SELECT deptname, b.emplno, orderno, emplname, cost
    -> FROM department a, employee b, orderform c
    -> WHERE a.deptno=b.deptno AND b.emplno=c.emplno AND deptname='销售部'
    -> ORDER BY cost DESC;
Query OK, 0 rows affected (0.12 sec)
```

6.2.3 删除视图

如果不再需要视图，就可以删除视图。删除视图对创建该视图的基表没有任何影响。

DROP VIEW 语句用于删除视图。语法格式:

```
DROP VIEW [IF EXISTS]
```

```
    view_name [, view_name] …
```

其中，view_name 是视图名，若声明了 IF EXISTS，则可以防止因视图不存在而出现错误信息。DROP VIEW 语句用于一次删除多个视图。

【例 6.5】在 sales 数据库中，假设已经创建 V_EmployeeOrderformDepartmen1 视图，则删除 V_EmployeeOrderformDepartmen1 视图。

```
mysql> DROP VIEW V_EmployeeOrderformDepartmen1;
Query OK, 0 rows affected (0.06 sec)
```

注意：在删除视图时，应将由该视图导出的其他视图删除。在删除基表时，应将由该表导出的其他视图删除。

6.3 视图的应用

视图的应用包括查询视图和更新视图数据。更新视图数据是指通过视图进行插入数据、删除数据、修改数据。

6.3.1 查询视图

使用 SELECT 语句对视图进行查询与使用 SELECT 语句对表进行查询类似，但可简化用户的程序设计，方便用户通过指定列限制用户访问，提高数据安全性。

【例 6.6】查询 V_EmployeeDepartment 视图、V_EmployeeOrderformDepartment 视图。

使用 SELECT 语句对 V_EmployeeDepartment 视图进行查询。

```
mysql> SELECT *
    -> FROM V_EmployeeDepartment;
```

查询结果：

```
+-----------+---------+-----------+------+----------------+----------+
| deptname  | emplno  | emplname  | sex  | address        | wages    |
+-----------+---------+-----------+------+----------------+----------+
| 销售部    | E001    | 冯文捷    | 男   | 春天花园       | 4700.00  |
| 人事部    | E002    | 叶莉华    | 女   | 丽都花园       | 3500.00  |
| 经理办    | E003    | 周维明    | 男   | 春天花园       | 6800.00  |
| 财务部    | E004    | 刘思佳    | 女   | 公司集体宿舍   | 3700.00  |
| 销售部    | E005    | 肖婷      | 女   | 公司集体宿舍   | 3600.00  |
| 销售部    | E006    | 黄杰      | 男   | NULL           | 4500.00  |
+-----------+---------+-----------+------+----------------+----------+
6 rows in set (0.09 sec)
```

使用 SELECT 语句对 V_EmployeeOrderformDepartment 视图进行查询。

```
mysql> SELECT *
```

```
    -> FROM V_EmployeeOrderformDepartment;
```

查询结果：

```
+-------------+---------+-----------+-------------+------------+
| deptname    | emplno  | orderno   | emplname    | cost       |
+-------------+---------+-----------+-------------+------------+
| 销售部      | E006    | S00003    | 黄杰        |    16977.60|
| 销售部      | E005    | S00001    | 肖婷        |    23467.50|
| 销售部      | E001    | S00002    | 冯文捷      |    31977.00|
+-------------+---------+-----------+-------------+------------+
3 rows in set (0.07 sec)
```

【例 6.7】查询销售部员工的员工号、姓名、订单号、总金额。

查询销售部员工的员工号、姓名、订单号、总金额，不使用视图而直接使用 SELECT 语句需要连接 employee、orderform 和 department 共 3 个表，较为复杂，此处使用视图则十分简捷方便。

```
mysql> SELECT emplno, emplname, orderno, cost
    -> FROM V_EmployeeOrderformDepartment;
```

该语句对 V_EmployeeOrderformDepartment 视图进行查询。

查询结果：

```
+---------+-------------+----------+-----------+
| emplno  | emplname    | orderno  | cost      |
+---------+-------------+----------+-----------+
| E006    | 黄杰        | S00003   |   16977.60|
| E005    | 肖婷        | S00001   |   23467.50|
| E001    | 冯文捷      | S00002   |   31977.00|
+---------+-------------+----------+-----------+
3 rows in set (0.00 sec)
```

6.3.2 更新视图数据

更新视图是指通过视图进行插入数据、删除数据、修改数据。由于视图不存储数据的虚表，对视图的更新最终转化为对基表的更新。

通过更新视图数据可以更新基表数据，但只有满足可更新条件的视图才能更新。

如果视图包含下述结构中的任何一种，那么它是不可更新的：① 聚合函数；② DISTINCT 关键字；③ GROUP BY 子句；④ ORDER BY 子句；⑤ HAVING 子句；⑥ UNION 关键字；⑦ 位于选择列表中的子查询；⑧ FROM 子句中包含多个表；⑨ SELECT 语句中引用了不可更新视图；⑩ WHERE 子句中的子查询，引用 FROM 子句中的表。

【例 6.8】在 sales 数据库中，以 employee 为基表，创建部门号为 D001 的可更新视图 V_EmplRenewable。

创建 V_EmplRenewable 视图的语句如下：

```
mysql> CREATE OR REPLACE VIEW V_EmplRenewable
    -> AS
    -> SELECT *
    -> FROM employee
    -> WHERE deptno='D001';
Query OK, 0 rows affected (0.06 sec)
```

使用 SELECT 语句查询 V_EmplRenewable 视图。

```
mysql> SELECT *
    -> FROM V_EmplRenewable;
```

查询结果：

```
+--------+----------+-----+------------+------------+---------+-------+
| emplno | emplname | sex | birthday   | address    | wages   | deptno|
+--------+----------+-----+------------+------------+---------+-------+
| E001   | 冯文捷   | 男  | 1982-03-17 | 春天花园   | 4700.00 | D001  |
| E005   | 肖婷     | 女  | 1986-12-16 | 公司集体宿舍 | 3600.00 | D001  |
| E006   | 黄杰     | 男  | 1977-04-25 | NULL       | 4500.00 | D001  |
+--------+----------+-----+------------+------------+---------+-------+
3 rows in set (0.00 sec)
```

1. 插入数据

INSERT 语句通过视图向基表中插入数据。

【例 6.9】向 V_EmplRenewable 视图中插入一条记录('E007','罗平','男','1981-06-19',’公司集体宿舍’,4600,'D001')。

```
mysql> INSERT INTO V_EmplRenewable
    -> VALUES('E007','罗平','男','1981-06-19','公司集体宿舍', 4600, 'D001');
Query OK, 1 row affected (0.02 sec)
```

SELECT 语句用于查询 V_EmplRenewable 视图的基表 employee。

```
mysql> SELECT *
    -> FROM employee;
```

上述语句对基表 employee 进行查询，该表已经添加记录('E007','罗平','男','1981-06-19',’公司集体宿舍’,4600,'D001')。

查询结果：

```
+--------+----------+-----+------------+------------+---------+--------+
| emplno | emplname | sex | birthday   | address    | wages   | deptno |
+--------+----------+-----+------------+------------+---------+--------+
| E001   | 冯文捷   | 男  | 1982-03-17 | 春天花园   | 4700.00 | D001   |
| E002   | 叶莉华   | 女  | 1987-11-02 | 丽都花园   | 3500.00 | D002   |
```

```
| E003     | 周维明     | 男    | 1974-08-12 | 春天花园       | 6800.00 | D004   |
| E004     | 刘思佳     | 女    | 1985-05-21 | 公司集体宿舍   | 3700.00 | D003   |
| E005     | 肖婷       | 女    | 1986-12-16 | 公司集体宿舍   | 3600.00 | D001   |
| E006     | 黄杰       | 男    | 1977-04-25 | NULL           | 4500.00 | D001   |
| E007     | 罗平       | 男    | 1981-06-19 | 公司集体宿舍   | 4600.00 | D001   |
+---------+----------+-----+------------+------------+--------+--------+
7 rows in set (0.00 sec)
```

注意：当视图依赖的基表有多个表时，不能向该视图插入数据。

2. 修改数据

UPDATE 语句通过视图修改基表数据。

【例 6.10】将 V_EmplRenewable 视图中员工号为 E007 的员工的地址修改为“丽都花园”。

```
mysql> UPDATE V_EmplRenewable SET address='丽都花园'
    -> WHERE emplno='E007';
Query OK, 1 row affected (0.04 sec)
Rows matched: 1  Changed: 1  Warnings: 0
```

SELECT 语句用于查询 V_EmplRenewable 视图中的基表 employee。

```
mysql> SELECT *
    -> FROM employee;
```

上述语句对基表 employee 进行查询，该表已经将员工号为 E007 的员工的地址修改为“丽都花园”。

查询结果：

```
+---------+-----------+-----+------------+------------+--------+---------+
| emplno  | emplname  | sex | birthday   | address    | wages  | deptno  |
+---------+-----------+-----+------------+------------+--------+---------+
| E001    | 冯文捷    | 男  | 1982-03-17 | 春天花园     | 4700.00| D001    |
| E002    | 叶莉华    | 女  | 1987-11-02 | 丽都花园     | 3500.00| D002    |
| E003    | 周维明    | 男  | 1974-08-12 | 春天花园     | 6800.00| D004    |
| E004    | 刘思佳    | 女  | 1985-05-21 | 公司集体宿舍 | 3700.00| D003    |
| E005    | 肖婷      | 女  | 1986-12-16 | 公司集体宿舍 | 3600.00| D001    |
| E006    | 黄杰      | 男  | 1977-04-25 | NULL         | 4500.00| D001    |
| E007    | 罗平      | 男  | 1981-06-19 | 丽都花园     | 4600.00| D001    |
+---------+-----------+-----+------------+------------+--------+---------+
7 rows in set (0.00 sec)
```

注意：当视图依赖的基表有多个表时，一次修改视图只能修改一个基表的数据。

3．删除数据

DELETE 语句通过视图删除基表中的数据。

【例 6.11】删除 V_EmplRenewable 视图中员工号为 E007 的记录。

```
mysql> DELETE FROM V_EmplRenewable
    -> WHERE emplno='E007';
Query OK, 1 row affected (0.09 sec)
```

SELECT 语句用于查询 V_EmplRenewable 视图中的基表 employee。

```
mysql> SELECT *
    -> FROM employee;
```

上述语句对基表 employee 进行查询，该表已经删除记录('E007','罗平','男','1981-06-19','公司集体宿舍',4600,'D001')。

查询结果：

```
+--------+-----------+-----+----------+-------------+--------+--------+
| emplno | emplname  | sex | birthday | address     | wages  | deptno |
+--------+-----------+-----+----------+-------------+--------+--------+
| E001   | 冯文捷    | 男  | 1982-03-17| 春天花园    | 4700.00 | D001  |
| E002   | 叶莉华    | 女  | 1987-11-02| 丽都花园    | 3500.00 | D002  |
| E003   | 周维明    | 男  | 1974-08-12| 春天花园    | 6800.00 | D004  |
| E004   | 刘思佳    | 女  | 1985-05-21| 公司集体宿舍 | 3700.00 | D003  |
| E005   | 肖婷      | 女  | 1986-12-16| 公司集体宿舍 | 3600.00 | D001  |
| E006   | 黄杰      | 男  | 1977-04-25| NULL        | 4500.00 | D001  |
+--------+-----------+-----+----------+-------------+--------+--------+
6 rows in set (0.00 sec)
```

注意：当视图依赖的基表有多个表时，不能在该视图中删除数据。

6.4 索引的功能、分类和使用

1．索引的功能

对数据库中的表进行查询操作时，有两种搜索扫描方式：一种是全表扫描，另一种是使用表上创建的索引扫描。

全表扫描要查找某个特定的行，必须从头开始逐一查看表中的每一行，与查询条件进行对比，返回满足条件的记录，当表中有很多行时，查询效率非常低。

索引是按照数据表中一列或多列进行索引排序的，并为其建立指向数据表记录所在位置的指针，如图 6.1 所示。索引表中的列称为索引字段或索引项，该列的各值称为索引值。索引访问首先搜索索引值，再通过指针直接找到数据表中对应的记录。

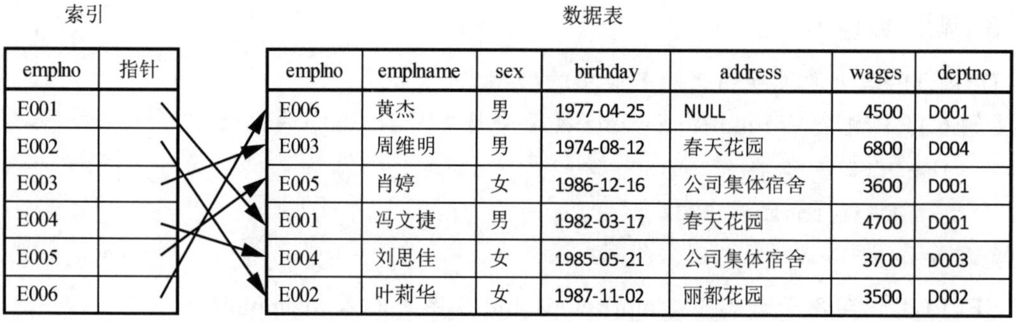

索引

emplno	指针
E001	
E002	
E003	
E004	
E005	
E006	

数据表

emplno	emplname	sex	birthday	address	wages	deptno
E006	黄杰	男	1977-04-25	NULL	4500	D001
E003	周维明	男	1974-08-12	春天花园	6800	D004
E005	肖婷	女	1986-12-16	公司集体宿舍	3600	D001
E001	冯文捷	男	1982-03-17	春天花园	4700	D001
E004	刘思佳	女	1985-05-21	公司集体宿舍	3700	D003
E002	叶莉华	女	1987-11-02	丽都花园	3500	D002

图 6.1　索引示意图

例如，用户对 employee 表中员工号列创建索引后，当查找员工号为“E001”的员工信息时，首先在索引项中找到“E001”，然后通过指针直接找到 employee 表中相应的行('E001','冯文捷','男','1982-03-17','春天花园',4700,'D001')。在这个过程中，除了搜索索引项，只需处理一行即可返回结果，如果没有员工号列的索引，就要扫描 employee 表中的所有行，从而大幅降低了查询速度。

索引的功能如下。

- ❖ 提高查询速度。
- ❖ 保证列值的唯一性。
- ❖ 查询优化依靠索引起作用。
- ❖ 提高 ORDER BY、GROUP BY 执行速度。

2．索引的分类

（1）普通索引（INDEX）

这是最基本的索引类型，没有唯一性之类的限制。创建普通索引的关键字是 INDEX。

（2）唯一性索引（UNIQUE）

唯一性索引与普通索引基本相同，但是在唯一性索引中，索引列的所有值都只能出现一次，即必须是唯一的。创建唯一性索引的关键字是 UNIQUE。

（3）主键（PRIMARY KEY）

主键是一种唯一性索引，必须指定为“PRIMARY KEY”。主键一般在创建表时指定，也可以通过修改表的方式加入主键。但是每个表只能有一个主键。

（4）聚簇索引

聚簇索引的索引顺序就是数据存储的物理顺序，这样能保证索引值相近的元组所存储的物理位置也相近。一个表只能有一个聚簇索引。

（5）全文索引（FULLTEXT）

在 MySQL 中，全文索引的索引类型为 FULLTEXT。

索引可以创建在一列上，称为单列索引，一个表可以创建多个单列索引。索引也可以创建在多个列上，称为组合索引、复合索引或多列索引。

3．索引的使用

使用索引可以提高系统的性能，加快数据检索的速度，但是使用索引是要付出一定代价的。

❖ 增加存储空间。索引需要占用磁盘空间。

❖ 降低更新表中数据的速度。

当更新表中的数据时，系统会自动更新索引列的数据，这就可能需要重新组织一个索引。

创建索引的建议如下。

❖ 查询中很少涉及的列、重复值比较多的列不要创建索引。

❖ 数据量较小的表最好不要创建索引。

❖ 限制表中索引的数量。

❖ 在表中插入数据后创建索引。

❖ 若 char 列或 varchar 列字符数量很多，则可视具体情况选取前 *n* 个字符值进行索引。

6.5 索引操作

索引操作包括创建索引、查看表上创建的索引、删除索引等。

6.5.1 创建索引

MySQL 中有 3 种创建索引的方法。CREATE INDEX 语句和 ALTER TABLE 语句用于在已有的表上创建索引，CREATE TABLE 语句用于在创建表的同时创建索引。

1．CREATE INDEX 语句用于创建索引

CREATE INDEX 语句用于在一个已有的表上创建索引。语法格式：

```
CREATE [UNIQUE] INDEX index_name
    ON table_name ( col_name [ (length) ] [ ASC | DESC] ,…)
```

说明：

① index_name 指定所创建的索引名称。一个表中可以创建多个索引，而每个索引名称必须是唯一的。

② table_name 指定需要创建索引的表名。

③ UNIQUE 为可选项，指定所创建的索引是唯一性索引。

④ col_name 指定要创建索引的列名。

⑤ length 为可选项，用于指定使用列的前 length 个字符创建索引。

⑥ ASC 和 DESC 为可选项，指定索引是按升序（ASC）还是按降序（DESC）排列，默认按升序排列。

【例 6.12】在 sales 数据库中 employee 表的 emplname 列上，创建一个普通索引 I_employeeEmplname。

```
mysql> CREATE INDEX I_employeeEmplname ON employee(emplname);
Query OK, 0 rows affected (0.25 sec)
```

```
Records: 0  Duplicates: 0  Warnings: 0
```

该语句执行后，在 employee 表的 emplname 列上创建了一个普通索引 I_employeeEmplname，普通索引是没有唯一性约束的索引。该语句没有指明排序方式，因此采用默认排序方式，即为升序索引。

【例 6.13】在 sales 数据库中 orderdetail 表的 goodsno 列上，创建一个索引 I_orderdetailGoodsno，要求按商品号 goodsno 字段值前两个字符降序排列。

```
mysql> CREATE INDEX I_orderdetailGoodsno ON orderdetail(goodsno(2) DESC);
Query OK, 0 rows affected (0.23 sec)
Records: 0  Duplicates: 0  Warnings: 0
```

该语句执行后，在 orderdetail 表的 goodsno 列上创建了一个普通索引 I_orderdetailGoodsno，按 goodsno 字段值前两个字符降序排列。对字符串类型排序，若是英文，则按照英文字母顺序排列；若是中文，则按照汉语拼音对应的英文字母顺序排列。

【例 6.14】在 sales 数据库中 employee 表的 wages 列（降序）和 emplname 列（升序）上，创建一个组合索引 I_employeeWagesEmplname。

```
mysql> CREATE INDEX I_employeeWagesEmplname ON employee(wages DESC, emplname);
Query OK, 0 rows affected (0.19 sec)
Records: 0  Duplicates: 0  Warnings: 0
```

该语句执行后，在 employee 表的 wages 列和 emplname 列上创建了一个组合索引 I_employeeWagesEmplname。在排序时，先按 wages 列降序排列；若 wages 列值相同，则按 emplname 列升序排列。

2．ALTER TABLE 语句也用于创建索引

ALTER TABLE 语句也用于在一个已有的表上创建索引。语法格式：

```
ALTER TABLE table_name
    ADD [UNIQUE | FULLTEXT] [INDEX | KEY] [index_name] (col_name [(length)]
[ASC | DESC] ,…)
```

上述语句中的 table_name、UNIQUE、index_name、col_name、length、ASC | DESC 等选项的含义与 CREATE INDEX 语句中相关选项的含义类似，此处不再赘述。

【例 6.15】在 sales 数据库 goods 表的 goodsname 列上，创建一个唯一性索引 I_goodsGoodsname，并按降序排列。

```
mysql> ALTER TABLE goods
    -> ADD UNIQUE INDEX I_goodsGoodsname(goodsname DESC);
Query OK, 0 rows affected (0.18 sec)
Records: 0  Duplicates: 0  Warnings: 0
```

3．CREATE TABLE 语句用于创建索引

CREATE TABLE 语句用于在创建表的同时创建索引。语法格式：

```
CREATE TABLE table_name [col_name data_type]
    [CONSTRAINT index_name ] [UNIQUE | FULLTEXT] [INDEX | KEY]
```

```
    [index_name ] (col_name [(length)] [ASC | DESC], …)
```

上述语句中的 table_name、index_name、UNIQUE、col_name、length、ASC | DESC 等选项的含义与 CREATE INDEX 语句中相关选项的含义类似，此处不再赘述。

【例 6.16】在 sales 数据库中，创建新表 orderdetail1，主键为 orderno 和 goodsno，同时在 discounttotal 列上创建普通索引。

```
mysql> CREATE TABLE orderdetail1
    -> (
    ->      orderno char(6) NOT NULL,
    ->      goodsno char(4) NOT NULL,
    ->      saleUnitprice decimal(8,2) NOT NULL,
    ->      quantity int NOT NULL,
    ->      total decimal(9,2) NOT NULL,
    ->      discount float NOT NULL DEFAULT 0.1,
    ->      discounttotal decimal(8,2) NOT NULL,
    ->      PRIMARY KEY(orderno,goodsno),
    ->      INDEX(discounttotal)
    -> );
Query OK, 0 rows affected (0.15 sec)
```

6.5.2 查看表上创建的索引

SHOW INDEX 语句用于查看表上创建的索引。语法格式：

```
SHOW {INDEX | INDEXES | KEYS} {FROM | IN} table_name [{FROM | IN} db_name]
```

该语句以二维表的形式显示创建在表上的所有索引信息，由于显示的项目较多，不易查看，可以使用\G 参数。

【例 6.17】查看例 6.16 所创建的 orderdetail1 表的索引。

```
mysql> SHOW INDEX FROM orderdetail1 \G;
*************************** 1. row ***************************
        Table: orderdetail1
   Non_unique: 0
     Key_name: PRIMARY
 Seq_in_index: 1
  Column_name: orderno
    Collation: A
  Cardinality: 0
     Sub_part: NULL
       Packed: NULL
         Null:
   Index_type: BTREE
```

```
       Comment:
 Index_comment:
       Visible: YES
    Expression: NULL
*************************** 2. row ***************************
         Table: orderdetail1
    Non_unique: 0
      Key_name: PRIMARY
  Seq_in_index: 2
   Column_name: goodsno
     Collation: A
   Cardinality: 0
      Sub_part: NULL
        Packed: NULL
          Null:
    Index_type: BTREE
       Comment:
 Index_comment:
       Visible: YES
    Expression: NULL
*************************** 3. row ***************************
         Table: orderdetail1
    Non_unique: 1
      Key_name: discounttotal
  Seq_in_index: 1
   Column_name: discounttotal
     Collation: A
   Cardinality: 0
      Sub_part: NULL
        Packed: NULL
          Null:
    Index_type: BTREE
       Comment:
 Index_comment:
       Visible: YES
    Expression: NULL
3 rows in set (0.16 sec)
```

在 sales 数据库中创建新表 orderdetail1，主键为 orderno 和 goodsno，同时在 discounttotal 列上创建普通索引。

可以看出，在 orderdetail1 表上创建了 3 个索引。两个主键索引，索引名称是 PRIMARY，索引创建在 orderno 列和 goodsno 列上；一个普通索引，索引名称是 discounttotal，索引创建在 discounttotal 列上。

6.5.3 删除索引

删除索引有两种方法：使用 DROP INDEX 语句删除索引和使用 ALTER TABLE 语句删除索引。

1．DROP INDEX 语句用于删除索引

DROP INDEX 语句用于删除索引。语法格式：

```
DROP INDEX index_name ON table_ name
```

其中，index_name 表示要删除的索引名，table_ name 表示索引所在的表。

【例 6.18】删除已经创建的索引 I_employeeWagesEmplname。

```
mysql> DROP INDEX I_employeeWagesEmplname ON employee;
Query OK, 0 rows affected (0.16 sec)
Records: 0  Duplicates: 0  Warnings: 0
```

该语句执行后，employee 表上的 I_employeeWagesEmplname 索引被删除，对 employee 表无影响，也不会影响该表上的其他索引。

2．ALTER TABLE 语句用于删除索引

ALTER TABLE 语句不仅用于创建索引，还能用于删除索引。语法格式：

```
ALTER TABLE table_name
    DROP INDEX index_name
```

其中，table_ name 表示索引所在的表，index_name 表示要删除的索引名。

【例 6.19】删除已经创建的索引 I_goodsGoodsname。

```
mysql> ALTER TABLE goods
    -> DROP INDEX I_goodsGoodsname;
Query OK, 0 rows affected (0.16 sec)
Records: 0  Duplicates: 0  Warnings: 0
```

小　结

本章主要介绍了以下内容。

① 视图通过 SELECT 查询语句定义，是从一个或多个表（或视图）导出的，用来导出视图的表称为基表，导出的视图被称为虚表。数据库中只存储视图的定义，不存储视图对应的数据，这些数据仍然存储在原来的基表中。

视图的功能为：方便用户操作，集中分散的数据；保护数据安全，增加数据库安全性；

便于数据共享，简化查询操作，屏蔽数据库的复杂性，可以重新组织数据。

② CREATE VIEW 语句用于创建视图。定义视图的 SELECT 语句有一些限制。

ALTER VIEW 语句用于修改视图的定义。

DROP VIEW 语句用于删除视图。

③ 使用 SELECT 语句对视图进行查询与使用 SELECT 语句对表进行查询类似，但可以简化用户的程序设计，方便用户通过指定列限制用户访问，提高数据安全性。

更新视图是指通过视图进行插入数据、删除数据、修改数据，由于视图是不存储数据的虚表，对视图的更新最终转化为对基表的更新，只有满足可更新条件的视图才能更新。

④ 索引是按照数据表中一列或多列进行索引排序的，并为其建立指向数据表记录所在位置的指针。索引访问首先搜索索引值，再通过指针直接找到数据表中对应的记录。

创建索引的功能为：提高查询速度；保证列值的唯一性；查询优化依靠索引起作用；提高 ORDER BY、GROUP BY 执行速度。

索引可以分为普通索引、唯一性索引、主键、聚簇索引和全文索引。

索引可以创建在一列上，称为单列索引；也可以创建在多列上，称为组合索引、复合索引或多列索引。

⑤ MySQL 中有 3 种创建索引的方法。CREATE INDEX 语句和 ALTER TABLE 语句用于在已有的表上创建索引，CREATE INDEX 语句用于在创建表的同时创建索引。

SHOW INDEX 语句用于查看表上创建的索引。

删除索引有两种方法：使用 DROP INDEX 语句删除索引和使用 ALTER TABLE 语句删除索引。

习 题 6

一、选择题

6.1 下面________语句用于创建视图。

A．ALTER VIEW　　B．DROP VIEW

C．CREATE TABLE　　D．CREATE VIEW

6.2 下面________语句不可对视图进行操作。

A．UPDATE　　B．CREATE INDEX

C．DELETE　　D．INSERT

6.3 以下关于视图的描述错误的是________。

A．视图中保存着数据

B．视图通过 SELECT 查询语句定义

C．可以通过视图操作数据库中表的数据

D．通过视图操作的数据仍然保存在表中

6.4 以下描述中不正确的是________。

A．视图的基表可以是表或视图

B．视图占用实际的存储空间

C．创建视图必须使用 SELECT 查询语句

D．利用视图可以将数据永久地保存

6.5 创建索引的主要目的是________。

A．提高数据安全性　　B．提高查询速度

C．节省存储空间　　D．提高数据更新速度

6.6 不能使用________语句创建索引。

A．CREATE INDEX　　B．CREATE TABLE

C．ALTER INDEX　　D．ALTER TABLE

6.7 能够在已有的表上创建索引的语句是________。

A．ALTER TABLE　　B．CREATE TABLE

C．UPDATE TABLE　　D．REINDEX TABLE

6.8 不属于 MySQL 索引类型的是________。

A．唯一性索引　　B．主键　　C．非空值索引　　D．全文索引

6.9 索引可以提高________语句操作的效率。

A．UPDATE　　B．DELETE　　C．INSERT　　D．SELECT

二、填空题

6.10 视图的优点是方便用户操作、________。

6.11 视图中的数据存储在________中。

6.12 可更新视图是指________的视图。

6.13 ________语句用于修改视图的定义。

6.14 索引是按照数据表中一列或多列进行索引排序的，并为其建立指向数据表记录所在位置的________。

6.15 索引访问首先搜索索引值，再通过指针直接找到数据表中对应的________。

6.16 ________语句和 ALTER TABLE 语句用于在已有的表上创建索引。

6.17 ________语句用于在创建表的同时创建索引。

6.18 删除索引的语句有 DROP INDEX 语句和________语句。

三、问答题

6.19 什么是视图？简述视图的优点。

6.20 简述表与视图的区别和联系。

6.21 什么是可更新视图？可更新视图需要满足哪些条件？

6.22 什么是索引？简述索引的作用和使用代价。

6.23 简述 MySQL 中索引的功能和分类。

6.24 简述在 MySQL 中创建索引、查看索引和删除索引的语句。

四、应用题

6.25 在 sales 数据库中，创建一个 V_EmployeeOrderform 视图，包含员工号、姓名、性别、地址、工资、部门号、总金额等列，部门号为 D001，按总金额降序排列，再查询该视图的所有记录。

6.26 在 sales 数据库中，创建一个 V_OrderformOrderdetail 视图，包含订单号、员工号、客户号、销售日期、销售单价、数量、总价、折扣总价等列，再查询其所有记录。

6.27 在 sales 数据库中，创建一个 V_AvgEmployeeDepartment 视图，包含部门名、部门号、平均工资等列，按平均工资降序排列，然后查询该视图的所有记录。

6.28 写出在 orderdetail 表的 saleunitprice 列上创建普通索引的语句。

6.29 写出在 orderdetail 表的 orderno 列（升序）和 discounttotal 列（降序）上创建组合索引的语句。

6.30 写出在 orderform 表的 curstomerno 列上，创建索引的语句，要求按客户号 curstomerno 字段值的前 3 个字符升序排列。

实 验 6

实验 6.1　视图

1．实验目的及要求

（1）理解视图的概念。

（2）掌握创建视图、修改视图、删除视图的方法，掌握通过视图进行插入数据、删除数据、修改数据的方法。

（3）具备编写和调试创建视图语句、修改视图语句、删除视图语句和更新视图语句的能力。

2．验证性实验

对 stuscopm 数据库的 Student 表、Course 表、Score 表，完成以下操作。

（1）创建 V_StudentScore 视图，包括学号、姓名、性别、出生日期、专业、籍贯、课程号、成绩。

```
mysql> CREATE OR REPLACE VIEW V_StudentScore
    -> AS
    -> SELECT a.StudentID, Name, Sex, Birthday, Speciality, Native, CourseID, Grade
    -> FROM Student a, Score b
    -> WHERE a.StudentID=b.StudentID
    -> WITH CHECK OPTION;
```

（2）查看 V_StudentScore 视图的所有记录。

```
mysql> SELECT *
    -> FROM V_StudentScore;
```

（3）查看计算机专业学生的学号、姓名、性别、籍贯。

```
mysql> SELECT DISTINCT StudentID, Name, Sex, Native
    -> FROM V_StudentScore
    -> WHERE Speciality='计算机';
```

（4）更新 V_StudentScore 视图，将学号为 191002 的学生的籍贯修改为“四川”。

```
mysql> UPDATE V_StudentScore SET Native='四川'
```

```
    -> WHERE StudentID='191002';
```

（5）对 V_StudentScore 视图进行修改，指定专业为“通信”。

```
mysql> ALTER VIEW V_StudentScore
    -> AS
    -> SELECT a.StudentID, Name, Sex, Birthday, Speciality, Native, CourseID, Grade
    -> FROM Student a, Score b
    -> WHERE a.StudentID=b.StudentID AND Speciality='通信'
    -> WITH CHECK OPTION;
```

（6）删除 V_StudentScore 视图。

```
DROP VIEW V_StudentScore;
```

3．设计性实验

对 salespm 数据库的员工表 EmplInfo 和部门表 DeptInfo，完成以下操作。

（1）创建 V_EmplInfoDeptInfo 视图，包括员工号、姓名、性别、出生日期、籍贯、工资、部门号、部门名称。

（2）查看 V_EmplInfoDeptInfo 视图的所有记录。

（3）查看销售部员工的员工号、姓名、性别和工资。

（4）更新视图，将 E005 号员工的籍贯修改为“北京”。

（5）对 V_EmplInfoDeptInfo 视图进行修改，指定部门名为销售部。

（6）删除 V_EmplInfoDeptInfo 视图。

4．观察与思考

（1）在视图中插入的数据能进入基表吗？

（2）修改基表的数据会自动映射到相应的视图中吗？

（3）哪些视图中的数据不可以进行插入、修改、删除操作？

实验 6.2　索引

1．实验目的及要求

（1）理解索引的概念。

（2）掌握创建索引、查看表上创建的索引、删除索引的方法。

（3）具备编写和调试创建索引语句、查看表上创建的索引语句、删除索引语句的能力。

2．验证性实验

在 stuscopm 数据库中进行如下操作。

（1）在 Student 表的 Name 列上，创建一个普通索引 I_StudentName。

```
mysql> CREATE INDEX I_StudentName ON Student(Name);
```

（2）在 Student 表的 StudentID 列上，创建一个索引 I_StudentStudentID，要求按学号 StudentID 字段值前 6 个字符降序排列。

```
mysql> CREATE INDEX I_StudentStudentID ON Student(StudentID(6) DESC);
```

（3）在 Course 表的 Credit 列（降序）和 CourseID 列（升序）上，创建一个组合索引 I_CourseCreditCourseID。

```
mysql> ALTER TABLE Course
    -> ADD INDEX I_CourseCreditCourseID(Credit DESC, CourseID);
```

（4）创建新表 Teacher1 表，主键为 TeacherID，同时在 TeacherName 列上创建唯一性索引。

```
mysql> CREATE TABLE Teacher1
    ->     (
    ->         TeacherID varchar(6) NOT NULL PRIMARY KEY,
    ->         TeacherName varchar(8) NOT NULL UNIQUE,
    ->         TeacherSex varchar(2) NOT NULL DEFAULT '男',
    ->         TeacherBirthday date NOT NULL,
    ->         School varchar(12) NULL,
    ->         TeacherNative varchar(20) NULL
    ->     );
```

（5）查看上题所创建的 Teacher1 表的索引。

```
mysql> SHOW INDEX FROM Teacher1 \G;
```

（6）删除已创建的索引 I_StudentName。

```
mysql> DROP INDEX I_StudentName ON Student;
```

（7）删除已创建的索引 I_CourseCreditCourseID

```
mysql> ALTER TABLE Course
    -> DROP INDEX I_CourseCreditCourseID;
```

3．设计性实验

在 salespm 数据库中进行如下操作。

（1）在 EmplInfo 表的 EmplName 列上，创建一个普通索引 I_EmplInfoEmplName。

（2）在 GoodsInfo1 表的 GoodsID 列上，创建一个索引 I_GoodsInfo1GoodsID，要求按商品号 GoodsID 字段值前两个字符降序排列。

（3）在 EmplInfo 表的 Wages 列（降序）和 EmplName 列（升序），创建一个组合索引 I_EmplInfoWagesEmplName。

（4）创建新表 GoodsInfo2 表，主键为 GoodsID，同时在 GoodsName 列上创建唯一性索引。

（5）查看上题所创建的 GoodsInfo2 表的索引。

（6）删除已创建的索引 I_EmplInfoEmplName。

（7）删除已创建的索引 I_GoodsInfo1GoodsID。

4．观察与思考

（1）索引有哪些作用？

（2）使用索引有哪些代价？

（3）数据库中的索引被破坏后会产生什么结果？

第 7 章　完整性约束

数据完整性是指数据库中数据的正确性、一致性和有效性。数据完整性是衡量数据库质量的标准之一，使用数据完整性约束机制以防止无效的数据进入数据表。数据完整性规则通过完整性约束来实现。本章主要介绍数据完整性的基本概念、PRIMARY KEY 约束、UNIQUE 约束、FOREIGN KEY 约束、CHECK 约束、NOT NULL 约束等内容。

7.1　数据完整性的基本概念

数据完整性约束机制具有以下优点。

❖ 数据完整性规则定义在表上，应用程序的任何数据都必须遵守表的完整性约束。

❖ 当定义或修改数据完整性约束时，不需要额外编程。

❖ 当由数据完整性约束所实施的事务规则改变时，只需改变数据完整性约束的定义，所有应用自动遵守所修改的约束。

数据完整性一般包括实体完整性、参照完整性、用户定义的完整性和完整性约束，下面分别进行介绍。

1. 实体完整性

实体完整性要求表中有一个主键，其值不能为空且能唯一标识对应的记录，又被称为行完整性。数据的实体完整性通过 PRIMARY KEY 约束、UNIQUE 约束来实现。

例如，在销售数据库 sales 的订单表 orderform 中，将 orderno 列作为主键，每一个订单的 orderno 列能唯一标识该订单对应的记录信息，通过 orderno 列创建主键约束实现 orderform 表的实体完整性。

通过 PRIMARY KEY 约束定义主键，一个表只能有一个 PRIMARY KEY 约束，且 PRIMARY KEY 约束不能取空值。

通过 UNIQUE 约束定义唯一性约束，为了保证一个表非主键列不能输入重复值，可以在该列定义 UNIQUE 约束。

PRIMARY KEY 约束与 UNIQUE 约束的主要区别如下。

❖ 一个表只能创建一个 PRIMARY KEY 约束，但可以创建多个 UNIQUE 约束。

❖ PRIMARY KEY 约束的列值不允许为空值，UNIQUE 约束的列值可以取空值。

❖ 当创建 PRIMARY KEY 约束时，系统会自动产生 PRIMARY KEY 索引。当创建 UNIQUE 约束时，系统会自动产生 UNIQUE 索引。

PRIMARY KEY 约束与 UNIQUE 约束都不允许对应列存在重复值。

2．参照完整性

参照完整性保证被参照表中的数据与参照表中的数据一致性，又被称为引用完整性。参照完整性确保键值在所有表中一致，通过定义主键（PRIMARY KEY）与外键（FOREIGN KEY）之间的对应关系实现参照完整性。

主键：表中能唯一标识每个数据行的一列或多列。

外键：一个表中的一列或多列的组合是另一个表的主键。

例如，将订单表 orderform 作为被参照表，表中的 orderno 列作为主键；将订单明细表 orderdetail 作为参照表，表中的 orderno 列作为外键，从而建立被参照表与参照表之间的联系实现参照完整性，orderform 表和 orderdetail 表的对应关系如图 7.1 所示。

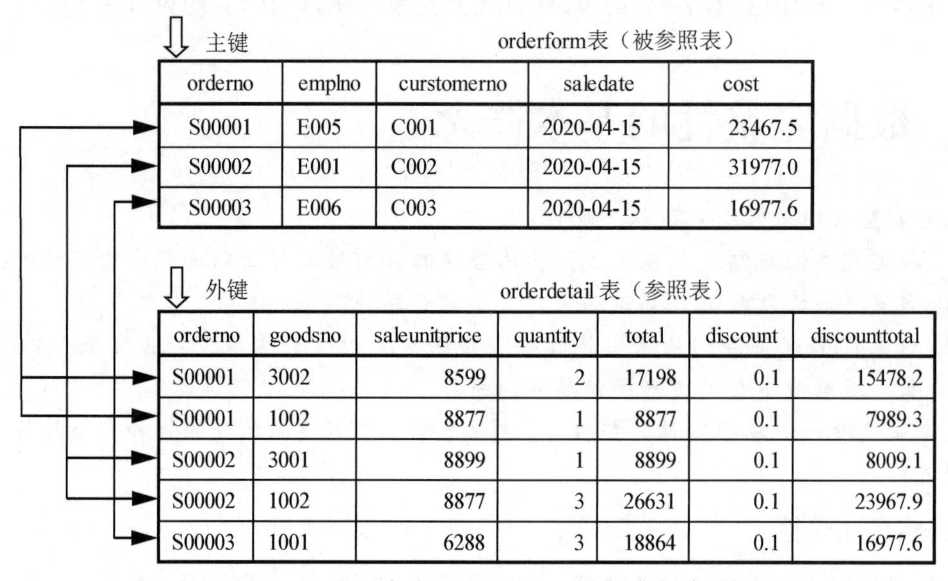

orderno	emplno	curstomerno	saledate	cost
S00001	E005	C001	2020-04-15	23467.5
S00002	E001	C002	2020-04-15	31977.0
S00003	E006	C003	2020-04-15	16977.6

orderno	goodsno	saleunitprice	quantity	total	discount	discounttotal
S00001	3002	8599	2	17198	0.1	15478.2
S00001	1002	8877	1	8877	0.1	7989.3
S00002	3001	8899	1	8899	0.1	8009.1
S00002	1002	8877	3	26631	0.1	23967.9
S00003	1001	6288	3	18864	0.1	16977.6

图 7.1　order 表和 orderdetail 表的对应关系

若定义了两个表之间的参照完整性，则要求如下。

❖ 参照表不能引用不存在的键值。

❖ 如果更改了被参照表中的键值，那么在整个数据库中，对参照表中该键值的所有引用要进行一致的更改。

❖ 如果要删除被参照表中的某一条记录，那么先删除参照表中与该记录匹配的相关记录。

3．用户定义的完整性

用户定义的完整性是指列数据输入的有效性，通过 CHECK 约束、NOT NULL 约束实现用户定义的完整性。

CHECK 约束通过显示输入到列中的值来实现用户定义的完整性。例如，对于 sales 数据库中的 employee 表，sex 字段的取值只能为“男”或“女”，可以使用 CHECK 约束表示。

4．完整性约束

数据完整性规则通过完整性约束来实现，完整性约束是在表上强制执行的一些数据校验规则。在插入数据、修改数据或删除数据时必须符合在相关字段上设置的这些规则，否则系统会报错。

PRIMARY KEY 约束、UNIQUE 约束、FOREIGN KEY 约束、CHECK 约束、NOT NULL 约束及其实现的数据完整性列表如下。

❖ PRIMARY KEY 约束，主键约束，用于实现实体完整性。
❖ UNIQUE 约束，唯一性约束，用于实现实体完整性。
❖ FOREIGN KEY 约束，外键约束，用于实现参照完整性。
❖ CHECK 约束，检查约束，用于实现用户定义的完整性。
❖ NOT NULL 约束，非空约束，用于实现用户定义的完整性。

（1）列级完整性约束和表级完整性约束

定义完整性约束有两种方式：一种是作为列级完整性约束，只需在列定义的后面加上关键字 PRIMARY KEY；另一种是作为表级完整性约束，需要在表中所有列定义的后面加上 PRIMARY KEY(列名,…)子句。

（2）完整性约束的命名

CONSTRAINT 关键字用来指定完整性约束的名字。语法格式：

```
CONSTRAINT <symbol>
| PRIMARY KEY(主键列名)
| UNIQUE (唯一性约束列名)
| FOREIGN KEY(外键列名) REFERENCES 被参照关系表(主键列名)
| CHECK(约束条件表达式)
```

其中，symbol 用于指定完整性约束名字，在完整性约束的前面被定义，在数据库中这个名字必须是唯一的。只能给表完整性约束指定名字，而无法给列完整性约束指定名字。如果没有明确给出约束名字，那么 MySQL 自动创建这个名字。

7.2 PRIMARY KEY 约束

PRIMARY KEY 约束即主键约束，用于实现实体完整性。

主键是表中的某一列或多列的组合，由多列的组合构成的主键又被称为复合主键。主键的值必须是唯一的，且不允许为空值。定义完整性约束有列级完整性约束和表级完整性约束两种方式。

MySQL 的主键列必须遵守以下规则。

❖ 每个表只能定义一个主键。
❖ 表中的两条记录在主键上不能具有相同的值，即“唯一性规则”。
❖ 如果从一个复合主键中删除一列后，剩下的列构成的主键仍然满足唯一性原则，那么这个复合主键是不正确的，这就是“最小化规则”。

❖ 一个列名在复合主键的列表中只能出现一次。

CREATE TABLE 语句用于创建主键约束；ALTER TABLE 语句用于删除主键约束，其方式可以分为列级完整性约束或表级完整性约束，可以对主键约束命名。

1．在创建表时创建主键约束

CREATE TABLE 语句用于在创建表时创建主键约束。

【例 7.1】在 sales 数据库中创建 orderform1 表，以列级完整性约束方式定义主键。

```
mysql> CREATE TABLE orderform1
    ->     (
    ->         orderno char(6) NOT NULL PRIMARY KEY,
    ->         emplno char(4) NULL,
    ->         curstomerno char(4) NULL,
    ->         saledate date NOT NULL,
    ->         cost decimal(9,2) NOT NULL
    ->      );
Query OK, 0 rows affected (0.26 sec)
```

在 orderno 列定义的后面加上关键字 PRIMARY KEY。如果以列级定义主键约束，未指定约束名字，那么 MySQL 自动创建约束名字。

【例 7.2】在 sales 数据库中创建 orderform2 表，以表级完整性约束方式定义主键。

```
mysql> CREATE TABLE orderform2
    ->     (
    ->         orderno char(6) NOT NULL,
    ->         emplno char(4) NULL,
    ->         curstomerno char(4) NULL,
    ->         saledate date NOT NULL,
    ->         cost decimal(9,2) NOT NULL,
    ->         PRIMARY KEY(orderno)
    ->      );
Query OK, 0 rows affected (0.42 sec)
```

在表中所有列定义的后面加上 PRIMARY KEY(orderno)子句。如果以表级定义主键约束，未指定约束名字，那么 MySQL 自动创建约束名字。如果主键由表中一列构成，那么主键约束采用列级定义或表级定义均可。如果主键由表中多列构成，那么主键约束必须采用表级定义。

【例 7.3】在 sales 数据库中创建 orderform3 表，以表级完整性约束方式定义主键，并指定主键约束名称。

```
mysql> CREATE TABLE orderform3
    ->     (
    ->         orderno char(6) NOT NULL,
    ->         emplno char(4) NULL,
```

```
    ->          curstomerno char(4) NULL,
    ->          saledate date NOT NULL,
    ->          cost decimal(9,2) NOT NULL,
    ->          CONSTRAINT PK_orderform3 PRIMARY KEY(orderno)
    ->      );
Query OK, 0 rows affected (0.47 sec)
```

在以表级定义主键约束时，指定约束名字为PK_orderform3。如果指定约束名字，那么在需要对完整性约束进行修改或删除时，引用更为方便。

2．删除主键约束

ALTER TABLE语句用于删除主键约束。语法格式：

```
ALTER TABLE <表名>
DROP PRIMARY KEY;
```

【例7.4】删除例7.3在orderform3表中创建的主键约束。

```
mysql> ALTER TABLE orderform3
    -> DROP PRIMARY KEY;
Query OK, 0 rows affected (0.69 sec)
Records: 0  Duplicates: 0  Warnings: 0
```

3．在修改表时创建主键约束

ALTER TABLE语句用于在修改表时创建主键约束。语法格式：

```
ALTER TABLE <表名>
ADD([CONSTRAINT <约束名>] PRIMARY KEY(主键列名)
```

【例7.5】重新在orderform3表中定义主键约束。

```
mysql> ALTER TABLE orderform3
    -> ADD CONSTRAINT PK_orderform3 PRIMARY KEY(orderno);
Query OK, 0 rows affected (0.50 sec)
Records: 0  Duplicates: 0  Warnings: 0
```

7.3 UNIQUE约束

UNIQUE约束即唯一性约束，用于实现实体完整性。

唯一性约束是表中的某一列或多列的组合，其值必须是唯一的，不允许重复。定义唯一性约束有列级完整性约束和表级完整性约束两种方式。一个表可以创建多个UNIQUE约束。

CREATE TABLE语句用于创建唯一性约束；ALTER TABLE语句用于删除唯一性约束，其方式可以分为列级完整性约束或表级完整性约束，可以对唯一性约束命名。

1. 在创建表时创建唯一性约束

CREATE TABLE 语句用于在创建表时创建唯一性约束。

【例 7.6】在 sales 数据库中创建 orderform4 表，以列级完整性约束方式定义唯一性约束。

```
mysql> CREATE TABLE orderform4
    ->     (
    ->         orderno char(6) NOT NULL PRIMARY KEY,
    ->         emplno char(4) NULL,
    ->         curstomerno char(4) NULL UNIQUE,
    ->         saledate date NOT NULL,
    ->         cost decimal(9,2) NOT NULL
    ->     );
Query OK, 0 rows affected (0.24 sec)
```

在 curstomerno 列定义的后面加上关键字 UNIQUE。如果以列级定义唯一性约束，未指定约束名字，那么 MySQL 自动创建约束名字。

【例 7.7】在 sales 数据库中创建 orderform5 表，以表级完整性约束方式定义唯一性约束。

```
mysql> CREATE TABLE orderform5
    ->     (
    ->         orderno char(6) NOT NULL PRIMARY KEY,
    ->         emplno char(4) NULL,
    ->         curstomerno char(4) NULL,
    ->         saledate date NOT NULL,
    ->         cost decimal(9,2) NOT NULL,
    ->         CONSTRAINT UK_orderform5 UNIQUE(curstomerno)
    ->     );
Query OK, 0 rows affected (0.16 sec)
```

在表中所有列定义的后面加上 CONSTRAINT 子句，以表级定义主键约束，指定约束名字为 UK_orderform5。

2. 删除唯一性约束

ALTER TABLE 语句用于删除唯一性约束。当删除唯一性约束时，MySQL 实际上是使用 DROP INDEX 子句删除唯一性索引的。语法格式：

```
ALTER TABLE <表名>
DROP INDEX <约束名>;
```

【例 7.8】删除例 7.7 在 orderform5 表中创建的唯一性约束。

```
mysql> ALTER TABLE orderform5
    -> DROP INDEX UK_orderform5;
```

```
Query OK, 0 rows affected (0.14 sec)
Records: 0  Duplicates: 0  Warnings: 0
```

3．在修改表时创建唯一性约束

ALTER TABLE 语句用于在修改表时创建唯一性约束。语法格式：

```
ALTER TABLE <表名>
ADD([CONSTRAINT <约束名>] UNIQUE (唯一性约束列名)
```

【例 7.9】重新在 orderform5 表中定义唯一性约束。

```
mysql> ALTER TABLE orderform5
    -> ADD CONSTRAINT UK_orderform5 UNIQUE(curstomerno);
Query OK, 0 rows affected (0.16 sec)
Records: 0  Duplicates: 0  Warnings: 0
```

7.4 FOREIGN KEY 约束

FOREIGN KEY 约束即外键约束，用于实现参照完整性。

参照完整性保证被参照表中的数据与参照表中的数据一致性，又被称为引用完整性。

外键是一个表中的一列或多列的组合，不是这个表的主键，但对应另一个表的主键。外键的作用是保持数据引用的完整性。外键所在的表称为参照表，相关联的主键所在的表称为被参照表。

参照完整性规则是外键与主键之间的引用规则，即外键的取值为空值，或者等于被参照表中某个主键的值。

在定义外键时，应该遵守以下规则。

- ❖ 被参照表必须已经使用 CREATE TABLE 语句创建，或者必须是当前正在创建的表。
- ❖ 必须为被参照表定义主键或唯一性约束。
- ❖ 必须在被参照表的表名后面指定列名或列名的组合，该列名或列名的组合必须是被参照表中的主键或唯一性约束。
- ❖ 主键不能包含空值，但允许外键中出现空值。
- ❖ 外键对应列的数目必须和主键对应列的数目相同。
- ❖ 外键对应列的数据类型必须和主键对应列的数据类型相同。

FOREIGN KEY 约束的语法格式为：

```
CONSTRAINT <symbol> FOREIGN KEY(col_name1[, col_name2,…]) REFERENCES table_name
(col_name1[, col_name2,…])
    [ON DELETE {RESTRICT | CASCADE | SET NULL | NO ACTION}]
    [ON UPDATE {RESTRICT | CASCADE | SET NULL | NO ACTION}]
```

说明：

① symbol 用于指定外键约束名字。

② FOREIGN KEY(col_name1[, col_name2…])中，FOREIGN KEY 为外键关键字，其后为要设置的外键列名。

③ table_name (col_name1[, col_name2…])中，table_name 为被参照表名，其后面为要设置的主键列名。

④ ON DELETE | ON UPDATE 可以为每个外键定义参照动作，包含以下两部分。

❖ 指定参照动作应用的语句，即 UPDATE 语句和 DELETE 语句。

❖ 指定采取的动作，即 RESTRICT、CASCADE、SET NULL、NO ACTION 和 SET DEFAULT。其中，RESTRICT 为默认值。

⑤ RESTRICT 为限制策略，当要删除或更新被参照表中被参照列上且在外键中出现的值时，拒绝对被参照表进行删除或更新操作。

⑥ CASCADE 为级联策略，从被参照表删除或更新行时自动删除或更新参照表中匹配的行。

⑦ SET NULL 为置空策略，从被参照表删除或更新行时，设置参照表中与之对应的外键列为 NULL。如果外键列没有指定 NOT NULL 限定词，就是合法的。

⑧ NO ACTION 为拒绝动作策略，是指拒绝采取动作，即如果有一个相关的外键值在被参照表中，那么删除或更新被参照表中主键值的企图不被允许，与 RESTRICT 的功能一样。

⑨ SET DEFAULT 为默认值策略，其功能与 SET NULL 的功能一样，只不过 SET DEFAULT 用于指定参照表中的外键列作为默认值。

CREATE TABLE 语句用于创建外键约束；ALTER TABLE 语句删除外键约束，其方式可以分为列级完整性约束或表级完整性约束，可以对外键约束命名。

1. 在创建表时创建外键约束

CREATE TABLE 语句用于在创建表时创建外键约束。

【例 7.10】创建 orderdetail1 表，在 orderno 列以列级完整性约束方式定义外键。

```
mysql> CREATE TABLE orderdetail1
    ->    (
    ->        orderno char(6) NOT NULL REFERENCES orderform1(orderno),
    ->        goodsno char(4) NOT NULL,
    ->        saleunitprice decimal(8,2) NOT NULL,
    ->        quantity int NOT NULL,
    ->        total decimal(9,2) NOT NULL,
    ->        discount float NOT NULL DEFAULT 0.1,
    ->        discounttotal decimal(8,2) NOT NULL,
    ->        PRIMARY KEY(orderno,goodsno)
    ->    );
Query OK, 0 rows affected (0.27 sec)
```

由于已经在 orderform1 表中的 orderno 列定义主键，因此可以在 orderdetail1 表中的 orderno 列定义外键，其值参照被参照表 orderform1 中的 orderno 列。如果以列级定义外键约束，未指定约束名字，那么 MySQL 自动创建约束名字。

【例 7.11】创建 orderdetail2 表，在 orderno 列以表级完整性约束方式定义外键，并定义相应的参照动作。

```
mysql> CREATE TABLE orderdetail2
    ->     (
    ->         orderno char(6) NOT NULL,
    ->         goodsno char(4) NOT NULL,
    ->         saleunitprice decimal(8,2) NOT NULL,
    ->         quantity int NOT NULL,
    ->         total decimal(9,2) NOT NULL,
    ->         discount float NOT NULL DEFAULT 0.1,
    ->         discounttotal decimal(8,2) NOT NULL,
    ->         PRIMARY KEY(orderno,goodsno),
    ->         CONSTRAINT FK_orderdetail2 FOREIGN KEY(orderno) REFERENCES
    ->
    -> orderform2(orderno)
    ->         ON DELETE CASCADE
    ->         ON UPDATE RESTRICT
    ->     );
Query OK, 0 rows affected (0.20 sec)
```

在以表级定义外键约束时，指定约束名字为 FK_orderdetail2。这里定义了两个参照动作，ON DELETE CASCADE 表示当删除课程表中某课程号的记录时，如果成绩表中有该课程号的成绩记录，那么级联删除该成绩记录。ON UPDATE RESTRICT 表示当某个课程号有成绩记录时，不允许修改该课程号。

注意：外键只能引用主键或唯一性约束。

2. 删除外键约束

ALTER TABLE 语句用于删除外键约束。语法格式：

```
ALTER TABLE <表名>
DROP FOREIGN KEY <外键约束名>;
```

【例 7.12】删除例 7.11 在 orderdetail2 表上定义的外键约束。

```
mysql> ALTER TABLE orderdetail2
    -> DROP FOREIGN KEY FK_orderdetail2;
Query OK, 0 rows affected (0.16 sec)
Records: 0  Duplicates: 0  Warnings: 0
```

3. 在修改表时创建外键约束

ALTER TABLE 语句用于在修改表时创建外键约束。语法格式：

```
ALTER TABLE <表名>
ADD [CONSTRAINT <约束名>] FOREIGN KEY(外键列名) REFERENCES 被参照表(主键列名)
```

【例 7.13】重新在 orderdetail2 表上定义外键约束。

```
mysql> ALTER TABLE orderdetail2
    -> ADD CONSTRAINT FK_orderdetail2 FOREIGN KEY(orderno) REFERENCES
    ->
    -> orderform2(orderno);
Query OK, 0 rows affected (0.75 sec)
Records: 0  Duplicates: 0  Warnings: 0
```

7.5 CHECK 约束

CHECK 约束即检查约束，用于实现用户定义的完整性。

检查约束对输入列或整个表中的值设置检查条件，以限制输入值，保证数据库中的数据完整性。下面介绍通过检查约束和非空约束实现用户定义的完整性。

CREATE TABLE 语句用于创建检查约束；ALTER TABLE 语句用于删除检查约束，其方式可以分为列级完整性约束或表级完整性约束，可以对检查约束命名。

1. 在创建表时创建检查约束

CREATE TABLE 语句用于在创建表时创建检查约束。语法格式：

```
CHECK(expr)
```

其中，expr 为约束条件表达式。

【例 7.14】在 sales 数据库中创建 orderdetail3 表，在 saleunitprice 列以列级完整性约束方式定义检查约束。

```
mysql> CREATE TABLE orderdetail3
    ->     (
    ->         orderno char(6) NOT NULL,
    ->         goodsno char(4) NOT NULL,
    ->         saleunitprice decimal(8,2) NOT NULL CHECK(saleunitprice>=1500),
    ->         quantity int NOT NULL,
    ->         total decimal(9,2) NOT NULL,
    ->         discount float NOT NULL DEFAULT 0.1,
    ->         discounttotal decimal(8,2) NOT NULL,
    ->         PRIMARY KEY(orderno,goodsno)
    ->     );
Query OK, 0 rows affected (0.19 sec)
```

在 saleunitprice 列定义的后面加上关键字 CHECK，约束表达式为 saleunitprice>=1500，

如果以列级定义唯一性约束，未指定约束名字，那么 MySQL 自动创建约束名字。

【例 7.15】在 sales 数据库中创建 orderdetail4 表，在 saleunitprice 列以表级完整性约束方式定义检查约束。

```
mysql> CREATE TABLE orderdetail4
    ->     (
    ->         orderno char(6) NOT NULL,
    ->         goodsno char(4) NOT NULL,
    ->         saleunitprice decimal(8,2) NOT NULL,
    ->         quantity int NOT NULL,
    ->         total decimal(9,2) NOT NULL,
    ->         discount float NOT NULL DEFAULT 0.1,
    ->         discounttotal decimal(8,2) NOT NULL,
    ->         PRIMARY KEY(orderno,goodsno),
    ->         CONSTRAINT CK_orderdetail4 CHECK(saleunitprice>=1500)
    ->     );
Query OK, 0 rows affected (0.14 sec)
```

在表中所有列定义的后加上 CONSTRAINT 子句，当表级定义检查约束时，指定约束名字为 CK_orderdetail4。

2．删除检查约束

ALTER TABLE 语句用于删除检查约束。语法格式：

```
ALTER TABLE <表名>
DROP CHECK<约束名>
```

【例 7.16】删除例 7.15 在 orderdetail4 表上定义的检查约束。

```
mysql> ALTER TABLE orderdetail4
    -> DROP CHECK CK_orderdetail4;
Query OK, 0 rows affected (0.16 sec)
Records: 0  Duplicates: 0  Warnings: 0
```

3．在修改表时创建检查约束

ALTER TABLE 语句用于在修改表时创建检查约束。语法格式：

```
ALTER TABLE <表名>
ADD [ CONSTRAINT <约束名> ] CHECK(约束条件表达式)
```

【例 7.17】重新在 orderdetail4 表上定义检查约束。

```
mysql> ALTER TABLE orderdetail4
    -> ADD CONSTRAINT CK_orderdetail4 CHECK(saleunitprice>=1500);
Query OK, 0 rows affected (0.58 sec)
Records: 0  Duplicates: 0  Warnings: 0
```

7.6 NOT NULL 约束

NOT NULL 约束即非空约束，用于实现用户定义的完整性。非空约束指字段值不能为空值，空值是指“不知道”“不存在”“无意义”的值。

在 MySQL 中，CREATE TABLE 语句或 ALTER TABLE 语句用于定义非空约束或删除非空约束，在某列定义后面，加上关键字 NOT NULL 作为限定词，以约束该列的取值不能为空值。例如，在例 7.1 创建 orderform1 表时，在 orderno 列、saledate 列和 cost 列的后面，都添加了关键字 NOT NULL，作为非空约束，以确保这些列不能取空值。

小 结

本章主要介绍了以下内容。

① 数据完整性是指数据库中数据的正确性、一致性和有效性，数据完整性规则通过完整性约束来实现。

数据完整性包括实体完整性、参照完整性、用户定义的完整性和完整性约束。

定义数据完整性约束有列级完整性约束和表级完整性约束两种方式，数据完整性约束的命名如下。

❖ PRIMARY KEY 约束，主键约束，用于实现实体完整性。

❖ UNIQUE 约束，唯一性约束，用于实现实体完整性。

❖ FOREIGN KEY 约束，外键约束，用于实现参照完整性。

❖ CHECK 约束，检查约束，用于实现用户定义的完整性。

❖ NOT NULL 约束，非空约束，用于实现用户定义的完整性。

② PRIMARY KEY 约束。PRIMARY KEY 约束即主键约束，用于实现实体完整性。

主键是表中的某一列或多列的组合，由多列的组合构成的主键又被称为复合主键，主键的值必须是唯一的，且不允许为空值。

CREATE TABLE 语句用于创建主键约束，ALTER TABLE 语句用于删除主键约束。

③ UNIQUE 约束。UNIQUE 约束即唯一性约束，用于实现实体完整性。唯一性约束是表中的某一列或多列的组合，唯一性约束的值必须是唯一的，不允许重复。

CREATE TABLE 语句用于创建唯一性约束，ALTER TABLE 语句用于删除唯一性约束。

④ FOREIGN KEY 约束。FOREIGN KEY 约束即外键约束，用于实现参照完整性。参照完整性规则是外键与主键之间的引用规则，即外键的取值为空值，或者等于被参照表中某个主键的值。

外键是一个表中一列或多列的组合，不是这个表的主键，但对应另一个表的主键。外键的作用是保持数据引用的完整性。外键所在的表称为参照表，相关联的主键所在的表称为被参照表。

CREATE TABLE 语句用于创建外键约束，ALTER TABLE 语句用于删除外键约束。

⑤ CHECK 约束。CHECK 约束即检查约束，用于实现用户定义的完整性。检查约束

对输入列或整个表中的值设置检查条件，以限制输入值，保证数据库中的数据完整性。

CREATE TABLE 语句用于创建检查约束，ALTER TABLE 语句用于删除检查约束。

⑥ NOT NULL 约束。NOT NULL 约束即非空约束，用于实现用户定义的完整性。

在 MySQL 中，CREATE TABLE 语句或 ALTER TABLE 语句用于定义非空约束或删除非空约束，在某列定义后加上关键字 NOT NULL 作为限定词，以约束该列的取值不能为空值。

习 题 7

一、选择题

7.1 唯一性约束与主键约束的区别是________。

A．唯一性约束的字段可以为空值

B．唯一性约束的字段不可以为空值

C．唯一性约束的字段的值可以不是唯一的

D．唯一性约束的字段的值不可以有重复值

7.2 使字段不接受空值的约束是________。

A．IS EMPTY　　B．IS NULL　　C．NULL　　D．NOT NULL

7.3 使字段的输入值小于 100 的约束是________。

A．CHECK　　B．PRIMARY KEY

C．UNIQUE KEY　　D．FOREIGN KEY

7.4 保证一个表非主键列不会输入重复值的约束是________。

A．CHECK　　B．PRIMARY KEY

C．UNIQUE　　D．FOREIGN KEY

二、填空题

7.5 数据完整性一般包括实体完整性、________和用户定义的完整性。

7.6 完整性约束有________约束、NOT NULL 约束、PRIMARY KEY 约束、UNIQUE 约束、FOREIGN KEY 约束。

7.7 实体完整性可以通过 PRIMARY KEY、________实现。

7.8 参照完整性通过 FOREIGN KEY 和________之间的对应关系实现。

三、问答题

7.9 什么是数据完整性？MySQL 有哪几种数据完整性类型？

7.10 什么是主键约束？什么是唯一性约束？两者有什么区别？

7.11 什么是外键约束？

7.12 怎样定义检查约束和非空约束。

四、应用题

7.13 删除 goods 表中 goodsno 列的主键约束，然后在该列添加主键约束。

7.14 创建 orderdetail5 表，以表级完整性约束方式在 goodsno 列上添加外键约束，与

goods 表中主键列对应，并定义相应的参照动作。

7.15 在 employee 表的 wages 列上添加检查约束，限制该列的值大于 3000 元。

实验 7

实验 7.1　完整性约束

1．实验目的及要求

（1）理解数据完整性和实体完整性、参照完整性、用户定义的完整性的概念。

（2）掌握通过完整性约束实现数据完整性的方法和操作。

（3）具备编写 PRIMARY KEY 约束、UNIQUE 约束、FOREIGN KEY 约束、CHECK 约束、NOT NULL 约束的代码实现数据完整性的能力。

2．验证性实验

对 stuscopm 数据库的学生表 Student、成绩表 Score，按照下列要求进行完整性实验。

（1）在 stuscopm 数据库中，创建 Student1 表，以列级完整性约束方式定义主键。

```
mysql> CREATE TABLE Student1
    ->    (
    ->        StudentID varchar(6) NOT NULL PRIMARY KEY,
    ->        Name varchar(8) NOT NULL,
    ->        Sex varchar(2) NOT NULL DEFAULT '男',
    ->        Birthday date NOT NULL,
    ->        Speciality varchar(12) NULL,
    ->        Native varchar(20) NULL
    ->    );
```

（2）在 stuscopm 数据库中，创建 Student2 表，以表级完整性约束方式定义主键，并指定主键约束名称。

```
mysql> CREATE TABLE Student2
    ->    (
    ->        StudentID varchar(6) NOT NULL,
    ->        Name varchar(8) NOT NULL,
    ->        Sex varchar(2) NOT NULL DEFAULT '男',
    ->        Birthday date NOT NULL,
    ->        Speciality varchar(12) NULL,
    ->        Native varchar(20) NULL,
    ->        CONSTRAINT PK_Student2 PRIMARY KEY(StudentID)
    ->    );
```

（3）删除上题在 Student2 表上创建的主键约束。

```
mysql> ALTER TABLE Student2
    -> DROP PRIMARY KEY;
```

（4）重新在 Student2 表上定义主键约束。

```
mysql> ALTER TABLE Student2
    -> ADD CONSTRAINT PK_Student2 PRIMARY KEY(StudentID);
```

（5）在 stuscopm 数据库中，创建 Student3 表，以列级完整性约束方式定义唯一性约束。

```
mysql> CREATE TABLE Student3
    ->     (
    ->         StudentID varchar(6) NOT NULL PRIMARY KEY,
    ->         Name varchar(8) NOT NULL UNIQUE,
    ->         Sex varchar(2) NOT NULL DEFAULT '男',
    ->         Birthday date NOT NULL,
    ->         Speciality varchar(12) NULL,
    ->         Native varchar(20) NULL
    ->     );
```

（6）在 stuscopm 数据库中，创建 Student4 表，以表级完整性约束方式定义唯一性约束，并指定唯一性约束名称。

```
mysql> CREATE TABLE Student4
    ->     (
    ->         StudentID varchar(6) NOT NULL PRIMARY KEY,
    ->         Name varchar(8) NOT NULL,
    ->         Sex varchar(2) NOT NULL DEFAULT '男',
    ->         Birthday date NOT NULL,
    ->         Speciality varchar(12) NULL,
    ->         Native varchar(20) NULL,
    ->         CONSTRAINT UK_Student4 UNIQUE(Name)
    ->     );
```

（7）删除上题在 Student4 表上创建的唯一性约束。

```
mysql> ALTER TABLE Student4
    -> DROP INDEX UK_Student4;
```

（8）重新在 Student4 表上定义唯一性约束。

```
mysql> ALTER TABLE Student4
    -> ADD CONSTRAINT UK_Student4 UNIQUE(Name);
```

（9）在 stuscopm 数据库中，创建 Score1 表，以列级完整性约束方式定义外键。

```
mysql> CREATE TABLE Score1
    ->     (
    ->         StudentID varchar(6) NOT NULL REFERENCES Student1(StudentID),
    ->         CourseID varchar(4) NOT NULL,
```

```
    ->          Grade tinyint NULL,
    ->          PRIMARY KEY(StudentID, CourseID)
    ->      );
```

（10）在 stuscopm 数据库中，创建 Score2 表，以表级完整性约束方式定义外键，指定外键约束名称，并定义相应的参照动作。

```
mysql> CREATE TABLE Score2
    ->      (
    ->          StudentID varchar(6) NOT NULL,
    ->          CourseID varchar(4) NOT NULL,
    ->          Grade tinyint NULL,
    ->          PRIMARY KEY(StudentID, CourseID),
    ->          CONSTRAINT FK_Score2 FOREIGN KEY(StudentID) REFERENCES Student1
(StudentID)
    ->          ON DELETE CASCADE
    ->          ON UPDATE RESTRICT
    ->      );
```

（11）删除上题在 Score2 表上创建的外键约束。

```
mysql> ALTER TABLE Score2
    -> DROP FOREIGN KEY FK_Score2;
```

（12）重新在 Score2 表上定义外键约束。

```
mysql> ALTER TABLE Score2
    -> ADD CONSTRAINT FK_score2 FOREIGN KEY(StudentID) REFERENCES Student1
(StudentID);
```

（13）在 stuscopm 数据库中，创建 Score3 表，以列级完整性约束方式定义检查约束。

```
mysql> CREATE TABLE Score3
    ->      (
    ->          StudentID varchar(6) NOT NULL,
    ->          CourseID varchar(4) NOT NULL,
    ->          Grade tinyint NULL CHECK(Grade>=0 AND Grade<=100),
    ->          PRIMARY KEY(StudentID, CourseID)
    ->      );
```

（14）在 stuscopm 数据库中，创建 Score4 表，以表级完整性约束方式定义，并指定检查约束名称。

```
mysql> CREATE TABLE Score4
    ->      (
    ->          StudentID varchar(6) NOT NULL,
    ->          CourseID varchar(4) NOT NULL,
    ->          Grade tinyint NULL,
    ->          PRIMARY KEY(StudentID, CourseID),
```

```
    ->          CONSTRAINT CK_Score4 CHECK(Grade>=0 AND Grade<=100)
    ->     );
```

3．设计性实验

对 salespm 数据库的员工表 EmplInfo 和部门表 DeptInfo，按照下列要求进行完整性实验。

（1）在 salespm 数据库中，创建 DeptInfo1 表，以列级完整性约束方式定义主键。

（2）在 salespm 数据库中，创建 DeptInfo2 表，以表级完整性约束方式定义主键，并指定主键约束名称。

（3）删除上题在 DeptInfo2 表上创建的主键约束。

（4）重新在 DeptInfo2 表上定义主键约束。

（5）在 salespm 数据库中，创建 DeptInfo3 表，以列级完整性约束方式定义唯一性约束。

（6）在 salespm 数据库中，创建 DeptInfo4 表，以表级完整性约束方式定义唯一性约束，并指定唯一性约束名称。

（7）删除上题在 DeptInfo4 表上创建的唯一性约束。

（8）重新在 DeptInfo4 表上定义唯一性约束。

（9）在 salespm 数据库中，创建 EmplInfo1 表，以列级完整性约束方式定义外键。

（10）在 salespm 数据库中，创建 EmplInfo2 表，以表级完整性约束方式定义外键，指定外键约束名称，并定义相应的参照动作。

（11）删除上题在 EmplInfo2 表上创建的外键约束。

（12）重新在 EmplInfo2 表上定义外键约束。

（13）在 salespm 数据库中，创建 EmplInfo3 表，以列级完整性约束方式定义检查约束。

（14）在 salespm 数据库中，创建 EmplInfo4 表，以表级完整性约束方式定义检查约束，并指定检查约束名称。

4．观察与思考

（1）一个表可以设置几个 PRIMARY KEY 约束，几个 UNIQUE 约束？

（2）UNIQUE 约束的列可以取 NULL 值吗？

（3）如果被参照表无数据，那么能在参照表中输入数据吗？

（4）如果未指定动作，当删除被参照表数据时，一旦违反完整性约束，那么操作能否被禁止？

（5）定义外键时有哪些参照动作？

（6）能否先创建参照表，再创建被参照表？

（7）能否先删除被参照表，再删除参照表？

（8）设置 FOREIGN KEY 约束应该注意哪些问题？

第 8 章　存储过程和存储函数

存储过程是一组完成特定功能的 SQL 语句集合，编译后存储在数据库服务器端，供客户端调用。存储过程和存储函数是 MySQL 支持的过程式数据库对象，可以加快数据库的处理速度，提高数据库编程的灵活性。本章主要介绍存储过程的基本概念、存储过程操作、存储函数的基本概念、存储函数操作等内容。

8.1　存储过程的基本概念

对于比较简单的应用问题，我们可以针对一个表或多个表通过单条语句进行处理，但对于较为复杂的应用问题，往往需要针对多个表通过多条语句和控制结构进行处理。例如，学生成绩单的处理、商品订单的处理等。另一个问题是 SQL 语句的执行需要先编译、后执行，但每次执行前都需要预先编译，这成为语句执行效率的瓶颈问题。

存储过程是一组完成特定功能的 SQL 语句集，即一段存储在数据库服务器端的代码，可以由声明式 SQL 语句（如 CREATE 语句、SELECT 语句、INSERT 语句等）和过程式 SQL 语句（如 IF…THEN…ELSE 控制结构语句）组成。这组语句编译后存储在服务器上，用户通过指定存储过程的名称并给出参数（如果该存储过程带有参数）来执行。将经常需要执行的特定的操作写成存储过程，用户通过过程名就可以多次调用，从而实现程序的模块化设计。这种方式提高了程序运行的效率，节省了用户的时间。

存储过程具有以下特点。

- 存储过程编译后存储在数据库服务器端，并在服务器端运行，执行速度快。
- 存储过程可以用于处理较为复杂的应用问题。
- 存储过程可以提高系统性能。
- 存储过程增强了数据库的安全性。
- 存储过程可以增强 SQL 的功能和灵活性。
- 存储过程允许模块化程序设计。
- 存储过程可以减少网络流量。

8.2 存储过程操作

8.2.1 创建存储过程

CREATE PROCEDURE 语句用于创建存储过程。语法格式：

```
CREATE PROCEDURE sp_name([proc_parameter[,…]])
    [characteristic,…]
routine_body
```

其中，proc_parameter 的语法格式为：

```
[IN | OUT | INOUT] param_name type
```

characteristic 的格式为：

```
COMMENT 'string'
| LANGUAGE SQL
| [NOT] DETERMINISTIC
| {CONTAINS SQL | NO SQL | READS SQL DATA | MODIFIES SQL DATA}
| SQL SECURITY {DEFINER | INVOKER}
```

routine_body 的语法格式为：

```
Valid SQL routine statement
```

说明：

① sp_name 为存储过程的名称。

② proc_parameter 为存储过程的参数列表。其中，param_name 为参数名，type 为参数类型。存储过程的参数类型有输入参数、输出参数、输入/输出参数 3 种，分别用 IN、OUT 和 INOUT 关键字来标识。存储过程中的参数称为形式参数（简称形参），调用带参数的存储过程则应该提供相应的实际参数（简称实参）。

- ❖ IN：向存储过程传递参数，只能将实参的值传递给形参，在存储过程内部只能读不能写。对应 IN 关键字的实参可以是常量或变量。
- ❖ OUT：从存储过程输出参数，存储过程结束时形参的值会赋给实参，在存储过程内部可以读或写。对应 OUT 关键字的实参必须是变量。
- ❖ INOUT：具有前面两种参数的特性。当调用时，实参的值传递给形参；当结束时，形参的值传递给实参。对应 INOUT 关键字的实参必须是变量。

存储过程可以有一个或多个参数，也可以没有参数。

③ characteristic 为存储过程的特征。

- ❖ COMMENT 'string'：对存储过程的描述，string 为描述内容。这个信息可以使用 SHOW CREATE PROCEDURE 语句来显示。
- ❖ LANGUAGE SQL：表明编写这个存储过程的语言为 SQL。
- ❖ DETERMINISTIC：设置为 DETERMINISTIC 表示存储过程对同样的输入参数产生相同的结果，如果设置为 NOT DETERMINISTIC，那么表示会产生不确定的结果。

❖ CONTAINS SQL | NO SQL：CONTAINS SQL 表示存储过程不包含读或写数据的语句，NO SQL 表示存储过程不包含 SQL 语句。

❖ SQL SECURITY：该特征可以用来指定存储过程是使用创建该存储过程的用户（DEFINER）的许可来执行，还是使用调用者（INVOKER）的许可来执行。

④ routine_body 为存储过程体，包含在过程调用时必须执行的 SQL 语句，以 BEGIN 开始，以 END 结束。

8.2.2 DELIMITER 命令

在 MySQL 中，服务器处理语句默认以“;”作为结束标志，但是在创建存储过程时，存储过程体中可能包含多条 SQL 语句，每条 SQL 语句都是以“;”作为结尾的，这时服务器处理程序时遇到第一个“;”就会认为程序结束，这显然是不行的。为此，DELIMITER 命令用于将 MySQL 语句的结束标志修改为其他符号，使 MySQL 服务器可以完整地处理存储过程体中的多条 SQL 语句。

DELIMITER 命令的语法格式为：

```
DELIMITER $$
```

其中，$$是用户定义的结束符，可以是一些特殊的符号，如“##”或“¥¥”等。当使用 DELIMITER 命令时，应该避免使用“\”，这是 MySQL 的转义字符。

【例 8.1】将 MySQL 的结束符修改为“//”。

```
mysql> DELIMITER //
```

执行完这条语句后，程序结束的标志就更换为“//”。

要想恢复使用“;”作为结束符，运行下面语句即可：

```
mysql> DELIMITER ;
```

存储过程可以带参数，也可以不带参数。下面通过两个实例分别介绍不带参数的存储过程和带参数的存储过程的创建。

【例 8.2】创建一个不带参数的存储过程 P_string，输出“Database System”。

```
mysql> DELIMITER $$
mysql> CREATE PROCEDURE P_string()
    -> BEGIN
    ->     SELECT 'Database System';
    -> END $$
Query OK, 0 rows affected (0.25 sec)


mysql> DELIMITER ;
```

CALL 语句用于调用存储过程（后面再对 CALL 语句进行介绍，这里先使用）：

```
mysql> CALL P_string();
```

运行结果：

```
+---------------------+
```

```
| Database System     |
+---------------------+
| Database System     |
+---------------------+
1 row in set (0.00 sec)
Query OK, 0 rows affected (0.02 sec)
```

【例 8.3】创建一个带参数的存储过程 P_maxWages，查询指定部门的最高工资。

```
mysql> DELIMITER $$
mysql> CREATE PROCEDURE P_maxWages(IN v_deptno CHAR(4))
    ->      /*创建带参数的存储过程，v_deptno 作为输入参数*/
    -> BEGIN
    ->     SELECT MAX(wages) FROM employee WHERE deptno=v_deptno;
    -> END $$
Query OK, 0 rows affected (0.36 sec)

mysql> DELIMITER ;
```

CALL 语句用于调用存储过程：

```
mysql> CALL P_maxWages('D001');
```

运行结果：

```
+----------------+
| MAX(wages)     |
+----------------+
|        4700.00|
+----------------+
1 row in set (0.19 sec)
Query OK, 0 rows affected (0.22 sec)
```

8.2.3 局部变量

局部变量用来存放存储过程体中的临时结果，局部变量在存储过程体中声明。

1．声明局部变量

DECLARE 语句用于声明局部变量，并可以对其赋一个初始值。语法格式：

```
DECLARE var_name[,…] type [DEFAULT value]
```

说明：

① var_name 指定局部变量的名称。

② type 为局部变量的数据类型。

③ DEFAULT 子句给局部变量指定一个默认值，若不指定，则默认为 NULL。

例如，在存储过程体中，声明一个整型局部变量和一个字符型局部变量。

```
DECLARE v_n int(3);
DECLARE v_str char(5);
```

声明局部变量说明如下。

① 局部变量只能在存储过程体的BEGIN…END语句块中声明。

② 局部变量必须在存储过程体的开头就声明，只能在BEGIN…END语句块中使用该变量，其他语句块中不可以使用它。

③ 在存储过程中，也可以使用用户变量。不要混淆用户变量和局部变量，其区别为用户变量名称前有“@”符号，局部变量名称前则没有“@”符号；用户变量存在于整个会话中，局部变量只存在于其声明的BEGIN…END语句块中。

2．SET语句

SET语句用于为局部变量赋值。语法格式：

```
SET var_name=expr[, var_name=expr]…
```

例如，在存储过程体中，使用SET语句给局部变量赋值。

```
SET v_n=4, v_str='World';
```

注意： 上面这条语句无法单独执行，只能在存储过程和存储函数中使用。

3．SELECT…INTO语句

SELECT…INTO语句用于将选定的列值直接存储到局部变量中，返回的结果集只能有一行。语法格式：

```
SELECT col_name[, …] INTO var_name[, …] table_expr
```

说明：

① col_name指定列名。

② var_name为要赋值的变量名。

③ table_expr为SELECT语句中FROM子句及其后面的语法部分。

例如，将员工号为E001的员工姓名和性别分别存入局部变量v_name和v_sex，这两个局部变量要预先声明。

```
SELECT emplname, sex INTO v_name, v_sex      /* 一次存入两个局部变量 */
FROM employee
WHERE emplno =' E001';
```

8.2.4 流程控制

MySQL存储过程体中可以使用两类过程式SQL语句：条件判断语句和循环语句。

1．条件判断语句

条件判断语句包括IF…THEN…ELSE语句和CASE语句。

（1）IF…THEN…ELSE语句

IF…THEN…ELSE语句可以根据不同的条件执行不同的操作。

语法格式:

```
IF search_condition THEN statement_list
    [ELSEIF search_condition THEN statement_list ]
    …
    [ELSE statement_list]
END IF
```

说明:

① search_condition 指定判断条件。

② statement_list 为要执行的 SQL 语句。当判断条件为真时，则执行 THEN 后的 SQL 语句。

注意: IF…THEN…ELSE 语句不同于内置函数 IF()。

【例 8.4】创建存储过程 P_goodsafloat，若未到货商品数量小于或等于 3 台，则显示"到货良好"，否则显示"到货差"。

```
mysql> DELIMITER $$
mysql> CREATE PROCEDURE P_goodsafloat(OUT v_arrivalgoods char(30))
    -> BEGIN
    ->     DECLARE v_gdaf int;
    ->     SELECT goodsafloat INTO v_gdaf
    ->     FROM goods
    ->     WHERE goodsafloat='DELL PowerEdgeT140';
    ->     IF v_gdaf<=3 THEN
    ->         SET v_arrivalgoods='DELL PowerEdgeT140 到货良好';
    ->     ELSE
    ->         SET v_arrivalgoods='DELL PowerEdgeT140 到货差';
    ->     END IF;
    -> END $$
Query OK, 0 rows affected (0.03 sec)

mysql> DELIMITER ;
```

CALL 语句用于调用存储过程:

```
mysql> CALL P_goodsafloat(@arrivalgoods);
Query OK, 1 row affected (0.25 sec)
```

查看运行结果:

```
mysql> SELECT @arrivalgoods;
```

运行结果:

```
+----------------------------------------+
| @arrivalgoods                          |
```

```
+------------------------------------------------+
| DELL PowerEdgeT140 到货良好                      |
+------------------------------------------------+
1 row in set (0.00 sec)
```

（2）CASE 语句

CASE 语句有以下两种语法格式。

第一种语法格式：

```
CASE case_value
    WHEN when_value THEN statement_list
    [WHEN when_value THEN statement_list]
    …
    [ELSE statement_list]
END CASE
```

第二种语法格式：

```
CASE
    WHEN search_condition THEN statement_list
    [WHEN search_condition THEN statement_list]
    …
    [ELSE statement_list]
END CASE
```

说明：

① 第一种语法格式在 CASE 关键字后面指定 case_value 参数，每个 WHEN…THEN 语句块中的 when_value 参数的值与 case_value 参数的值进行比较，如果比较的结果为真，那么执行对应关键字 THEN 后的 SQL 语句。如果每个 WHEN…THEN 语句块中的 when_value 参数的值都不能与 case_value 参数的值相匹配，那么执行 ELSE 关键字后的语句。

② 第二种语法格式中 CASE 关键字后面没有参数，在 WHEN…THEN 语句块中使用 search_condition 指定一个比较表达式，如果该比较表达式为真，那么执行对应关键字 THEN 后面的 SQL 语句。

第二种语法格式与第一种语法格式相比，能够实现更为复杂的条件判断，使用起来更加方便。

2. 循环语句

MySQL 支持 3 种循环语句：WHILE 语句、REPEAT 语句和 LOOP 语句。

（1）WHILE 语句

语法格式：

```
[ begin_label:] WHILE search_condition DO
    statement_list
END WHILE [end_label]
```

说明：

① WHILE 语句首先判断条件 search_condition 是否为真，若为真，则执行 statement_list 中的语句，再次进行判断，若为真，则继续循环，否则结束循环。

② begin_label 和 end_label 是 WHILE 语句的标注，必须两者都出现，且名字相同。

【例 8.5】创建存储过程 P_integerSum，计算 1～100 的整数和。

```
mysql> DELIMITER $$
mysql> CREATE PROCEDURE P_integerSum(OUT v_sum1 int)
    -> BEGIN
    ->     DECLARE v_n int DEFAULT 1;
    ->     DECLARE v_s int DEFAULT 0;
    ->     WHILE v_n<=100 DO
    ->         SET v_s=v_s+v_n;
    ->         SET v_n=v_n+1;
    ->     END WHILE;
    ->     SET v_sum1=v_s;
    -> END $$
Query OK, 0 rows affected (0.07 sec)

mysql> DELIMITER ;
```

CALL 语句用于调用存储过程：

```
mysql> CALL P_integerSum(@sum1);
Query OK, 0 rows affected (0.01 sec)
```

查看运行结果：

```
mysql> SELECT @sum1;
```

运行结果：

```
+------------+
| @sum1      |
+------------+
|        5050|
+------------+
1 row in set (0.00 sec)
```

说明：

当调用这个存储过程时，首先判断 v_n 的值是否大于或等于 100，若大于或等于 100，则执行“SET v_s=v_s+v_n;”和“SET v_n=v_n+1;”，否则结束循环。

（2）REPEAT 语句

语法格式：

```
[begin_label:] REPEAT
    statement_list
```

```
    UNTIL search_condition
END REPEAT [end_label]
```

说明:

① REPEAT 语句首先执行 statement_list 中的语句，然后判断条件 search_condition 是否为真，若为真，则停止循环，否则继续循环。REPEAT 语句也可以使用 begin_label 和 end_label 进行标注。

② REPEAT 语句和 WHILE 语句两者的区别为：REPEAT 语句先执行语句，后进行判断；而 WHILE 语句是先判断，条件为真后再执行语句。

【例 8.6】创建存储过程 P_oddSum，计算 1～100 的奇数和。

```
mysql> DELIMITER $$
mysql> CREATE PROCEDURE P_oddSum(OUT v_sum2 int)
    -> BEGIN
    ->     DECLARE v_n int DEFAULT 1;
    ->     DECLARE v_s int DEFAULT 0;
    ->     REPEAT
    ->         IF MOD(v_n, 2)<>0 THEN
    ->             SET v_s=v_s+v_n;
    ->         END IF;
    ->         SET v_n=v_n+1;
    ->         UNTIL v_n>100
    ->     END REPEAT;
    ->     SET v_sum2=v_s;
    -> END $$
Query OK, 0 rows affected (0.06 sec)

mysql> DELIMITER ;
```

CALL 语句用于调用存储过程:

```
mysql> CALL P_oddSum(@sum2);
Query OK, 0 rows affected (0.01 sec)
```

查看运行结果:

```
mysql> SELECT @sum2;
```

运行结果:

```
+-----------+
| @sum2     |
+-----------+
|       2500|
+-----------+
1 row in set (0.00 sec)
```

（3）LOOP 语句

语法格式：

```
[begin_label:] LOOP
     statement_list
END LOOP [end_label]
```

说明：

① LOOP 允许某特定语句或语句块的重复执行，其中 statement_list 用于指定需要重复执行的语句。

② begin_label 和 end_label 是 LOOP 语句的标注，必须两者都出现，且名字相同。

③ 在循环体 statement_list 中语句一直重复至循环被退出，退出循环时通常伴随着一个 LEAVE 语句。LEAVE 语句的语法格式为：

```
LEAVE label
```

其中，label 是 LOOP 语句中所标注的自定义名字。

④ 循环语句中还有一个 ITERATE 语句，它只可以出现在 LOOP、REPEAT 和 WHILE 语句内，意思为“再次循环”。ITERATE 的语法格式为：

```
ITERATE label
```

这里的 label 也是 LOOP 语句中所标注的自定义名字。

⑤ LEAVE 语句和 ITERATE 语句的区别是，LEAVE 语句结束整个循环，而 ITERATE 语句只是结束当前循环，然后开始下一个新循环。

【例 8.7】创建存储过程 P_factorial，计算 10 的阶乘。

```
mysql> DELIMITER $$
mysql> CREATE PROCEDURE P_factorial(OUT v_prod int)
    -> BEGIN
    ->     DECLARE v_n int DEFAULT 1;
    ->     DECLARE v_p int DEFAULT 1;
    ->     label:LOOP
    ->         SET v_p:=v_p*v_n;
    ->         SET v_n=v_n+1;
    ->         IF v_n>10 THEN
    ->             LEAVE label;
    ->         END IF;
    ->     END LOOP label;
    ->     SET v_prod=v_p;
    -> END $$
Query OK, 0 rows affected (0.08 sec)

mysql> DELIMITER ;
```

CALL 语句用于调用存储过程：

```
mysql> CALL P_factorial(@prod);
Query OK, 0 rows affected (0.00 sec)
```

查看运行结果:

```
mysql> SELECT @prod;
```

运行结果:

```
+-------------+
| @prod       |
+-------------+
|      3628800|
+-------------+
1 row in set (0.00 sec)
```

上面实例采用循环语句，计算 10 的阶乘。

8.2.5 游标的使用

游标是 SELECT 语句检索出来的结果集。在 MySQL 中，游标一定要在存储过程或函数中使用，不能单独在查询中使用。

一个游标包括以下 4 条语句。

- ❖ DECLARE 语句：声明了一个游标，定义要使用的 SELECT 语句。
- ❖ OPEN 语句：用于打开游标。
- ❖ FETCH…INTO 语句：把产生的结果集的有关列，读取到存储过程或存储函数的变量中。
- ❖ CLOSE 语句：用于关闭游标。

1. 声明游标

使用游标前，必须先声明游标。语法格式:

```
DECLARE cursor_name CURSOR FOR select_statement
```

说明:

① cursor_name 指定创建的游标名称。

② select_statement 指定一条 SELECT 语句，返回一行或多行数据。这里的 SELECT 语句不能有 INTO 子句。

2. 打开游标

必须打开游标，才能使用游标，即将游标连接到由 SELECT 语句返回的结果集中。在 MySQL 中，OPEN 语句用于打开游标。语法格式:

```
OPEN cursor_name
```

其中，cursor_name 指定要打开的游标。

在程序中，一个游标可以被打开多次，由于其他用户或程序本身已经更新了表，因此每次打开的结果集可能不同。

3. 读取数据

打开游标后，可以使用 FETCH…INTO 语句从中读取数据。语法格式：

```
FETCH cursor_name INTO var_name [, var_name] …
```

说明：

① cursor_name 指定已打开的游标。

② var_name 指定存储数据的变量名。

③ FETCH 语句将游标指向的一行数据赋给一些变量，其中变量的数目必须等于声明游标时 SELECT 子句中列的数目。游标相当于一个指针，指向当前的一行数据。

4. 关闭游标

游标使用完成后，要及时关闭。CLOSE 语句用于关闭游标。语法格式：

```
CLOSE cursor_name
```

其中，cursor_name 指定要关闭的游标。

【例 8.8】创建一个存储过程 P_employeeRows，使用游标计算 employee 表中行的数目。

```
mysql> DELIMITER $$
mysql> CREATE PROCEDURE P_employeeRows(OUT v_rows int)
    -> BEGIN
    ->     DECLARE v_emplno char(6);
    ->     DECLARE found boolean DEFAULT TRUE;
    ->     DECLARE CUR_employee CURSOR FOR SELECT emplno FROM employee;
    ->     DECLARE CONTINUE HANDLER FOR NOT found
    ->     SET found=FALSE;
    ->     SET v_rows=0;
    ->     OPEN CUR_employee;
    ->     FETCH CUR_employee into v_emplno;
    ->     WHILE found DO
    ->         SET v_rows=v_rows+1;
    ->         FETCH CUR_employee INTO v_emplno;
    ->     END WHILE;
    ->     CLOSE CUR_employee;
    -> END $$
Query OK, 0 rows affected (0.02 sec)

mysql> DELIMITER ;
```

CALL 语句用于调用存储过程：

```
mysql> CALL P_employeeRows(@rows);
Query OK, 0 rows affected (0.00 sec)
```

查看运行结果:

```
mysql> SELECT @rows;
```

运行结果:

```
+-----------+
| @rows     |
+-----------+
|          6|
+-----------+
1 row in set (0.00 sec)
```

本实例定义了一个 CONTINUE HANDLER 句柄，用于控制循环语句，以使游标下移。

8.2.6 存储过程的调用

存储过程创建完成后，可以在程序、触发器或者其他存储过程中被调用。CALL 语句用于调用存储过程。语法格式:

```
CALL sp_name([parameter [, …]])
CALL sp_name[()]
```

说明:

① sp_name 指定被调用的存储过程的名称。

② parameter 指定调用存储过程要使用的参数，调用语句参数的个数必须等于存储过程参数的个数。

③ 若调用不含参数的存储过程，则可以使用 CALL sp_name()语句与 CALL sp_name 语句。

【例 8.9】创建向员工表插入一条记录的存储过程 P_insertEmployee，并调用该存储过程。

```
mysql> DELIMITER $$
mysql> CREATE PROCEDURE P_insertEmployee()
    -> BEGIN
    ->      INSERT INTO Employee VALUES('E008', '刘慧', '女', '1984-07-09', NULL, 3800, 'D001');
    ->    SELECT * FROM Employee WHERE emplno='E008';
    -> END $$
Query OK, 0 rows affected (0.01 sec)

mysql> DELIMITER ;
```

CALL 语句用于调用存储过程:

```
mysql> CALL P_insertEmployee();
```

运行结果:

```
+-------+--------+-----+-----------+------------+----------+---------+
| emplno| emplname| sex | birthday  | address    | wages    | deptno  |
+-------+--------+-----+-----------+------------+----------+---------+
| E008  | 刘慧    | 女  | 1984-07-09 | NULL       |  3800.00 | D001    |
+-------+--------+-----+-----------+------------+----------+---------+
1 row in set (0.04 sec)
Query OK, 0 rows affected (0.05 sec)
```

【例 8.10】创建修改员工地址的存储过程 P_updateEmployee，并调用该存储过程。

```
mysql> DELIMITER $$
mysql> CREATE PROCEDURE P_updateEmployee(IN v_emplno char(4), IN v_address
char(20))
    -> BEGIN
    ->     UPDATE employee SET address=v_address WHERE emplno=v_emplno;
    ->     SELECT * FROM employee WHERE emplno=v_emplno;
    -> END $$
Query OK, 0 rows affected (0.06 sec)

mysql> DELIMITER ;
```

CALL 语句用于调用存储过程：

```
mysql> CALL P_updateEmployee('E008', '公司集体宿舍');
```

运行结果：

```
+--------+----------+------+-----------+-------------+---------+---------+
| emplno | emplname | sex  | birthday  | address     | wages   | deptno  |
+--------+----------+------+-----------+-------------+---------+---------+
| E008   | 刘慧     | 女   | 1984-07-09|公司集体宿舍  |  3800.00 | D001    |
+--------+----------+------+-----------+-------------+---------+---------+
1 row in set (0.05 sec)
Query OK, 0 rows affected (0.07 sec)
```

【例 8.11】创建删除员工记录的存储过程 P_deleteEmployee，并调用该存储过程。

```
mysql> DELIMITER $$
mysql> CREATE PROCEDURE P_deleteEmployee(IN v_emplno char(4), OUT v_msg
char(8))
    -> BEGIN
    ->     DELETE FROM employee WHERE emplno=v_emplno;
    ->     SET v_msg='删除成功';
    -> END $$
Query OK, 0 rows affected (0.01 sec)

mysql> DELIMITER ;
```

CALL 语句用于调用存储过程:

```
mysql> CALL P_deleteEmployee('E008', @msg);
Query OK, 1 row affected (0.06 sec)
```

查看运行结果:

```
mysql> SELECT @msg;
```

运行结果:

```
+--------------+
| @msg         |
+--------------+
| 删除成功     |
+--------------+
1 row in set (0.00 sec)
```

8.2.7 存储过程的删除

当某个存储过程不再需要时，为释放它占用的内存资源，应该将其删除。DROP PROCEDURE 语句用于删除存储过程。语法格式:

```
DROP PROCEDURE [ IF EXISTS] sp_name;
```

其中，sp_name 指定要删除的存储过程名称；IF EXISTS 用于防止由于不存在的存储过程引发的错误。

【例 8.12】删除存储过程 P_insertEmployee。

```
mysql> DROP PROCEDURE P_insertEmployee;
Query OK, 0 rows affected (0.06 sec)
```

8.3 存储函数的基本概念

在 MySQL 中，存储函数与存储过程很相似，都是由 SQL 语句和过程式语句组成的代码，并且可以从应用程序和 SQL 中调用。

存储函数与存储过程的区别如下。

① 存储函数不能拥有输出参数，因为存储函数本身就是输出参数；而存储过程可以有输出参数。

② 不能使用 CALL 语句调用存储函数，可以使用 CALL 语句调用存储过程。

③ 存储函数必须包含一条 RETURN 语句，而存储过程不允许包含 RETURN 语句。

8.4 存储函数操作

下面介绍存储函数的创建、调用和删除。

8.4.1 创建存储函数

CREATE FUNCTION 语句用于创建存储函数。语法格式：

```
CREATE FUNCTION func_name([func_parameter [,…]])
    RETURNS type
routine_body
```

其中，func_parameter 的语法格式为：

```
param_name type
```

type 的语法格式为：

```
Any valid MySQL data type
```

routine_body 的语法格式为：

```
valid SQL routine statement
```

说明：

① func_name 指定存储函数的名称。

② func_parameter 指定存储函数的参数，参数只有名称和类型。不能指定 IN、OUT 和 INOUT。

③ RETURNS 子句声明存储函数返回值的数据类型。

④ routine_body 为存储函数体，必须包含一条 RETURN value 语句。value 用于指定存储函数的返回值。此外，所有在存储过程中使用的 SQL 语句在存储函数中也适用。这部分以 BEGIN 开始，以 END 结束。

【例 8.13】创建一个存储函数 F_goodsnoName，由商品号查询商品名。

```
mysql> CREATE FUNCTION F_goodsnoName(v_goodsno char(4))
    ->     RETURNS char(30)
    ->     DETERMINISTIC
    -> BEGIN
    ->     RETURN(SELECT goodsname FROM goods WHERE goodsno=v_goodsno);
    -> END $$
Query OK, 0 rows affected (0.06 sec)

mysql> DELIMITER ;
```

当 RETURN 子句中包含 SELECT 语句时，SELECT 语句的返回结果只能是一行且只能有一列值。

8.4.2 调用存储函数

SELECT 关键字用于调用存储函数。语法格式：

```
SELECT func_name([func_parameter [, …]])
```

【例 8.14】调用存储函数 F_goodsnoName。

```
mysql> SELECT F_goodsnoName('1001');
```

运行结果：

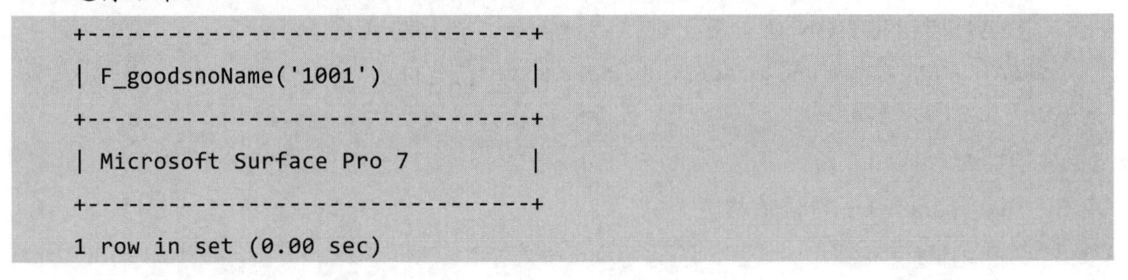

```
+-------------------------------+
| F_goodsnoName('1001')         |
+-------------------------------+
| Microsoft Surface Pro 7       |
+-------------------------------+
1 row in set (0.00 sec)
```

8.4.3 删除存储函数

DROP FUNCTION 语句用于删除存储函数。语法格式：

```
DROP FUNCTION [IF EXISTS] func_name
```

其中，func_name 指定要删除的存储函数名称，IF EXISTS 用于防止由于不存在的存储函数引发的错误。

【例 8.15】删除存储函数 F_goodsnoName。

```
mysql> DROP FUNCTION IF EXISTS F_goodsnoName;
Query OK, 0 rows affected (0.05 sec)
```

小　结

本章主要介绍了以下内容。

① 存储过程是 MySQL 支持的过程式数据库对象，是一组完成特定功能的 SQL 语句集，即一段存储在数据库中的代码，可以由声明式 SQL 语句和过程式 SQL 语句组成。

② CREATE PROCEDURE 语句用于创建存储过程，CALL 语句用于调用存储过程，DROP PROCEDURE 语句用于删除存储过程。

存储过程可以有一个或多个参数，也可以没有参数。存储过程的参数类型有输入参数、输出参数、输入/输出参数 3 种，分别用 IN、OUT 和 INOUT 关键字来标识。

存储过程体以 BEGIN 开始，以 END 结束。

DELIMITER 命令用于将 MySQL 语句的结束标志修改为其他符号，使 MySQL 服务器可以完整地处理存储过程体中的多条 SQL 语句。

③ 局部变量用来存放存储过程体中的临时结果，局部变量在存储过程体中声明。DECLARE 语句用于声明局部变量，SET 语句用于为局部变量赋值，SELECT…INTO 语句用于将选定的列值直接存储到局部变量中。

④ 在 MySQL 存储过程体中可以使用两类过程式 SQL 语句：条件判断语句和循环语句。条件判断语句包含 IF…THEN…ELSE 语句和 CASE 语句，循环语句包含 WHILE 语句、REPEAT 语句和 LOOP 语句。

游标是 SELECT 语句检索出来的结果集。在 MySQL 中，游标一定要在存储过程或函数中使用，不能单独在查询中使用。

⑤ 存储函数与存储过程相似，都是过程式数据库对象，并为声明式 SQL 语句和过程式 SQL 语句组成代码片段，可以从应用程序和 SQL 中调用。存储函数与存储过程的区别为，存储函数不能拥有输出参数，而存储过程可以拥有输出参数；不能使用 CALL 语句调用存储函数，可以使用 CALL 语句调用存储过程；存储函数必须包含一条 RETURN 语句，而存储过程不允许包含 RETURN 语句。

⑥ CREATE FUNCTION 语句用于创建存储函数，SELECT 关键字用于调用存储函数，DROP FUNCTION 语句用于删除存储函数。

习 题 8

一、选择题

8.1 创建存储过程的作用主要是________。

A．实现复杂的业务规则　　B．维护数据的一致性

C．提高数据操作效率　　D．增强引用完整性

8.2 下列关于存储过程的描述不正确的是________。

A．存储过程独立于数据库而存在

B．存储过程实际上是一组 SQL 语句

C．存储过程预先被编译存储在服务器端

D．存储过程可以完成某特定的业务逻辑

8.3 下列关于存储过程的说法正确的是________。

A．用户可以向存储过程传递参数，但不能输出存储过程产生的结果

B．存储过程的执行是在客户端完成的

C．在定义存储过程的代码中可以包括数据的增、删、改、查语句

D．存储过程是存储在客户端的可执行代码

8.4 关于存储过程的参数，正确的说法是________。

A．存储过程的输入参数可以不输入信息而调用过程

B．利用存储过程的参数可以指定字符参数的字符长度

C．存储过程的输出参数可以是常量

D．以上说法都不对

8.5 存储过程中的选择语句有________。

A．SELECT　　B．SWITCH　　C．WHILE　　D．IF

8.6 在存储过程中不能使用的循环语句是________。

A．WHILE　　B．REPEAT　　C．FOR　　D．LOOP

二、填空题

8.7 创建存储过程的语句是________。

8.8 ________语句用于调用存储过程。

8.9 存储过程可以由声明式 SQL 语句和________SQL 语句组成。

8.10 存储过程参数的关键字有 IN、OUT 和________。

8.11 存储过程可以有一个或多个参数，也可以________。

8.12 存储函数必须________一条 RETURN 语句，而存储过程不允许包含 RETURN 语句。

8.13 ________关键字用于调用存储函数。

8.14 ________语句用于删除存储函数。

三、问答题

8.15 什么是存储过程？简述存储过程的特点。

8.16 存储过程的参数有哪几种类型？分别写出其关键字。

8.17 用户变量与局部变量有何区别？

8.18 MySQL 有哪几种循环语句？简述各种循环语句的特点。

8.19 什么是游标？游标包括哪些语句？简述各语句的功能。

8.20 什么是存储函数？简述存储函数与存储过程的区别。

四、应用题

8.21 创建一个存储过程 P_avgWages，计算指定部门的平均工资。

8.22 创建一个存储过程 P_ordernoCost，查找指定员工的订单号和计算总金额。

8.23 创建一个存储过程 P_nameSexAddress，查找指定员工号的姓名、性别和地址。

8.24 创建一个存储函数 F_goodsUnitPrice，由商品号查询商品单价。

实 验 8

实验 8.1 存储过程和存储函数

1．实验目的及要求

（1）理解存储过程和存储函数的概念。

（2）掌握存储过程和存储函数的创建、调用、删除，以及局部变量、流程控制等操作和使用方法。

（3）具备设计、编写、调试存储过程和存储函数语句以解决应用问题的能力。

2．验证性实验

在 stuscopm 数据库中，使用存储过程和存储函数语句解决下列应用问题。

（1）创建一个存储过程 P_avgGrade，输入学生姓名后，将查询的平均分保存在 v_avg 输出参数中。

```
mysql> DELIMITER $$
mysql> CREATE PROCEDURE P_avgGrade(IN v_Name varchar(8), OUT v_avg decimal(4,2))
```

```
    ->      /*创建存储过程P_avgGrade，v_Name是输入参数，v_avg是输出参数*/
    -> BEGIN
    ->     SELECT AVG(grade) INTO v_avg
    ->     FROM Student a, Score b
    ->     WHERE a.StudentID=b.StudentID AND a.Name=v_Name;
    -> END $$

mysql> DELIMITER ;

mysql> CALL P_avgGrade('唐思远', @avg);
mysql> SELECT @avg;
```

（2）创建一个存储过程 P_numberAvgGrade，输入学号后，将该学生所选课程数和平均分保存在 v_num 和 v_avg 输出参数中。

```
mysql> DELIMITER $$
mysql> CREATE PROCEDURE P_numberAvgGrade(IN v_StudentID varchar(6), OUT v_num int, OUT v_avg decimal(4,2))
    ->     /*创建存储过程P_numberAvgGrade，v_StudentID是输入参数，v_num和v_avg是输出参数*/
    -> BEGIN
    ->     SELECT COUNT(CourseID) INTO v_num FROM Score WHERE StudentID=v_StudentID;
    ->     SELECT AVG(grade) INTO v_avg FROM Score WHERE StudentID=v_StudentID;
    -> END $$

mysql> DELIMITER ;

mysql> CALL P_numberAvgGrade('195001', @num, @avg);
mysql> SELECT @num, @avg;
```

（3）创建一个存储过程 P_nameMaxGrade，输入学号后，将该学生姓名、最高分保存在 v_Name 和 v_max 输出参数中。

```
mysql> DELIMITER $$
mysql> CREATE PROCEDURE P_nameMaxGrade(IN v_StudentID varchar(6), OUT v_Name varchar(8), OUT v_max tinyint)
    ->      /*创建存储过程P_nameMaxGrade，v_StudentID是输入参数，v_Name和v_max是输出参数*/
    -> BEGIN
    ->     SELECT Name INTO v_Name FROM Student WHERE StudentID=v_StudentID;
    ->     SELECT MAX(grade) INTO v_max FROM Student a, Score b WHERE a.StudentID=b.StudentID
    -> AND a.StudentID=v_StudentID;
    -> END $$
```

```
mysql> DELIMITER ;

mysql> CALL P_nameMaxGrade('191002', @Name, @max);
mysql> SELECT @Name, @max;
```

（4）创建向课程表插入一条记录的存储过程 P_insertCourse，并调用该存储过程。

```
mysql> DELIMITER $$
mysql> CREATE PROCEDURE P_insertCourse()
    -> BEGIN
    ->     INSERT INTO Course VALUES('1015', '操作系统', NULL);
    ->     SELECT * FROM Course WHERE CourseID='1015';
    -> END $$

mysql> DELIMITER ;

mysql> CALL P_insertCourse();
```

（5）创建修改课程学分的存储过程 P_updateCourse，并调用该存储过程。

```
mysql> DELIMITER $$
mysql> CREATE PROCEDURE P_updateCourse(IN v_CourseID varchar(4), IN v_Credit
tinyint)
    -> BEGIN
    ->     UPDATE Course SET Credit=v_Credit WHERE CourseID=v_CourseID;
    ->     SELECT * FROM Course WHERE CourseID=v_CourseID;
    -> END $$

mysql> DELIMITER ;

mysql> CALL P_updateCourse('1015', 3);
```

（6）创建删除课程记录的存储过程 P_deleteCourse，并调用该存储过程。

```
mysql> DELIMITER $$
mysql> CREATE PROCEDURE P_deleteCourse(IN v_CourseID varchar(4), OUT v_msg
char(8))
    -> BEGIN
    ->     DELETE FROM Course WHERE CourseID=v_CourseID;
    ->     SET v_msg='删除成功';
    -> END $$

mysql> DELIMITER ;
```

```
mysql> CALL P_deleteCourse('1015', @msg);
mysql> SELECT @msg;
```

（7）删除存储过程 P_updateCourse。

```
mysql> DROP PROCEDURE P_updateCourse;
```

（8）创建一个使用游标的存储过程 P_gradeReport，输入学号后，查询该学生的成绩单。

```
mysql> DELIMITER $$
mysql> CREATE PROCEDURE P_gradeReport(IN v_StudentID varchar(6))
    -> BEGIN
    ->     DECLARE v_CourseName varchar(16);
    ->     DECLARE v_Grade tinyint;
    ->     DECLARE found boolean DEFAULT TRUE;
    ->     DECLARE CUR_report CURSOR FOR SELECT CourseName, Grade FROM Student
a, Course b;
    -> Score c WHERE a.StudentID=c.StudentID AND b.CourseID=c.CourseID AND
    -> a.StudentID=v_StudentID;
    ->     DECLARE CONTINUE HANDLER FOR NOT found
    ->         SET found=FALSE;
    ->     OPEN CUR_report;
    ->     FETCH CUR_report into v_CourseName, v_Grade;
    ->     WHILE found DO
    ->         SELECT v_CourseName, v_Grade;
    ->         FETCH CUR_report into v_CourseName, v_Grade;
    ->     END WHILE;
    ->     CLOSE CUR_report;
    -> END $$

mysql> DELIMITER ;

mysql> CALL P_gradeReport('191001');
```

（9）创建一个存储函数 F_scoreGrade()，利用学号和课程号查询成绩。

```
mysql> DELIMITER $$
mysql> CREATE FUNCTION F_scoreGrade(v_StudentID varchar(6), v_CourseID varchar(4))
    ->     RETURNS tinyint
    ->     DETERMINISTIC
    -> BEGIN
    ->     RETURN(SELECT Grade FROM score WHERE StudentID=v_StudentID AND
    ->
    -> CourseID=v_CourseID);
    -> END $$
```

```
mysql> DELIMITER ;

mysql> SELECT F_scoreGrade('195001', '1201');
```

3．设计性实验

在 salespm 数据库中，设计、编写、调试存储过程和存储函数语句解决以下应用问题。

（1）创建一个存储过程 P_name，输入员工号后，将查询出的员工姓名保存在输出参数内。

（2）创建一个存储过程 P_birthdayAddress，输入员工姓名后，将该员工的出生日期和地址保存在输出参数内。

（3）创建一个存储过程 P_nameUnitPrice，输入商品号后，将该商品的商品名、单价保存在输出参数内。

（4）创建向员工表插入一条记录的存储过程 P_insertEmployee，并调用该存储过程。

（5）创建修改员工工资的存储过程 P_updateEmployee，并调用该存储过程。

（6）创建删除员工记录的存储过程 P_deleteEmployee，并调用该存储过程。

（7）删除存储过程 P_insertEmployee。

（8）创建一个使用游标的存储过程 P_nameWages，输入部门号后，查询该部门全部员工的姓名和工资。

（9）创建一个存储函数 F_stockQuantity()，利商品号查询库存量。

4．观察与思考

（1）怎样使用 DELIMITER 命令修改 MySQL 的结束符？

（2）如何设置存储过程的参数？

（3）局部变量和用户变量有何不同？

（4）简述条件判断语句和循环语句的使用。

（5）理解游标并简述游标的使用。

（6）比较存储过程的调用和存储函数的调用。

第 9 章　触发器和事件

触发器（Trigger）和事件（Event）都是过程式数据库对象。触发器在基于某个表的特定事件出现时触发执行。事件是在指定时刻触发执行的另一类过程式数据库对象。本章主要介绍触发器的基本概念、触发器操作、事件的基本概念、事件操作等内容。

9.1　触发器的基本概念

触发器是一个被指定关联到表的数据库对象，与表的关系密切，用于保护表中的数据。触发器不需要用户调用，而是在一个表的特定事件出现时将会被激活，此时某些 MySQL 语句会自动执行。

触发器用于实现数据库的完整性，触发器具有以下特点。

- ❖ 提供更强大的约束。
- ❖ 对数据库中的相关表实现级联更改。
- ❖ 评估数据修改前后表的状态，并根据该差异采取措施。
- ❖ 强制表的修改要合乎业务规则。

触发器的缺点是增加了决策和维护的复杂度。

9.2　触发器操作

触发器操作包括创建触发器、使用触发器和删除触发器。

9.2.1　创建触发器

CREATE TRIGGER 语句用于创建触发器。语法格式：

```
CREATE TRIGGER trigger_name trigger_time trigger_event
    ON tbl_name FOR EACH ROW trigger_body
```

说明：

① trigger_name 指定触发器名称。

② trigger_time 指定触发器被触发的时刻有两个选项：BEFORE 用于激活其语句之前

触发，AFTER 用于激活其语句之后触发。

③ trigger_event 为触发事件，有 INSERT、UPDATE、DELETE。

❖ INSERT：在表中插入新行时激活触发器。

❖ UPDATE：更新表中某一行时激活触发器。

❖ DELETE：删除表中某一行时激活触发器。

④ FOR EACH ROW 指定对于受触发事件影响的每一行，都要激活触发器的动作。

⑤ trigger_body 为触发动作的主体，即触发体，包含触发器激活时将要执行的语句。若执行多条语句，则可以使用 BEGIN … END 复合语句结构。

综上可知，创建触发器的语法结构包括触发器定义和触发体两部分。触发器定义包含指定触发器名称、指定触发时间、指定触发事件等。触发体由 MySQL 语句块组成，是触发器的执行部分。

在创建触发器时，每个表中的每个事件每次只允许创建一个触发器，所以在 INSERT、UPDATE、DELETE 的前面或后面仅可以创建一个触发器，每个表最多可以创建 6 个触发器。

【例 9.1】在 sales 数据库的 orderdetail 表中创建触发器 T_insertOrderdetailRecord，向 orderdetail 表插入一条记录时，显示“Record is being inserted”。

创建触发器：

```
mysql> CREATE TRIGGER T_insertOrderdetailRecord AFTER INSERT
    ->     ON orderdetail FOR EACH ROW SET @str='Record is being inserted';
Query OK, 0 rows affected (0.20 sec)
```

验证触发器功能，通过 INSERT 语句向 orderdetail 表插入一条记录：

```
mysql> INSERT INTO orderdetail
    ->     VALUES('s00003','2001',4599, 1, 4599, 0.1, 4139.1);
Query OK, 1 row affected (0.03 sec)

mysql> SELECT @str;
```

运行结果：

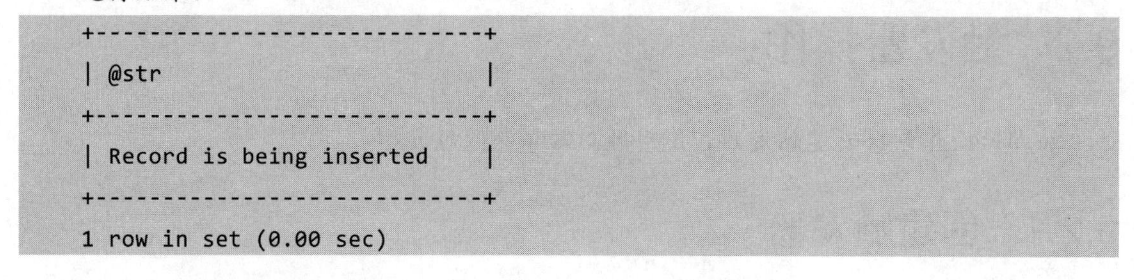

```
+----------------------------+
| @str                       |
+----------------------------+
| Record is being inserted   |
+----------------------------+
1 row in set (0.00 sec)
```

9.2.2 使用触发器

MySQL 支持 3 种触发器：INSERT 触发器、UPDATE 触发器、DELETE 触发器。

1．INSERT 触发器

INSERT 触发器在 INSERT 语句执行之前或之后执行。

① 在 INSERT 触发器的触发体内可以引用一个名为 NEW 的虚拟表来访问被插入的行。

② 在 BEFORE INSERT 触发器中，NEW 中的值可以被更新。

【例 9.2】在 sales 数据库的 employee 表中创建触发器 T_insertEmployeeRecord，当向 employee 表插入一条记录时，显示插入记录的员工姓名。

创建触发器：

```
mysql> CREATE TRIGGER T_insertEmployeeRecord AFTER INSERT
    ->     ON employee FOR EACH ROW SET @str1=NEW.emplname;
Query OK, 0 rows affected (0.09 sec)
```

验证触发器功能，通过 INSERT 语句向 employee 表插入一条记录：

```
mysql> INSERT INTO employee
    ->     VALUES('E009', '周强', '男', '1988-07-18', NULL, 3500, 'D001');
Query OK, 1 row affected (0.01 sec)

mysql> SELECT @str;
```

运行结果：

```
+----------+
| @str1    |
+----------+
| 周强     |
+----------+
1 row in set (0.00 sec)
```

2. UPDATE 触发器

UPDATE 触发器在 UPDATE 语句执行之前或之后执行。

① 在 INSERT 触发器的触发体内可以引用一个名为 OLD 的虚拟表来访问更新前的值，也可以引用一个名为 NEW 的虚拟表来访问更新后的值。

② 在 BEFORE UPDATE 触发器中，NEW 中的值可能已经被更新。

③ OLD 中的值不能被更新。

【例 9.3】在 sales 数据库的 goods 表中创建一个触发器 T_updateGoodsOrderdetail，当更新 goods 表中的商品号时，同时更新 orderdetail 表中所有相应的商品号。

创建触发器：

```
mysql> DELIMITER $$
mysql> CREATE TRIGGER T_updateGoodsOrderdetail AFTER UPDATE
    ->     ON goods FOR EACH ROW
    -> BEGIN
    ->     UPDATE orderdetail SET goodsno=NEW.goodsno WHERE goodsno=OLD.goodsno;
    -> END $$
Query OK, 0 rows affected (0.12 sec)
```

```
mysql> DELIMITER ;
```

验证触发器 T_updateGoodsOrderdetail 的功能：

```
mysql> UPDATE goods SET goodsno='1005' WHERE goodsno='1002';
Query OK, 1 row affected (0.10 sec)
Rows matched: 1  Changed: 1  Warnings: 0

mysql> SELECT * FROM orderdetail WHERE goodsno='1005';
```

运行结果：

```
+----------+----------+--------------+---------+-----------+---------+-------------+
| orderno  | goodsno  | saleunitprice | quantity | total     | discount | discounttotal|
+----------+----------+--------------+---------+-----------+---------+-------------+
| S00001   | 1005     |       8877.00|        1|   8877.00 |      0.1|      7989.30|
| S00002   | 1005     |       8877.00|        3|   26631.00|      0.1|     23967.90|
+----------+----------+--------------+---------+-----------+---------+-------------+
2 rows in set (0.00 sec)
```

3. DELETE 触发器

DELETE 触发器在 DELETE 语句执行之前或之后执行。

① 在 DELETE 触发器的触发体内可以引用一个名为 OLD 的虚拟表来访问被删除的行。

② OLD 中的值不能被更新。

【例 9.4】在 sales 数据库的 orderform 表中创建一个触发器 T_deleteOrderform-Orderdetail，当删除 orderform 表中某个订单号的记录时，同时将 orderdetail 表中与该订单号有关的数据全部删除。

创建触发器：

```
mysql> DELIMITER $$
mysql> CREATE TRIGGER T_deleteOrderformOrderdetail AFTER DELETE
    ->     ON orderform FOR EACH ROW
    -> BEGIN
    ->     DELETE FROM orderdetail WHERE orderno=OLD.orderno;
    -> END $$
Query OK, 0 rows affected (0.05 sec)

mysql> DELIMITER ;
```

验证触发器 T_deleteOrderformOrderdetail 的功能：

```
mysql> DELETE FROM orderform WHERE orderno='S00002';
Query OK, 1 row affected (0.05 sec)

mysql> SELECT * FROM orderdetail WHERE orderno='S00002';
Empty set (0.00 sec)
```

9.2.3 删除触发器

DROP TRIGGER 语句用于删除触发器。语法格式：

```
DROP TRIGGER [schema_name] trigger_name
```

说明：

① schema_name 为可选项，指定触发器所在数据库名称。若没有指定，则为当前默认数据库。

② trigger_name 为要删除的数据库名称。

当删除一个表时，同时自动删除该表上的触发器。

【例 9.5】删除触发器 T_insertOrderdetailRecord。

```
mysql> DROP TRIGGER T_insertOrderdetailRecord;
Query OK, 0 rows affected (0.04 sec)
```

9.3 事件的基本概念

事件是在指定时刻才被执行的过程式数据库对象。事件通过 MySQL 的功能模块——事件调度器（Event Scheduler）进行监视，并确定其是否需要被调用。

MySQL 的事件调度器可以精确到每秒钟执行一个任务，比操作系统的计划任务更具有实时优势。一些实时性要求比较高的应用，如股票交易、火车购票、球赛技术统计等，就很适合。

事件与触发器相似，都是在某些事情发生时启动的，所以事件又被称为临时触发器（Temporal Trigger）。但是，触发器是基于某个表所产生的事件触发的，而事件是基于特定的时间周期来触发的。

在使用事件调度器前，必须确保开启事件调度器。

① 查看当前是否开启事件调度器：

```
SHOW VARIABLE LIKE'EVENT_SCHEDULER';
```

或者查看系统变量：

```
SELECT @@EVENT_SCHEDULER;
```

② 如果没有开启事件调度器，就可以使用以下命令开启：

```
SET GLOBLE EVENT_SCHEDULER=1;
```

或

```
SET GLOBLE EVENT_SCHEDULER=TRUE;
```

还可以在 MySQL 的配置文件 my.ini 中加上“EVENT_SCHEDULER=1”或“SET GLOBLE EVENT_SCHEDULER=ON”，然后重启 MySQL 服务器。

9.4 事件操作

事件操作包括事件的创建、修改和删除。

9.4.1 创建事件

CREATE EVENT 语句用于创建事件。语法格式：

```
CREATE EVENT [IF NOT EXISTS] event_name
    ON SCHEDULE schedule
    [ENABLE | DISABLE | DISABLE ON SLAVE]
    DO event_body;
```

其中，schedule 的描述为：

```
AT timestamp [+ INTERVAL interval] …
| EVERY interval
    [STARTS timestamp [+ INTERVAL interval] …]
    [ENDS timestamp [+ INTERVAL interval] …]
```

interval 的描述为：

```
quantity | YEAR | QUARTER | MONTH | DAY | HOUR | MINUTE |
        WEEK | SECOND | YEAR_MONTH | DAY_HOUR | DAY_MINUTE |
        DAY_SECOND | HOUR_MINUTE | HOUR_SECOND | MINUTE_SECOND|
```

说明：

① event_name 指定事件名。

② schedule 为时间调度，表示事件何时发生或者每隔多久发生一次，有以下两个子句。

- ❖ AT timestamp 子句：指定事件在某个时刻发生。其中，timestamp 为一个具体时间点，后面可以加上时间间隔；interval 为时间间隔，由数值和单位组成；quantity 为时间间隔的数值。
- ❖ EVERY interval 子句：表示事件在指定时间区间内，每隔多久发生一次。其中，STARTS 子句指定开始时间，ENDS 子句指定结束时间，

③ event_body 在 DO 子句中，用于指定事件启动时要求执行的代码。若执行多条语句，则可以使用 BEGIN … END 复合语句结构。

④ ENABLE | DISABLE | DISABLE ON SLAVE 为可选项，表示事件的属性。

【例 9.6】创建立即执行的 E_immediate 事件，执行时创建一个 realtime 表。

```
mysql> CREATE EVENT E_immediate
    ->     ON SCHEDULE AT NOW()
    ->     DO
    ->     CREATE TABLE realtime(timeline timestamp);
Query OK, 0 rows affected (0.04 sec)
```

```
mysql> SHOW TABLES;
+----------------------+
| Tables_in_sales      |
+----------------------+
| department           |
| employee             |
| goods                |
| orderdetail          |
| orderform            |
| realtime             |
+----------------------+
6 rows in set (0.10 sec)

mysql> SELECT * FROM realtime;
Empty set (0.12 sec)
```

【例 9.7】创建 E_insertRealtime 事件，每隔 1 秒钟向 realtime 表插入一条记录。

```
mysql> CREATE EVENT E_insertRealtime
    ->     ON SCHEDULE EVERY 1 SECOND
    ->     DO
    ->     INSERT INTO realtime VALUES(current_timestamp);
Query OK, 0 rows affected (0.02 sec)
```

7 秒钟后执行以下语句：

```
mysql> SELECT * FROM realtime;
```

运行结果：

```
+-------------------------+
| timeline                |
+-------------------------+
| 2020-09-13 16:19:02     |
| 2020-09-13 16:19:03     |
| 2020-09-13 16:19:04     |
| 2020-09-13 16:19:05     |
| 2020-09-13 16:19:06     |
| 2020-09-13 16:19:07     |
| 2020-09-13 16:19:08     |
+-------------------------+
7 rows in set (0.00 sec)
```

【例 9.8】创建 E_startWeeks 事件，从第 2 周起，每周清空 realtime 表，在 2022 年 12 月 31 日结束。

```
mysql> DELIMITER $$
mysql> CREATE EVENT E_startWeeks
    ->     ON SCHEDULE EVERY 1 WEEK
    ->     STARTS CURDATE()+INTERVAL 1 WEEK
    ->     ENDS '2022-12-31'
    ->     DO
    ->     BEGIN
    ->         TRUNCATE TABLE realtime;
    ->     END $$
Query OK, 0 rows affected (0.05 sec)

mysql> DELIMITER;
```

9.4.2 修改事件

ALTER EVENT 语句用于修改事件。语法格式：

```
ALTER EVENT event_name
    [ON SCHEDULE schedule]
    [RENAME TO new_event_name]
    [ENABLE | DISABLE | DISABLE ON SLAVE]
    [DO event_body]
```

ALTER EVENT 语句的语法格式与 CREATE EVENT 语句的语法格式基本相似，此处不再重复解释语法的含义。

【例 9.9】将 E_startWeeks 事件更名为 E_firstWeeks 事件。

```
mysql> ALTER EVENT E_startWeeks
    ->     RENAME TO E_firstWeeks;
Query OK, 0 rows affected (0.04 sec)
```

9.4.3 删除事件

DROP EVENT 语句用于删除事件。语法格式：

```
DROP EVENT [IF EXITS] event_name
```

【例 9.10】删除 E_firstWeeks 事件。

```
mysql> DROP EVENT E_firstWeeks;
Query OK, 0 rows affected (0.09 sec)
```

小　结

本章主要介绍了以下内容。

① 触发器是一个被指定关联到表的过程式数据库对象，在一个表的特定事件出现时将会被激活，此时某些 MySQL 语句会自动执行。

② 触发器操作包括创建触发器、使用触发器和删除触发器。

CREATE TRIGGER 语句用于创建触发器。

MySQL 支持 3 种触发器：INSERT 触发器、UPDATE 触发器、DELETE 触发器。INSERT 触发器在 INSERT 语句执行之前或之后执行。UPDATE 触发器在 UPDATE 语句执行之前或之后执行。DELETE 触发器在 DELETE 语句执行之前或之后执行。

DROP TRIGGER 语句用于删除触发器。

③ 事件是在指定时刻才被执行的过程式数据库对象。

事件与触发器相似，都是在某些事情发生时启动的，所以事件又被称为临时触发器（Temporal Trigger）。它们的区别是，触发器是基于某个表所产生的事件触发的，而事件是基于特定的时间周期来触发的。

④ 事件操作包括事件的创建、修改和删除。CREATE EVENT 语句用于创建事件，ALTER EVENT 语句用于修改事件，DROP EVENT 语句用于删除事件。

习题 9

一、选择题

9.1 定义触发器的主要作用是________。

A．提高数据的查询效率　　B．加强数据的保密性

C．增强数据的安全性　　D．实现复杂的约束

9.2 MySQL 支持的触发器不包括________。

A．INSERT 触发器　　B．CHECK 触发器

C．UPDATE 触发器　　D．DELETE 触发器

9.3 MySQL 为每个触发器创建了________两个虚拟表。

A．NEW 和 OLD　　B．INT 和 CHAR

C．MAX 和 MIN　　D．AVG 和 SUM

9.4 ________用于实现表与表之间参照关系的数据库对象。

A．索引　　B．存储过程　　C．触发器　　D．视图

9.5 下列________语句用于临时关闭 E_temp 事件。

A．ALTER EVENT E_temp ENABLE

B．ALTER EVENT E_temp DELETE

C．ALTER EVENT E_temp DROP

D．ALTER EVENT E_temp DISABLE

二、填空题

9.6 MySQL 的触发器有 INSERT 触发器、UPDATE 触发器和________三类。

9.7 ________语句用于创建触发器。

9.8 UPDATE 触发器在 UPDATE 语句执行之前或________执行。

9.9 事件与触发器相似，所以事件又被称为________。

9.10 ________语句用于删除事件。

三、问答题

9.11 什么是触发器？简述触发器的作用。

9.12 简述创建触发器的定义和触发体包含的内容。

9.13 在 MySQL 中，触发器有哪几类？每个表最多可以创建几个触发器？

9.14 什么是事件？举例说明事件的作用。

9.15 对比触发器和事件的相似点和不同点。

四、应用题

9.16 创建一个触发器 T_ goodsUnitPrice，修改商品单价时显示“正在修改单价!”。

9.17 创建 dynamic 表，创建 E_insertDynamic 事件，每隔 2 秒钟向 dynamic 表中插入一条记录。

实 验 9

实验 9.1 触发器和事件

1. 实验目的及要求

（1）理解触发器和事件的概念。

（2）掌握触发器的创建、删除、使用，事件的创建、修改和删除等操作。

（3）具备设计、编写、调试触发器和事件语句以解决应用问题的能力。

2. 验证性实验

在 salespm 数据库中，有 EmplInfo 表（员工表）、DeptInfo 表（部门表）和 GoodsInfo 表（商品表），使用触发器和事件语句解决以下应用问题。

（1）在 EmplInfo 表中创建 T_updateEmplInfoNative 触发器，当修改员工籍贯时，显示“正在修改籍贯”。

```
mysql> CREATE TRIGGER T_updateEmplInfoNative AFTER update
    ->     ON EmplInfo FOR EACH ROW SET @str='正在修改籍贯';


mysql> UPDATE EmplInfo SET Native='四川' WHERE EmplID='E004';


mysql> SELECT @str;
```

（2）删除 T_updateEmplInfoNative 触发器。

```
mysql> DROP TRIGGER T_updateEmplInfoNative;
```

（3）在 DeptInfo 表中创建 T_insertDeptInfoRecord 触发器，当向 DeptInfo 表中插入一条记录时，显示插入记录的部门名。

```
mysql> CREATE TRIGGER T_insertDeptInfoRecord AFTER INSERT
    ->     ON DeptInfo FOR EACH ROW SET @str2=NEW.DeptName;

mysql> INSERT INTO DeptInfo VALUES('D007','技术部');

mysql> SELECT @str2;
```

（4）在 DeptInfo 表中创建一个 T_updateDeptInfoDeptID 触发器，当更新表 DeptInfo 中某部门的部门号时，同时更新 EmplInfo 表中所有相应的部门号。

```
mysql> DELIMITER $$
mysql> CREATE TRIGGER T_updateDeptInfoDeptID AFTER UPDATE
    ->     ON DeptInfo FOR EACH ROW
    -> BEGIN
    ->     UPDATE EmplInfo SET DeptID=NEW.DeptID WHERE DeptID=OLD.DeptID;
    -> END $$

mysql> DELIMITER ;

mysql> UPDATE Department SET DeptID='D008' WHERE DeptID='D002';

mysql> SELECT * FROM EmplInfo WHERE DeptID='D008';
```

（5）在 DeptInfo 表中创建一个 T_deleteDeptInfoRecord 触发器，当删除 DeptInfo 表中某部门的记录时，同时将 EmplInfo 表中与该部门有关的数据全部删除。

```
mysql> DELIMITER $$
mysql> CREATE TRIGGER T_deleteDeptInfoRecord AFTER DELETE
    ->     ON Department FOR EACH ROW
    -> BEGIN
    ->     DELETE FROM EmplInfo WHERE DeptID=OLD.DeptID;
    -> END $$

mysql> DELIMITER ;

mysql> DELETE FROM DeptInfo WHERE DeptID='D008';

mysql> SELECT * FROM EmplInfo WHERE DeptID='D008';
```

（6）创建 rt 表，创建 E_insertRt 事件，每 3 秒钟向 rt 表中插入一条记录。

```
mysql> CREATE TABLE rt(timeline timestamp);

mysql> CREATE EVENT E_insertRt
    ->     ON SCHEDULE EVERY 3 SECOND
    ->     DO
    ->     INSERT INTO rt VALUES(current_timestamp);

mysql> SELECT * FROM rt;
```

（7）创建 E_rtMinutes 事件，从第 2 分钟起，每分钟清空 rt 表，直至 2022 年 12 月 31 日结束。

```
mysql> DELIMITER $$
mysql> CREATE EVENT E_rtMinutes
    ->     ON SCHEDULE EVERY 1 MINUTE
    ->     STARTS CURDATE()+INTERVAL 1 MINUTE
    ->     ENDS '2022-12-31'
    ->     DO
    ->     BEGIN
    ->         TRUNCATE TABLE rt;
    ->     END $$

mysql> DELIMITER ;
```

（8）将 E_rtMinutes 事件更名为 E_rtMinutes1。

```
mysql> ALTER EVENT E_rtMinutes
    ->     RENAME TO E_rtMinutes1;
```

（9）删除 E_rtMinutes1 事件。

```
mysql> DROP EVENT E_rtMinutes1;
```

3．设计性实验

在 stuscopm 数据库中，有 Student 表（学生表）、Course 表（课程表）和 Score 表（成绩表），设计、编写、调试触发器和事件语句以解决下列应用问题。

（1）在 Score 表中创建一个 T_insertScoreRecord 触发器，当向 Score 表中插入一条记录时，显示“正在插入记录”。

（2）删除 T_insertScoreRecord 触发器。

（3）在 Course 表中创建一个 T_inserCourseRecord 触发器，当向 Course 表中插入一条记录时，显示插入记录的课程名。

（4）在 Course 表中创建一个 T_updateCourseCourseID 触发器，当更新 Course 表中某门课程的课程号时，同时更新 Score 表中所有相应的课程号。

（5）在 Course 表中创建一个 T_deleteCourseRecord 触发器，当删除 Course 表中某门

课程的记录时，同时将 Score 表中与该课程有关的数据全部删除。

（6）创建 timecycle 表，在该表中创建一个 E_insertTimecycle 事件，每 5 秒钟向 timecycle 表中插入一条记录。

（7）创建 E_everyMonths 事件，从第 2 个月起，每月清空 timecycle 表，在 2022 年 12 月 31 日结束。

（8）将 E_everyMonths 事件更名为 E_everyMonths1。

（9）删除 E_everyMonths1 事件。

4．观察与思考

（1）触发器中的虚拟表 NEW 和 OLD 各有什么作用？

（2）事件有哪些作用？

（3）什么是事件调度器？怎样查看它当前是否开启？

第 10 章　权限管理和安全控制

数据库的安全性是指保护数据库以防止不合法使用所造成的数据泄露、更改或破坏。安全管理是评价一个数据库管理系统的重要指标，MySQL 提供了访问控制，以确保 MySQL 服务器的安全访问。数据库安全管理是指拥有相应权限的用户才可以访问数据库中的相应对象，执行相应的合法操作，用户应该对他们需要的数据具有适当的访问权，既不能多，也不能少。本章主要介绍 MySQL 权限系统、用户管理、权限管理等内容。

10.1　MySQL 权限系统

MySQL 数据库管理系统主要通过用户权限管理实现其安全性控制。在服务器上运行 MySQL 时，数据库管理员的职责是使 MySQL 免遭用户的非法侵入，拒绝其访问数据库，保证数据库的安全性和完整性。

10.1.1　MySQL 权限系统工作过程

MySQL 的访问控制分为两个阶段：连接核实阶段和请求核实阶段。

（1）连接核实阶段

当用户试图连接 MySQL 服务器时，MySQL 对用户提供的信息使用 user 表中的 Host、User、Password 字段进行验证，仅当用户提供的主机名、用户名和密码与 user 表中对应字段值完全匹配时，才接受连接。

（2）请求核实阶段

接受连接后，服务器进入请求核实阶段，对该连接上的每个请求，MySQL 服务器检查该请求要执行什么操作，是否有足够的权限来执行它，这些权限保存在 user、db、host、tables_priv、columns_priv 权限表中。

确认权限时，MySQL 首先检查指定的权限是否在 user 表中被授予，若没有被授予，则继续检查 db 表，权限限定于数据库层级；若在该层级没有找到指定的权限，则继续检查 tables_priv 表和 columns_priv 表，权限限定于表级和列级；若所有权限表都检查完毕，没有找到允许的权限操作，则 MySQL 返回错误信息，用户请求操作不能被执行，操作失败。

10.1.2 MySQL 权限表

MySQL 服务器通过权限来控制用户对数据库的访问，权限表保存在名为 mysql 的数据库中，这些权限表中最重要的是 user 表；此外，还有 db 表、tables_priv 表、columns_priv 表、procs_priv 表等。

在 MySQL 权限表的结构中，顶层是 user 表，它是全局级的；下一层是 db 表和 host 表，它们是数据库层级的；底层是 tables_priv 表和 columns_priv 表，它们是表级和列级的。低等级的表只能从高等级的表得到必要的范围或权限。

（1）user 表

user 表是 MySQL 最重要的一个权限表，记录允许连接到服务器的账号信息，user 表的权限是全局级的，即针对所有用户数据库所有表。MySQL 8.0 中的 user 表有 51 个字段，可分为 4 类，分别是用户列、权限列、安全列和资源控制列。在 MySQL 数据库中，使用以下命令可以查看 user 表的表结构。

```
mysql> DESC user;
```

（2）db 表

db 表也是 MySQL 数据库非常重要的权限表。db 表存储了用户对某数据库的操作权限，决定用户能从哪个主机存取哪个数据库。db 表的字段大致可以分为两类：用户列和权限列。

（3）tables_priv 表和 columns_priv 表

tables_priv 表用于对表进行权限设置。tables_priv 表包含 8 个字段，分别是 Host、Db、User、Table_name、Grantor、Timestamp、Table_priv 和 Column_priv。

columns_priv 表用于对表的某一列进行权限设置。columns_priv 表包含 7 个字段，分别是 Host、Db、User、Table_name、Column_name、Timestamp 和 Column_priv。

（4）procs_priv 表

procs_priv 表可以通过存储过程和存储函数进行权限设置。procs_priv 表包含 8 个字段，分别是 Host、Db、User、Routine_name、Routine_type、Grantor、Proc_priv 和 Timestamp。

10.2 用户管理

一个新安装的 MySQL 系统只有一个名为 root 的用户，可以使用以下语句进行查看：

```
mysql> SELECT host, user, authentication_string FROM mysql.user;
+------------+----------+-------------------------------------------+
| host       | user     | authentication_string                     |
+------------+----------+-------------------------------------------+
| localhost  | root     | *6BB4837EB74329105EE4568DDA7DC67ED2CA2AD9 |
+------------+----------+-------------------------------------------+
1 rows in set (0.00 sec)
```

root 用户是在安装 MySQL 服务器后由系统创建的，被赋予了操作和管理 MySQL 的所有权限。在实际操作中，为了避免恶意用户冒名使用 root 账号操作和控制数据库，通常需要创建一系列具备适当权限的用户，尽可能不用或少用 root 账号登录系统，以确保安全访问。

下面介绍用户管理中的创建用户、删除用户、修改用户账号和修改用户口令等操作。

10.2.1 创建用户

CREATE USER 语句用于创建一个或多个用户并设置口令。当使用 CREATE USER 语句时，必须拥有 MySQL 数据库的全局 CREATE USER 权限或 INSERT 权限。语法格式：

```
CREATE USER user_specification [ , user_specification ] …
```

其中，user_specification 的语法格式为：

```
user
[
    IDENTIFIED BY [ PASSWORD ] 'password'
| IDENTIFIED WITH auth_plugin [ AS 'auth_string']
]
```

说明：

① user 指定创建的用户账号，格式为'user_name'@'host_name'。其中，user_name 是用户名，host _name 是主机名。若未指定主机名，则主机名默认为%，即一组主机。

② IDENTIFIED BY 子句用于指定用户账号对应的口令，若无口令，则可以省略该子句。

③ PASSWORD 为可选项，用于指定散列口令。

④ password 指定用户账号的口令。口令可以是由字母和数字组成的明文，也可以是散列值。

⑤ IDENTIFIED WITH 子句用于指定验证用户账号的认证插件。

⑥ auth_plugin 指定认证插件的名称。

【例 10.1】创建用户 cheng，口令为 abcd；创建用户 liu，口令为 efg4；创建用户 huang，口令为 1234；创建用户 wei，口令为 h567。

```
mysql> CREATE USER 'cheng'@'localhost' IDENTIFIED BY 'abcd',
    ->     'liu'@'localhost' IDENTIFIED BY 'efg4',
    ->     'huang'@'localhost' IDENTIFIED BY '1234',
    ->     'wei'@'localhost' IDENTIFIED BY 'h567';
Query OK, 0 rows affected (0.09 sec)
```

使用 CREATE USER 语句的注意事项如下。

① 使用 CREATE USER 语句创建一个用户账号后，会在 MySQL 数据库的 user 表中添加一个新记录。若创建的账户存在，则该语句会执行出错。

② 若两个用户名相同而主机名不同，则 MySQL 认为是不同的用户。

③ 当使用 CREATE USER 语句时没有为用户指定口令，MySQL 允许该用户不使用

口令登录系统。但为了安全不推荐这种做法。

④ 新创建的用户拥有很少的权限，只允许进行不需要权限的操作。

10.2.2 删除用户

DROP USER 语句用于删除用户。使用 DROP USER 语句时，必须拥有 MySQL 数据库的全局 CREATE USER 权限或 DELETE 权限。语法格式：

```
DROP USER user [ user ]…
```

【例 10.2】删除用户 liu。

```
mysql> DROP USER 'liu'@'localhost';
Query OK, 0 rows affected (0.07 sec)
```

使用 DROP USER 语句的注意事项如下。

① DROP USER 语句用于删除一个或多个用户，并消除其权限。

② 在 DROP USER 语句中，若未指定主机名，则主机名默认为%。

10.2.3 修改用户账号

RENAME USER 语句用于修改用户账号。使用 RENAME USER 语句时，必须拥有 MySQL 数据库的全局 CREATE USER 权限或 UPDATE 权限。语法格式：

```
RENAME USER old_user TO new_user [ , old_user TO new_user ]…
```

说明：

① old_user 为已存在的 MySQL 用户账号。

② new_user 为新的 MySQL 用户账号。

【例 10.3】将用户 huang 的名字修改为 wang。

```
mysql> RENAME USER 'huang'@'localhost' TO 'wang'@'localhost';
Query OK, 0 rows affected (0.07 sec)
```

使用 RENAME USER 语句的注意事项如下。

① RENAME USER 语句用于对原有 MySQL 账号进行重命名。

② 如果系统中新账户已存在或旧账户不存在，那么该语句会执行出错。

10.2.4 修改用户口令

SET PASSWORD 语句用于修改用户口令。语法格式：

```
SET PASSWORD FOR user='password'
```

【例 10.4】将用户 wang 的口令修改为 mnp。

```
mysql> SET PASSWORD FOR 'wang'@'localhost'='mnp';
Query OK, 0 rows affected (0.13 sec)
```

使用 SET PASSWORD 语句的注意事项为，若系统中的账户不存在，则该语句执行会出错。

10.3 权限管理

创建一个新用户后，该用户还没有访问权限，因此无法操作数据库，还需要被授予适当的权限。

10.3.1 授予权限

GRANT 语句用于授予用户的权限。语法格式：

```
GRANT
    priv_type[(column_list)] [, priv_type[(column_list)]]…
    ON [object_type] priv_level
    TO user_specification[, user_specification ]…
    [REQUIRE | NONE | ssl_option [[AND ] ssl_option ]… | ]
    [WITH with_option…]
```

其中，object_type 的语法格式为：

```
    TABLE | FUNCTION | PROCEDURE
```

priv_level 的语法格式为：

```
    * | *.* | db_name.* | db_name.tbl_name | tbl_name | db_name.routine _name
```

user_specification 的语法格式为：

```
    user
    [ IDENTIFIED BY [ PASSWORD ] 'password'
      | IDENTIFIED WITH auth_plugin [ AS 'auth_string']
    ]
```

with_option 的语法格式为：

```
    GRANT OPTION
    | MAX_QUERIES_PER_HOUR count | MAX_UPDATES_PER_HOUR count
    | MAX_CONNECTIONS_PER_HOUR count | MAX_USER_PER_HOUR count
```

说明：

① priv_type 指定权限的名称，如 SELECT、INSERT、UPDATE、DELETE 等操作。

② column_list 为可选项，用于指定要授予表中哪些列。

③ ON 子句指定权限授予的对象和级别，如要授予权限的数据库名或表名等。

④ object_type 为可选项，用于指定权限授予的对象类型，包括表、函数和存储过程。

⑤ priv_level 指定权限的级别，授予的权限有以下几组。

❖ 列权限：与表中的一个具体列相关。例如，使用 UPDATE 语句更新 student 表中 sno 列的值的权限。

❖ 表权限：与一个具体表中的所有数据相关。例如，使用 SELECT 语句查询 student 表中所有数据的权限。

❖ 数据库权限：与一个具体数据库中的所有表相关。例如，在已有的 stusys 数据库中创建新表的权限。

❖ 用户权限：与 MySQL 所有的数据库相关。例如，删除已有的数据库或者创建一个新的数据库的权限。

在 GRANT 语句中，可用于指定权限级别的值的格式如下。

❖ *：表示当前数据库中的所有表。

❖ *.*：表示所有数据库中的所有表。

❖ db_name.*：表示某数据库中的所有表。

❖ db_name.tbl_name：表示某数据库中的某个表或视图。

❖ tbl_name：表示某个表或视图。

❖ db_name.routine _name：表示某数据库中的某个存储过程或函数。

⑥ TO 子句指定被授予权限的用户。

⑦ user_specification 为可选项，其功能与 CREATE USER 语句中 user_specification 选项的功能相同。

⑧ WITH 子句用于实现权限的转移和限制。

1．授予列权限

当授予列权限时，priv_level 的值只能是 SELECT、INSERT 和 UPDATE，权限后需要加上列名列表。

【例 10.5】授予用户 cheng 在 sales 数据库的 employee 表上对员工号列和姓名列的 SELECT 权限。

```
mysql> GRANT SELECT(emplno, emplname)
    ->     ON sales.employee
    ->     TO 'cheng'@'localhost';
Query OK, 0 rows affected (0.17 sec)
```

2．授予表权限

当授予表权限时，priv_level 可以是以下值。

❖ SELECT：授予用户使用 SELECT 语句访问特定的表的权限。

❖ INSERT：授予用户使用 INSERT 语句向一个特定表中添加行的权限。

❖ UPDATE：授予用户使用 UPDATE 语句修改特定表中值的权限。

❖ DELETE：授予用户使用 DELETE 语句向一个特定表中删除行的权限。

❖ REFERENCES：授予用户创建一个外键来参照特定的表的权限。

❖ CREATE：授予用户使用特定的名字创建一个表的权限。

❖ ALTER：授予用户使用 ALTER TABLE 语句修改表的权限。

❖ DROP：授予用户删除表的权限。

❖ INDEX：授予用户在表上定义索引的权限。

❖ ALL 或 ALL PRIVILEGES：表示所有权限名。

【例 10.6】创建新用户 he 和 fu 后，授予他们在 sales 数据库的 employee 表上的 SELECT 和 INSERT 权限。

```
mysql> CREATE USER 'he'@'localhost' IDENTIFIED BY 'm123',
    ->      'fu'@'localhost' IDENTIFIED BY '456n';
Query OK, 0 rows affected (0.05 sec)

mysql>
mysql> GRANT SELECT, INSERT
    ->      ON sales.employee
    ->      TO 'he'@'localhost', 'fu'@'localhost';
Query OK, 0 rows affected (0.06 sec)
```

3. 授予数据库权限

当授予数据库权限时，priv_level 可以是以下值。

❖ SELECT：授予用户使用 SELECT 语句访问特定数据库中所有表和视图的权限。

❖ INSERT：授予用户使用 INSERT 语句向特定数据库中所有表添加行的权限。

❖ UPDATE：授予用户使用 UPDATE 语句更新特定数据库中所有表的值的权限。

❖ DELETE：授予用户使用 DELETE 语句删除特定数据库中所有表的行的权限。

❖ REFERENCES：授予用户创建指向特定的数据库中的表外键的权限。

❖ CREATE：授予用户使用 CREATE TABLE 语句在特定数据库中创建新表的权限。

❖ ALTER：授予用户使用 ALTER TABLE 语句修改特定数据库中所有表的权限。

❖ DROP：授予用户删除特定数据库中所有表和视图的权限。

❖ INDEX：授予用户在特定数据库中的所有表上定义和删除索引的权限。

❖ CREATE TEMPORARY TABLES：授予用户在特定数据库中创建临时表的权限。

❖ CREATE VIEW：授予用户在特定数据库中创建新的视图的权限。

❖ SHOW VIEW：授予用户查看特定数据库中已有视图的视图定义的权限。

❖ CREATE ROUTINE：授予用户为特定的数据库创建存储过程和存储函数的权限。

❖ ALTER ROUTINE：授予用户更新和删除数据库中已有的存储过程和存储函数的权限。

❖ EXECUTE ROUTINE：授予用户调用特定数据库的存储过程和存储函数的权限。

❖ LOCK TABLES：授予用户锁定特定数据库中已有表的权限。

❖ ALL 或 ALL PRIVILEGES：表示以上所有权限名。

【例 10.7】授予用户 wang 对 sales 数据库执行所有数据库操作的权限。

```
mysql> GRANT ALL
    ->      ON sales.*
    ->      TO 'wang'@'localhost';
Query OK, 0 rows affected (0.09 sec)
```

【例 10.8】授予用户 wei 对所有数据库中所有表的 SELECT 和 INSERT 的权限。

```
mysql> GRANT SELECT, INSERT
    ->      ON *.*
    ->      TO 'wei'@'localhost';
Query OK, 0 rows affected (0.07 sec)
```

【例 10.9】授予已存在用户 song 对所有数据库中所有表的 CREATE 和 DROP 的权限。

```
mysql> GRANT CREATE, DROP
    ->     ON *.*
    ->     TO 'song'@'localhost';
Query OK, 0 rows affected (0.07 sec)
```

4. 授予用户权限

授予用户权限时，priv_level 可以是以下值。

- ❖ CREATE USER：授予用户创建和删除新用户的权限。
- ❖ SHOW DATABASES：授予用户使用 SHOW DATABASES 语句查看所有已有的数据库的定义的权限。

【例 10.10】授予已存在用户 luo 创建新用户的权限。

```
mysql> GRANT CREATE USER
    ->     ON *.*
    ->     TO 'luo'@'localhost';
Query OK, 0 rows affected (0.09 sec)
```

【例 10.11】通过 user 表，查询以上用户对所有数据库的权限。

```
mysql> SELECT Host, User, Select_priv, Insert_priv, Create_priv, Drop_priv,
Create_user_priv
    ->     FROM mysql.user;
```

查询结果：

```
+-----------+------------------+-------------+-------------+-------------+-----------+-----------------+
| Host      | User             | Select_priv | Insert_priv| Create_priv| Drop_priv| Create_user_priv|
+-----------+------------------+-------------+-------------+-------------+-----------+-----------------+
| localhost | cheng            | N           | N           | N           | N         | N               |
| localhost | fu               | N           | N           | N           | N         | N               |
| localhost | he               | N           | N           | N           | N         | N               |
| localhost | luo              | N           | N           | N           | N         | Y               |
| localhost | mysql.infoschema| Y           | N           | N           | N         | N               |
| localhost | mysql.session    | N           | N           | N           | N         | N               |
| localhost | ren              | N           | N           | N           | N         | N               |
| localhost | root             | Y           | Y           | Y           | Y         | Y               |
| localhost | song             | N           | N           | Y           | Y         | N               |
| localhost | wang             | N           | N           | N           | N         | N               |
```

```
| localhost | wei           | Y          | Y          | N          | N         | N          |
+-----------+---------------+------------+------------+------------+-----------+------------+
12 rows in set (0.04 sec)
```

由查询结果可以看出，用户 luo 被授予创建新用户的权限，用户 song 被授予对所有数据库中所有表的 CREATE 和 DROP 的权限，用户 wei 被授予对所有数据库中所有表的 SELECT 和 INSERT 的权限。

5. 权限的转移

在 GRANT 语句中，若将 WITH 子句指定为 WITH GRANT OPTION，则表示 TO 子句中所指定的所有用户都具有将自己所拥有的权限授予其他用户的权利，而无论其他用户是否拥有该权限。

【例 10.12】授予已存在用户 ren 在 sales 数据库的 employee 表的 SELECT 和 UPDATE 权限，并允许将自身的权限授予其他用户。

```
mysql> GRANT SELECT, UPDATE
    ->     ON sales.employee
    ->     TO 'ren'@'localhost'
    ->     WITH GRANT OPTION;
Query OK, 0 rows affected (0.06 sec)
```

10.3.2 权限的撤销

REVOKE 语句用于撤销用户的权限。使用 REVOKE 语句时，必须拥有 MySQL 数据库的全局 CREATE USER 权限或 UPDATE 权限。

第一种语法格式：

```
REVOKE priv_type[(column_list)] [,priv_type[(column_list)]]…
    ON [object_type] priv_level
    FROM user[, user]…
```

第二种语法格式：

```
REVOKE ALL PRIVILIEGES, GRANT OPTION
    FROM user[, user]…
```

说明：

① REVOKE 语句的语法格式与 GRANT 语句的基本相似，但具有相反的功能。

② 第一种语法格式用于回收某些特定的权限。

③ 第二种语法格式用于回收特定用户的所有权限。

【例 10.13】撤销用户 ren 在 sales 数据库的 employee 表上的 UPDATE 权限。

```
mysql> REVOKE UPDATE
    ->     ON sales.employee
    ->     FROM 'ren'@'localhost';
Query OK, 0 rows affected (0.03 sec)
```

【例 10.14】通过 tables_priv 表，查询以上用户对 employee 表的权限。

```
mysql> SELECT Host, Db, User, Table_name, Table_priv, Column_priv
    ->      FROM mysql.tables_priv;
```

查询结果:

```
+-----------+-------+-------------+-----------+-------------+------------+
| Host      | Db    | User        | Table_name | Table_priv   | Column_priv |
+-----------+-------+-------------+-----------+-------------+------------+
| localhost | mysql | mysql.session| user      | Select        |            |
| localhost | sales | cheng        | employee  |               | Select     |
| localhost | sales | fu           | employee  | Select,Insert|            |
| localhost | sales | he           | employee  | Select,Insert|            |
| localhost | sales | ren          | employee  | Select,Grant |            |
| localhost | sys   | mysql.sys    | sys_config | Select       |            |
+-----------+-------+-------------+-----------+-------------+------------+
6 rows in set (0.01 sec)
```

由查询结果可以看出，用户 fu 和用户 he 被授予在 student 表的 SELECT 和 INSERT 权限;用户 cheng 被授予在 employee 表有关列的 SELEC 权限;用户 ren 被授予在 employee 表的 SELECT 权限，并可将自身的权限授予其他用户。

小　结

本章主要介绍了以下内容。

① 安全管理是评价一个数据库管理系统的重要指标，MySQL 提供了访问控制，以确保 MySQL 服务器的安全访问。MySQL 数据库安全管理是指拥有相应权限的用户才可以访问数据库中的相应对象，执行相应的合法操作，用户应该对他们需要的数据具有适当的访问权，既不能多，也不能少。

② MySQL 数据库管理系统主要通过用户权限管理实现其安全性控制。

MySQL 的访问控制分为两个阶段：连接核实阶段和请求核实阶段。

MySQL 权限表保存在名为 mysql 的数据库中，这些权限表中最重要的是 user 表，还有 db 表、tables_priv 表、columns_priv 表、procs_priv 表等。

在 MySQL 权限表的结构中，顶层是 user 表，它是全局级的；下一层是 db 表和 host 表，它们是数据库层级的；底层是 tables_priv 表和 columns_priv 表，它们是表级和列级的。低等级的表只能从高等级的表得到必要的范围或权限。

③ root 用户是在安装 MySQL 服务器后由系统创建的，被赋予了操作和管理 MySQL 的所有权限。在实际操作中，为了避免恶意用户冒名使用 root 账号操作和控制数据库，通常需要创建一系列具备适当权限的用户，尽可能不用或少用 root 账号登录系统，以确保安全访问。

④ 用户管理包括创建用户、删除用户、修改用户账号和修改用户口令等操作。CREATE USER 语句用于创建用户，DROP USER 语句用于删除用户，RENAME USER 语句用于修改用户账号，SET PASSWORD 语句用于修改用户口令。

⑤ 权限管理包括授予权限、撤销权限等操作。授予权限包括授予列权限、授予表权限、授予数据库权限、授予用户权限。GRANT 语句用于授予用户的权限，REVOKE 语句用于撤销用户的权限。

习题 10

一、选择题

10.1 在 MySQL 中，存储用户全局权限的表是________。

A．columns_priv　　B．user　　C．procs_priv　　D．tables_priv

10.2 添加用户的语句是________。

A．CREATE　　B．INSERT　　C．EVOKE　　D．RENAME

10.3 撤销用户权限的语句是________。

A．GRANT　　B．UPDATE　　C．EVOKE　　D．REVOKE

二、填空题

10.4 MySQL 权限表保存在名为________的数据库中。

10.5 MySQL 的访问控制分为两个阶段：连接核实阶段和________。

10.6 root用户是在安装MySQL服务器后由系统创建的，被赋予了操作和管理MySQL的________权限。

10.7 ________ 语句用于删除用户。

10.8 ________语句用于授予用户的权限。

三、问答题

10.9 MySQL 权限表保存在哪个数据库中？有哪些权限表？

10.10 简述 MySQL 权限表的结构。

10.11 用户管理包括哪些操作？简述其使用的语句。

10.12 权限管理包括哪些操作？简述其使用的语句。

10.13 MySQL 可以授予的权限有哪几组？

10.14 MySQL 用于指定权限级别的值的格式有哪些？

四、应用题

10.15 创建一个用户 guo, 口令为 test2020。

10.16 授予用户 guo 对 employee 表的查询、修改和删除数据的权限，同时允许该用户将获得的权限授予其他用户。

10.17 继续进行以下操作。

（1）创建 hu1、hu2 两个用户。

（2）授予用户 hu1 对 sales 数据库所有表的查询、添加、修改和删除数据的权限。

（3）授予用户 hu2 对所有数据库所有表的 CREATE、ALTER 和 DROP 的权限。

实 验 10

实验 10.1　权限管理和安全控制

1．实验目的及要求

（1）了解 MySQL 权限系统工作过程。

（2）理解权限管理和安全控制的概念。

（3）掌握创建、修改和删除用户，以及权限授予和收回等操作。

（4）具备设计、编写、调试用户管理和权限管理语句来解决应用问题的能力。

2．验证性实验

使用用户管理、权限管理语句解决以下应用问题。

（1）创建用户 test1，口令为 s1234；创建用户 test2，口令为 5678t；创建用户 test3，口令为 work1；创建用户 test4，口令为 work2。

```
mysql> CREATE USER 'test1'@'localhost' IDENTIFIED BY 's1234',
    ->     'test2'@'localhost' IDENTIFIED BY '5678t',
    ->     'test3'@'localhost' IDENTIFIED BY 'work1',
    ->     'test4'@'localhost' IDENTIFIED BY 'work2';
```

（2）删除用户 test4。

```
mysql> DROP USER 'test4'@'localhost';
```

（3）将用户 test3 的名字修改为 hong。

```
mysql> RENAME USER 'test3'@'localhost' TO 'hong'@'localhost';
```

（4）将用户 hong 的口令修改为 pq3456。

```
mysql> SET PASSWORD FOR 'hong'@'localhost'='pq3456';
```

（5）授予用户 test1 在 stuscopm 数据库的 Student 表对“学号”列和“专业”列的 SELECT 权限。

```
mysql> GRANT SELECT(StudentID, Speciality)
    ->     ON stuscopm.Student
    ->     TO 'test1'@'localhost';
```

（6）先创建新用户 ye 和 tan，然后授予他们在 stuscopm 数据库的 Student 表的 SELECT、INSERT 和 DELETE 权限，并允许将自身的权限授予其他用户。

```
mysql> CREATE USER 'ye'@'localhost' IDENTIFIED BY 'm345',
    ->     'tan'@'localhost' IDENTIFIED BY 'm678';

mysql> GRANT SELECT, INSERT, DELETE
    ->     ON stuscopm.Student
```

```
    ->     TO 'ye'@'localhost', 'tan'@'localhost'
    ->     WITH GRANT OPTION;
```

（7）授予用户 hong 对 stuscopm 数据库执行所有数据库操作的权限。

```
mysql> GRANT ALL
    ->     ON stuscopm.*
    ->     TO 'hong'@'localhost';
```

（8）授予用户 test2 创建新用户的权限。

```
mysql> GRANT CREATE USER
    ->     ON *.*
    ->     TO 'test2'@'localhost';
```

（9）授予已存在用户 yuan 对所有数据库中所有表的 CREATE、ALTER 和 DROP 权限。

```
mysql> GRANT CREATE, ALTER, DROP
    ->     ON *.*
    ->     TO 'yuan'@'localhost';
```

（10）收回用户 ye 在 stuscopm 数据库的 Student 表上的 INSERT 和 DELETE 权限。

```
mysql> REVOKE INSERT, DELETE
    ->     ON stuscopm.Student
    ->     FROM 'ye'@'localhost';
```

3．设计性实验

设计、编写、调试用户管理和权限管理语句，以解决以下应用问题。

（1）创建用户 usr1，口令为 em12；创建用户 usr2，口令为 em34；创建用户 usr3，口令为 em56。

（2）删除用户 usr3。

（3）将用户 usr2 的名字修改为 fan。

（4）将用户 fan 的口令修改为 np12。

（5）授予用户 usr1 在 salespm 数据库的 EmplInfo 表上对“员工号”列和“员工姓名”列的 SELECT 权限。

（6）先创建新用户 liao 和 tang，然后授予他们在 salespm 数据库的 EmplInfo 表的 SELECT 和 UPDATE 权限，并允许将自身的权限授予其他用户。

（7）授予用户 fan 对 salespm 数据库执行所有数据库操作的权限。

（8）授予已存在用户 bai 创建新用户的权限。

（9）授予已存在用户 xie 对所有数据库中所有表的 CREATE、ALTER 和 DROP 权限。

（10）收回用户 liao 在 salespm 数据库的 EmplInfo 表的 UPDATE 权限。

4．观察与思考

（1）列权限、表权限、数据库权限、用户权限有哪些不同之处？

（2）授予权限和撤销权限有什么关系？

第 11 章　备份和恢复

备份和恢复是数据库管理中常用的操作，目的是将数据库中的数据导出，生成副本，然后在系统发生故障后能够恢复数据。为了防止人为操作和自然灾难而引起的数据丢失或破坏，提供备份和恢复机制是一项重要的系统管理工作。本章主要介绍备份和恢复的基本概念、备份数据、恢复数据等内容。

11.1　备份和恢复的基本概念

数据库中的数据丢失或被破坏可能是由以下原因造成的。

① 计算机硬件故障。由于使用不当或产品质量等原因，计算机硬件可能出现故障，不能使用。

② 软件故障。由于软件设计上的失误或用户使用不当，软件系统可能被用户误操作引起数据破坏。

③ 病毒。这里的病毒是指计算机病毒。破坏性病毒会破坏系统软件、硬件和数据。

④ 误操作。用户错误使用了 DELETE、UPDATE 等命令而引起数据丢失或破坏；错误使用 DROP DATABASE 语句或 DROP TABLE 的语句，会让数据库或数据表中的数据被清除；DELETE * FROM table_name 语句用于清空数据表。这样的误操作很容易发生。

⑤ 自然灾害。如火灾、洪水或地震等，它们会造成极大的破坏，毁坏计算机系统及其数据。

⑥ 盗窃。一些重要数据可能会被盗窃。

面对上述情况，数据库系统提供了备份和恢复功能来保证数据库中数据的可靠性和完整性。

数据库备份是通过导出数据或复制表文件等方式制作数据库的副本。数据库恢复是当数据库出现故障或受到破坏时，将数据库备份加载到系统，从而使数据库从错误状态恢复到备份时的正确状态。数据库的恢复以备份为基础，是与备份相对应的系统维护和管理工作。

11.2　导出表数据和备份数据

MySQL 数据库常用的备份数据方法有使用 SELECT…INTO OUTFILE 语句导出表数据、使用 mysqldump 命令备份数据等。

11.2.1 导出表数据

SELECT…INTO OUTFILE 语句用于导出表数据。LOAD DATA INFILE 语句用于恢复先前导出表的数据。但只能导出或导入表的数据内容，不包括表结构。语法格式：

```
SELECT columnist FROM table WHERE condition INTO OUTFILE 'filename' [OPTIONS]
```

其中，OPTIONS：

```
FIELDS TERMINATED BY 'value'
FIELDS [OPTIONALLY] ENCLOSED BY 'value'
FIELDS ESCAPED BY 'value'
LINES STARTING BY 'value'
LINES TERMINATED BY 'value'
```

说明：

① filename 指定导出文件名。

② 在 OPTIONS 中可以加入以下两个自选的子句，其作用是决定数据行在文件中存储的格式。

- ❖ FIELDS 子句：在 FIELDS 子句中有 3 个亚子句：TERMINATED BY、[OPTIONALLY] ENCLOSED BY 和 ESCAPED BY。若指定了 FIELDS 子句，则这 3 个亚子句中至少要指定一个。
  - ➢ TERMINATED BY 用来指定字段值之间的符号。例如，"TERMINATED BY ','" 表示指定逗号作为两个字段值之间的标志。
  - ➢ ENCLOSED BY 子句用来指定包裹文件中字符值的符号。例如，"ENCLOSED BY '"'" 表示文件中字符值放在双引号之间，若加上 OPTIONALLY 关键字，则表示所有的值都放在双引号之间。
  - ➢ ESCAPED BY 子句用来指定转义字符。例如，"ESCAPED BY '*'" 表示将 "*" 指定为转义字符，取代 "\"，如将空格表示为 "*N"。
- ❖ LINES 子句：在 LINES 子句中使用 TERMINATED BY 指定一行结束的标志。例如，"LINES TERMINATED BY '?'" 表示一行以 "?" 作为结束标志。

若 FIELDS 和 LINES 子句都不指定，则默认声明以下子句：

```
FIELDS TERMINATED BY '\t' ENCLOSED BY '' ESCAPED BY '\\'
LINES TERMINATED BY '\n'
```

MySQL 对使用 SELECT…INTO OUTFILE 语句和 LOAD DATA INFILE 语句导出和导入的目录有权限限制，需要对指定目录进行操作，指定目录为 C:/ProgramData/MySQL/MySQL Server 8.0/Uploads/。

【例 11.1】将 sales 数据库的 goods 表中的数据备份到指定目录，C:/ProgramData/MySQL/MySQL Server 8.0/Uploads/，要求字段值如果是字符就使用 """ 标注，字段值之间使用 "," 隔开，每行以 "?" 作为结束标志。

```
mysql> SELECT * FROM goods
    ->     INTO OUTFILE 'C:/ProgramData/MySQL/MySQL Server 8.0/Uploads/goods.txt'
```

```
    ->     FIELDS TERMINATED BY ','
    ->     OPTIONALLY ENCLOSED BY '"'
    ->     LINES TERMINATED BY '?';
Query OK, 7 rows affected (0.01 sec)
```

导出成功后，goods.txt 文件的内容如图 11.1 所示。

图 11.1　goods.txt 文件的内容

11.2.2　mysqldump 命令用于备份数据

MySQL 提供了很多客户端程序和实用工具，MySQL 安装目录下的 bin 子目录存储这些客户端程序，mysqldump 命令就是其中之一。

使用客户端程序的方法如下。

① 单击“开始”菜单，在“搜索程序和文件”文本框中输入“cmd”命令，按 Enter 键，进入 DOS 窗口。

② 输入“cd C:\Program Files\MySQL\MySQL Server 8.0\bin”命令，按 Enter 键，进入安装 MySQL 的 bin 目录。

打开 MySQL 客户端实用程序运行界面，如图 11.2 所示。

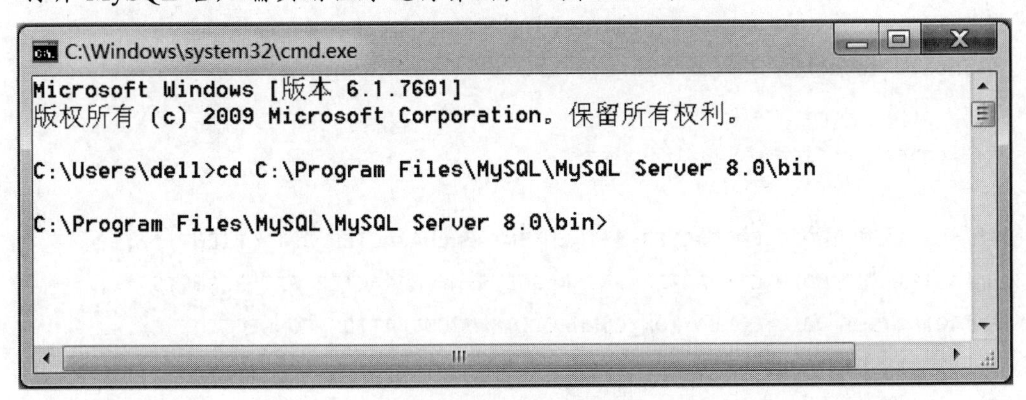

图 11.2　MySQL 客户端实用程序运行界面

mysqldump 命令用于将数据库的数据备份成一个文本文件，其工作原理为首先查出要备份的表的结构，在文本文件中生成一条 CREATE 语句；然后将表中的记录转换为 INSERT 语句。以后在恢复数据时，可以使用这些 CREATE 语句和 INSERT 语句。

mysqldump 命令用于备份表、数据库和整个数据库系统。

1. 备份表

mysqldump 命令用于备份一个数据库中的一个表或多个表。语法格式:

```
mysqldump -u username-p dbname table1 table2 …>filename.sql
```

说明:

① dbname 指定数据库名称。

② table1、table2 等指定一个表或多个表的名称。

③ filename.sql 为备份文件的名称,在文件名前可以加上一个绝对路径,通常备份成后缀名为.sql 的文件。

【例 11.2】使用 mysqldump 命令将 sales 数据库中的 goods 表备份到 D 盘 file 目录下。

在操作前先在 Windows 中创建目录 D:\file:

```
mysqldump -u root -p sales goods>D:\file\goods.sql
```

使用 mysqldump 命令备份 goods 表,如图 11.3 所示。

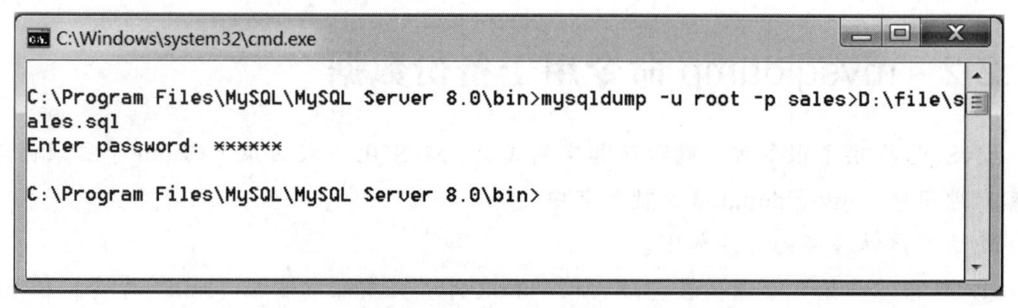

图 11.3 使用 mysqldump 命令备份 goods 表

查看 goods.sql 文件,其内容包括创建 goods 表的 CREATE 语句和插入数据的 INSERT 语句:

```
-- MySQL dump 10.13  Distrib 8.0.18, for Win64 (x86_64)
--
-- Host: localhost    Database: sales
-- ------------------------------------------------------
-- Server version   8.0.18

/*!40101 SET @OLD_CHARACTER_SET_CLIENT=@@CHARACTER_SET_CLIENT */;
/*!40101 SET @OLD_CHARACTER_SET_RESULTS=@@CHARACTER_SET_RESULTS */;
/*!40101 SET @OLD_COLLATION_CONNECTION=@@COLLATION_CONNECTION */;
/*!50503 SET NAMES utf8mb4 */;
/*!40103 SET @OLD_TIME_ZONE=@@TIME_ZONE */;
/*!40103 SET TIME_ZONE='+00:00' */;
/*!40014 SET @OLD_UNIQUE_CHECKS=@@UNIQUE_CHECKS, UNIQUE_CHECKS=0 */;
/*!40014 SET @OLD_FOREIGN_KEY_CHECKS=@@FOREIGN_KEY_CHECKS, FOREIGN_KEY_CHECKS=0
*/;
```

```
/*!40101 SET @OLD_SQL_MODE=@@SQL_MODE, SQL_MODE='NO_AUTO_VALUE_ON_ZERO' */;
/*!40111 SET @OLD_SQL_NOTES=@@SQL_NOTES, SQL_NOTES=0 */;

--
-- Table structure for table 'goods'
--

DROP TABLE IF EXISTS 'goods';
/*!40101 SET @saved_cs_client     = @@character_set_client */;
/*!50503 SET character_set_client = utf8mb4 */;
CREATE TABLE 'goods' (
  'goodsno' char(4) NOT NULL,
  'goodsname' char(30) NOT NULL,
  'classification' char(6) NOT NULL,
  'unitprice' decimal(8,2) NOT NULL,
  'stockquantity' int(11) DEFAULT '5',
  'goodsafloat' int(11) DEFAULT NULL,
  PRIMARY KEY ('goodsno')
) ENGINE=InnoDB DEFAULT CHARSET=utf8mb4 COLLATE=utf8mb4_0900_ai_ci;
/*!40101 SET character_set_client = @saved_cs_client */;

--
-- Dumping data for table 'goods'
--

LOCK TABLES 'goods' WRITE;
/*!40000 ALTER TABLE 'goods' DISABLE KEYS */;
INSERT INTO 'goods' VALUES ('1001','Microsoft Surface Pro 7','10',
6288.00,5,3),('1002','DELL  XPS13-7390','10',8877.00,5,0),('2001','Apple  iPad
Pro','20',7029.00,5,2),('3001','DELL PowerEdgeT140','30',8899.00,5,2),('3002','HP
HPE  ML30GEN10','30',8599.00,5,1),('4001','EPSON  L565','40',1959.00,10,NULL),
('4002','HP LaserJet Pro M203d/dn/dw','40',1799.00,12,2);
/*!40000 ALTER TABLE `goods` ENABLE KEYS */;
UNLOCK TABLES;
/*!40103 SET TIME_ZONE=@OLD_TIME_ZONE */;

/*!40101 SET SQL_MODE=@OLD_SQL_MODE */;
/*!40014 SET FOREIGN_KEY_CHECKS=@OLD_FOREIGN_KEY_CHECKS */;
/*!40014 SET UNIQUE_CHECKS=@OLD_UNIQUE_CHECKS */;
/*!40101 SET CHARACTER_SET_CLIENT=@OLD_CHARACTER_SET_CLIENT */;
```

```
/*!40101 SET CHARACTER_SET_RESULTS=@OLD_CHARACTER_SET_RESULTS */;
/*!40101 SET COLLATION_CONNECTION=@OLD_COLLATION_CONNECTION */;
/*!40111 SET SQL_NOTES=@OLD_SQL_NOTES */;

-- Dump completed on 2020-09-18 15:40:57
```

2. 备份数据库

mysqldump 命令用于备份一个数据库或多个数据库。

（1）备份一个数据库

语法格式：

```
mysqldump -u username-p dbname > filename.sql
```

说明：

① dbname 指定数据库名称。

② filename.sql 为备份文件的名称，在文件名前可以加上一个绝对路径，通常备份成后缀名为.sql 的文件。

【例 11.3】将 sales 数据库备份到 D 盘 file 目录下。

```
mysqldump -u root -p sales>D:\file\sales.sql
```

使用 mysqldump 命令备份 sales 数据库，如图 11.4 所示。

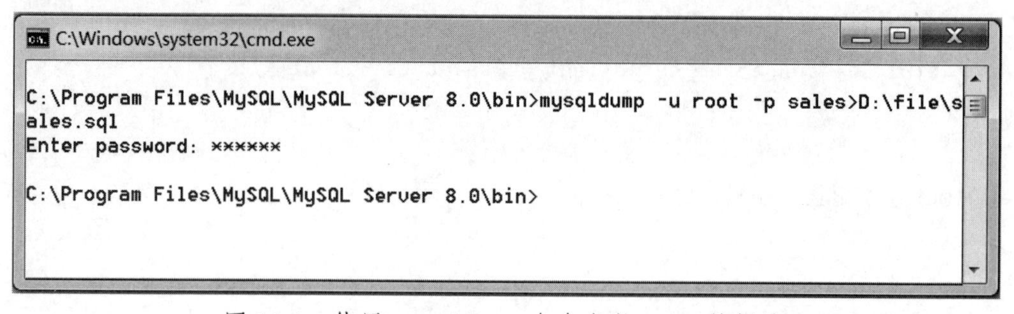

图 11.4　使用 mysqldump 命令备份 sales 数据库

（2）备份多个数据库

语法格式：

```
mysqldump -u username -p -database [dbname, [dbname…]]> filename.sql
```

说明：

① dbname 指定数据库名称。

② filename.sql 为备份文件的名称，在文件名前可以加上一个绝对路径，通常备份成后缀名为.sql 的文件。

3. 备份整个数据库系统

mysqldump 命令用于备份整个数据库系统。语法格式：

```
mysqldump -u username-p -all-database> filename.sql
```

说明：

① –all-database 指定整个数据库系统。

② filename.sql 为备份文件的名称，在文件名前可以加上一个绝对路径，通常备份成后缀名为.sql 的文件。

【例 11.4】将 MySQL 服务器上的所有数据库备份到 D 盘 file 目录下。

```
mysqldump -u root -p --all-databases>D:\file\alldata.sql
```

使用 mysqldump 命令备份 MySQL 服务器上的所有数据库，如图 11.5 所示。

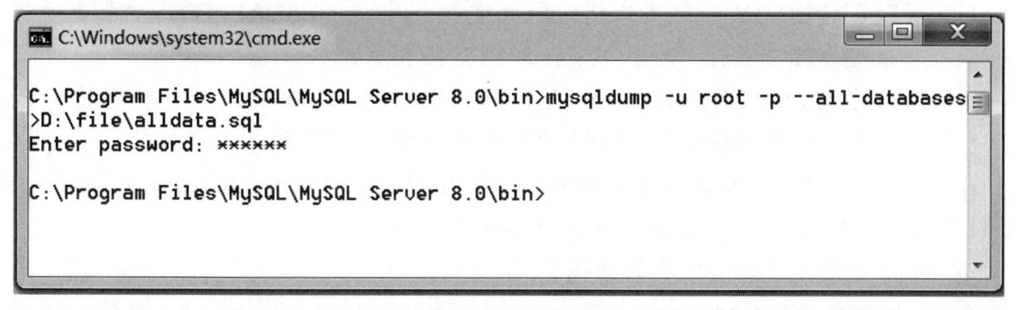

图 11.5　使用 mysqldump 命令备份 MySQL 服务器上的所有数据库

11.3　导入表数据和恢复数据

MySQL 数据库常用的恢复数据方法有使用 LOAD DATA INFILE 语句导入表数据、使用 mysql 命令恢复数据等。

11.3.1　导入表数据

LOAD DATA INFILE 语句用于导入表数据。语法格式：

```
LOAD DATA [LOCAL] INFILE filename INTO TABLE 'tablename' [OPTIONS] [IGNORE number LINES]
```

其中，OPTIONS 的语法格式为：

```
FIELDS TERMINATED BY 'value'
FIELDS [OPTIONALLY] ENCLOSED BY 'value'
FIELDS ESCAPED BY 'value'
LINES STARTING BY 'value'
LINES TERMINATED BY 'value'
```

说明：

① filename 为待导入的数据备份文件名。

② tablename 指定需要导入数据的表名。

③ 在 OPTIONS 中可以加入以下两个自选的子句，其作用是决定数据行在文件中存储的格式。

❖ FIELDS 子句有 3 个亚子句：TERMINATED BY、 [OPTIONALLY] ENCLOSED BY 和 ESCAPED BY。若指定了 FIELDS 子句，则这 3 个亚子句中至少指定一个。

- ➢ TERMINATED BY 用来指定字段值之间的符号。例如，“TERMINATED BY ','” 表示指定逗号作为两个字段值之间的标志。
- ➢ ENCLOSED BY 子句用来指定包裹文件中字符值的符号。例如，“ENCLOSED BY ' " '” 表示文件中字符值放在双引号之间，若加上 OPTIONALLY 关键字则表示所有的值都放在双引号之间。
- ➢ ESCAPED BY 子句用来指定转义字符。例如，“ESCAPED BY '*'” 表示将 “*” 指定为转义字符，取代 “\”，如将空格表示为 “*N”。

❖ LINES 子句：在 LINES 子句中使用 TERMINATED BY 指定一行结束的标志。例如，“LINES TERMINATED BY '?'” 表示一行以 “?” 作为结束标志。

【例 11.5】在删除 sales 数据库中 goods 表的数据后，使用 LOAD DATA INFILE 语句将例 11.1 的备份文件 goods.txt 导入空表 goods 中。

删除 sales 数据库中 goods 表的数据：

```
mysql> DELETE FROM goods;
Query OK, 7 rows affected (0.20 sec)
```

查询 goods 表中的数据，goods 表为空表：

```
mysql> SELECT * FROM goods;
Empty set (0.00 sec)
```

将例 11.1 备份后的数据导入空表 goods：

```
mysql>    LOAD    DATA    INFILE    'C:/ProgramData/MySQL/MySQL    Server 8.0/Uploads/goods.txt'
    ->     INTO TABLE goods
    ->     FIELDS TERMINATED BY ','
    ->     OPTIONALLY ENCLOSED BY '"'
    ->     LINES TERMINATED BY '?';
Query OK, 7 rows affected (0.06 sec)
Records: 7  Deleted: 0  Skipped: 0  Warnings: 0
```

查询 goods 表中的数据：

```
mysql> SELECT * FROM goods;
```

查询结果：

```
+----------+--------------------------+---------------+-----------+---------------+------------+
| goodsno  | goodsname                | classification | unitprice | stockquantity | goodsafloat |
+----------+--------------------------+---------------+-----------+---------------+------------+
| 1001     | Microsoft Surface Pro 7  | 10            |   6288.00|             5|           3|
| 1002     | DELL XPS13-7390          | 10            |   8877.00|             5|           0|
| 2001     | Apple iPad Pro           | 20            |   7029.00|             5|           2|
| 3001     | DELL PowerEdgeT140       | 30            |   8899.00|             5|           2|
| 3002     | HP HPE ML30GEN10         | 30            |   8599.00|             5|           1|
| 4001     | EPSON L565               | 40            |   1959.00|            10|        NULL|
```

```
| 4002      | HP LaserJet Pro M203d/dn/dw| 40            |     1799.00|            12|            2|
+----------+--------------------------+--------------+----------+--------------+-------------+
7 rows in set (0.00 sec)
```

11.3.2 mysql 命令用于恢复数据

mysql 命令用于恢复数据。语法格式:

```
mysql -u root -p [dbname]<filename.sql
```

说明:

① dbname 为待恢复数据库的名称，可选项。

② filename.sql 为备份文件的名称，在文件名前可以加上一个绝对路径。

【例 11.6】在删除 sales 数据库中的各表后，使用例 11.3 的备份文件 sales.sql 将其恢复。

```
mysql -u root -p sales<D:\file\sales.sql
```

mysql 命令用于恢复 sales 数据库，如图 11.6 所示。

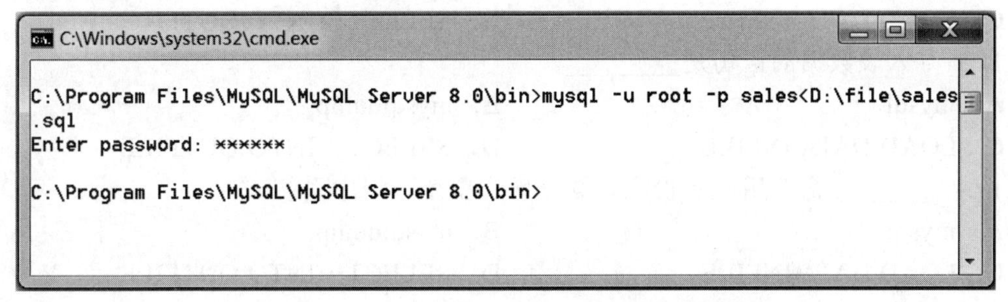

图 11.6　mysql 命令用于恢复 sales 数据库

小　结

本章主要介绍了以下内容。

① 数据库备份是通过导出数据或复制表文件等方式制作数据库的副本的。数据库恢复是当数据库出现故障或受到损坏时，将数据库备份加载到系统，使数据库从错误状态恢复到备份时的正确状态。数据库的恢复以备份为基础，是与备份相对应的系统维护和管理工作。

② MySQL 数据库常用的备份数据方法有使用 SELECT…INTO OUTFILE 语句导出表数据、使用 mysqldump 命令备份数据等。

SELECT…INTO OUTFILE 语句用于导出表数据，但只能导出表的数据内容，不包括表结构。

MySQL 提供了很多客户端程序和实用工具，MySQL 安装目录下的 bin 子目录存储这些客户端程序，mysqldump 命令就是其中之一。

mysqldump 命令用于将数据库的数据备份成一个文本文件，其工作原理为：首先查出要备份的表的结构，在文本文件中生成一条 CREATE 语句；然后将表中的记录转换为 INSERT 语句。以后在恢复数据时，可以使用这些 CREATE 语句和 INSERT 语句。

mysqldump 命令用于备份表、数据库和整个数据库系统。

③ MySQL 数据库常用的恢复数据方法有使用 LOAD DATA INFILE 语句导入表数据、使用 mysql 命令恢复数据等。

习题 11

一、选择题

11.1 恢复数据库，首先应该做的工作是________。

A．创建表备份　　B．创建数据库备份

C．删除表备份　　D．删除日志备份

11.2 导出表数据的语句是________。

A．mysql　　B．mysqldump

C．LOAD DATA INFILE　　D．SELECT…INTO OUTFILE

11.3 导入表数据的语句是________。

A．mysql　　B．mysqldump

C．LOAD DATA INFILE　　D．SELECT…INTO OUTFILE

11.4 ________命令用于备份表、数据库和整个数据库系统。

A．mysql　　B．mysqldump

C．LOAD DATA INFILE　　D．SELECT…INTO OUTFILE

二、填空题

11.5 数据库的恢复以________为基础。

11.6 使用 SELECT…INTO OUTFILE 语句只能导出表的数据内容，不包括________。

11.7 mysqldump 命令的工作原理为首先查出要备份的表的结构，在文本文件中生成一条 CREATE 语句；然后将表中的记录转换为________语句。

11.8 ________命令用于恢复数据。

三、问答题

11.9 哪些因素可能造成数据库中的数据丢失或损坏？

11.10 什么是数据库备份？什么是数据库恢复？

11.11 MySQL 数据库常用的备份数据方法有哪些？

11.12 MySQL 数据库常用的恢复数据方法有哪些？

四、应用题

11.13 将 sales 数据库中 orderdetail 表的数据导入 orderdetail.txt 文件。

11.14 在删除 orderdetail 表的数据后，使用 orderdetail.txt 文件中的数据导入 orderdetail 表。

11.15 备份 sales 数据库中的 orderform 表和 orderdetail 表。

实 验 11

实验 11.1 备份和恢复

1．实验目的及要求

（1）理解备份和恢复的概念。

（2）掌握 MySQL 数据库常用的备份数据方法和恢复数据方法。

（3）具备设计、编写、调试备份数据和恢复数据的语句和命令来解决应用问题的能力。

2．验证性实验

使用备份数据和恢复数据的语句和命令，解决以下应用问题。

（1）备份 stuscopm 数据库中 Student 表的数据，要求字段值如果是字符就使用“""”标注，字段值之间使用“,”隔开，每行以“?”作为结束标志。

```
mysql> SELECT * FROM Student
    ->     INTO OUTFILE 'C:/ProgramData/MySQL/MySQL Server 8.0/Uploads/Student.txt'
    ->     FIELDS TERMINATED BY ','
    ->     OPTIONALLY ENCLOSED BY '"'
    ->     LINES TERMINATED BY '?';
```

（2）使用 mysqldump 命令将 stuscopm 数据库的 Student 表、Score 表备份到 D 盘 filepm 目录下。

```
mysqldump -u root -p stuscopm Student Score>D:\filepm\Student_Score.sql
```

（3）将 stuscopm 数据库备份到 D 盘 filepm 目录下。

```
mysqldump -u root -p stuscopm>D:\filepm\stuscopm.sql
```

（4）将 MySQL 服务器的所有数据库备份到 D 盘 filepm 目录下。

```
mysqldump -u root -p --all-databases>D:\filepm\alldb.sql
```

（5）删除 stuscopm 数据库中 Student 表的数据之后，将（1）题的备份文件 Student.txt 导入空表 Student。

```
mysql> LOAD DATA INFILE 'C:/ProgramData/MySQL/MySQL Server 8.0/Uploads/Student.txt'
    ->     INTO TABLE Student
    ->     FIELDS TERMINATED BY ','
    ->     OPTIONALLY ENCLOSED BY '"'
    ->     LINES TERMINATED BY '?';
```

（6）删除 stuscopm 数据库中各个表之后，使用（3）题备份文件 stuscopm.sql 将其恢复。

```
mysql -u root -p stuscopm<D:\filepm\stuscopm.sql
```

3．设计性实验

设计、编写、调试备份数据和恢复数据的语句与命令解决以下应用问题。

（1）备份 salespm 数据库中 EmplInfo 表的数据，要求字段值如果是字符就使用“""”标注，字段值之间使用“,”隔开，每行以“?”作为结束标志。

（2）使用 mysqldump 命令将 salespm 数据库的 EmplInfo 表、DeptInfo 表备份到 C 盘 fileexpm 目录下。

（3）将 salespm 数据库备份到 C 盘 fileexpm 目录下。

（4）将 MySQL 服务器上的所有数据库备份到 C 盘 fileexpm 目录下。

（5）删除 salespm 数据库中 EmplInfo 表的数据之后，将（1）题备份文件 EmplInfo.txt 导入空表 EmplInfo 中。

（6）删除 salespm 数据库中各个表之后，使用（3）题备份文件 salespm.sql 将其恢复。

4．观察与思考

（1）使用 mysqldump 命令，操作前未在 Windows 中创建目录，会有什么现象发生？

（2）SELECT…INTO OUTFILE 语句和 LOAD DATA INFILE 语句有哪些不同？有哪些联系？

（3）在 MySQL 中，对使用 SELECT…INTO OUTFILE 语句和 LOAD DATA INFILE 语句进行导出和导入的目录有哪些限制？

第 12 章　事务及其并发控制

事务（Transaction）是由一系列的数据操作命令序列组成的，是数据库应用程序的基本逻辑操作单元。锁机制用于对多个用户进行并发控制。本章之前介绍的都是一个用户在使用数据库，但实际上往往是多个用户在共享数据库，存在并发处理问题。本章主要介绍事务的概念和特性、事务控制语句、事务的并发处理和管理锁等内容。

12.1　事务的概念和特性

12.1.1　事务的概念

在 MySQL 环境中，事务是由作为一个逻辑单元的一条或多条 SQL 语句组成的。其结果是作为整体永久性地修改数据库中的内容，或者作为整体取消对数据库的修改。

事务是数据库程序的基本单位。一般来说，一个程序包含多个事务，数据存储的逻辑单位是数据块，数据操作的逻辑单位是事务。

现实生活中的银行转账、网上购物、库存控制、股票交易等都是事务的实例。例如，将资金从一个银行账户转到另一个银行账户，第一个操作从一个银行账户中减少一定的资金，第二个操作向另一个银行账户中增加相应的资金，减少和增加这两个操作必须作为整体永久性地记录到数据库中，否则会丢失资金。若转账发生问题，则必须同时取消这两个操作。一个事务可以包括多条 INSERT 语句、UPDATE 语句和 DELETE 语句。

12.1.2　事务的特性

事务定义为一个逻辑工作单元，即一组不可分割的 SQL 语句。数据库理论对事务有更严格的定义，指明事务有 4 个基本特性，称为 ACID 特性，每个事务处理必须满足 ACID 原则，即原子性（Atomicity）、一致性（Consistency）、隔离性（Isolation）和持久性（Durability）。

（1）原子性

事务的原子性是指事务中所包含的所有操作要么全做，要么全不做。事务必须是原子工作单元，即一个事务中包含的所有 SQL 语句组成一个工作单元。

（2）一致性

事务必须确保数据库的状态保持一致。当事务开始时，数据库的状态是一致的；当事务结束时，也必须使数据库的状态一致。例如，当事务开始时，数据库的所有数据都满足已设置的各种约束条件和业务规则；当事务结束时，虽然数据不同，必须仍然满足先前设置的各种约束条件和业务规则。事务把数据库从一个一致性状态带入另一个一致性状态。

（3）隔离性

多个事务可以独立运行，彼此不会发生影响。这表明事务必须是独立的，不应该以任何方式依赖于或影响其他事务。

（4）持久性

事务一旦提交，就对数据库中数据的改变永久有效，即使以后系统崩溃也是如此。

12.2 事务控制语句

事务的基本操作包括开始、提交、撤销、保存等环节。在 MySQL 中，当一个会话开始时，系统变量“@@AUTOCOMMIT”的值为 1，即自动提交功能是打开的，用户每执行一条 SQL 语句，该语句对数据库的修改就立即被提交成为持久性修改保存到磁盘上，一个事务也就结束了。因此，用户必须关闭自动提交，事务才能由多条 SQL 语句组成，可以使用以下语句来实现：

```
SET @@AUTOCOMMIT=0
```

执行此语句后，必须明确地指示每个事务的终止，事务中的 SQL 语句对数据库所做的修改才能成为持久化修改。

1．开始事务

开始事务可以使用 START TRANSACTION 语句来显式地启动。当一个应用程序的第 1 条 SQL 语句或者在 COMMIT 语句或 ROLLBACK 语句后面的第 1 条 SQL 执行后，一个新的事务也就开始了。语法格式：

```
START TRANSACTION | BEGIN WORK
```

其中，BEGIN WORK 语句可以用来代替 START TRANSACTION 语句，但是 START TRANSACTION 语句更常用。

2．提交事务

COMMIT 语句是提交语句，使得自从事务开始以来执行的所有数据修改成为数据库的永久部分，也标志一个事务的结束。语法格式：

```
COMMIT [WORK] [AND [NO] CHAIN] [[NO] RELEASE]
```

其中，可选的 AND CHAIN 子句会在当前事务结束时立刻启动一个新事务，并且新事务与刚结束的事务有相同的隔离等级。

🔊 注意：MySQL 使用的是平面事务模型，因此不允许嵌套事务。在第一个事务中使用 START TRANSACTION 语句后，第二个事务开始时自动地提交第一个事务。同样，当如下 MySQL 语句运行时都会隐式地执行一个 COMMIT 命令。

- ❖ DROP DATABASE / DROP TABLE。
- ❖ CREATE INDEX / DROP INDEX。
- ❖ ALTER TABLE / RENAME TABLE。
- ❖ LOCK TABLES / UNLOCK TABLES。
- ❖ SET AUTOCOMMIT=1。

3．撤销事务

ROLLBACK 语句用于撤销事务，撤销事务所做的修改，并结束当前这个事务。语法格式：

```
ROLLBACK [WORK] [AND [NO] CHAIN] [[NO] RELEASE]
```

4．设置保存点

ROLLBACK 语句除了可以用来撤销整个事务，还可以用来使事务回滚到某个点，在这之前需要使用 SAVEPOINT 语句来设置一个保存点。语法格式：

```
SAVEPOINT 保存点名
```

ROLLBACK TO SAVEPOINT 语句用于向已命名的保存点回滚一个事务。如果在保存点被设置后，当前事务对数据进行了更改，那么这些更改会在回滚中被撤销。语法格式：

```
ROLLBACK [WORK] TO SAVEPOINT 保存点名
```

当事务回滚到某个保存点后，在该保存点后设置的保存点将被删除。

【例 12.1】创建 tp 数据库和 consumer 表，在表中插入记录后，开始第一个事务，更新表的记录，提交第一个事务；开始第二个事务，更新表的记录，回滚第二个事务。

执行过程如下。

① 查看 MySQL 隔离级别（12.3 节将介绍隔离级别）。

```
mysql> SHOW VARIABLES LIKE 'transaction_isolation';
+-------------------------+---------------------------+
| Variable_name           | Value                     |
+-------------------------+---------------------------+
| transaction_isolation   | REPEATABLE-READ           |
+-------------------------+---------------------------+
1 row in set, 1 warning (0.17 sec)
```

可以看出，MySQL 的默认隔离级别为 REPEATABLE-READ（可重复读）。

② 创建 tp 数据库和 consumer 表，在表中插入记录。

创建并选择 tp 数据库：

```
mysql> CREATE DATABASE tp;
Query OK, 1 row affected (0.05 sec)
```

```
mysql> USE tp;
Database changed
```

创建 consumer 表:

```
mysql> CREATE TABLE consumer
    ->    (
    ->        consumerid int,
    ->        name varchar(12)
    ->    );
Query OK, 0 rows affected (0.36 sec)
```

在 consumer 表中插入记录:

```
mysql> INSERT INTO consumer
    ->    VALUES(1,'Dale'),
    ->    (2,'Julia'),
    ->    (3,'Simon'),
    ->    (4,'Olivia');
Query OK, 4 rows affected (0.56 sec)
Records: 4  Duplicates: 0  Warnings: 0
```

查询 consumer 表:

```
mysql> SELECT * FROM consumer;
+---------------+----------+
| consumerid    | name     |
+---------------+----------+
|              1| Dale     |
|              2| Julia    |
|              3| Simon    |
|              4| Olivia   |
+---------------+----------+
4 rows in set (0.04 sec)
```

③ 开始第一个事务，更新表中的记录，提交第一个事务。

开始第一个事务:

```
mysql> BEGIN WORK;
Query OK, 0 rows affected (0.00 sec)
```

将 consumer 表中第 1 条记录的用户名更新为 Cheng:

```
mysql> UPDATE consumer SET name='Cheng' WHERE consumerid=1;
Query OK, 1 row affected (0.06 sec)
Rows matched: 1  Changed: 1  Warnings: 0
```

提交第一个事务:

```
mysql> COMMIT;
```

```
Query OK, 0 rows affected (0.02 sec)
```

查询 consumer 表，更新的第 1 条记录的用户名 Cheng 已经被永久性地保存：

```
mysql> SELECT * FROM consumer;
+---------------+----------+
| consumerid    | name     |
+---------------+----------+
|             1 | Cheng    |
|             2 | Julia    |
|             3 | Simon    |
|             4 | Olivia   |
+---------------+----------+
4 rows in set (0.00 sec)
```

④ 开始第二个事务，更新表中的记录，回滚第二个事务。

开始第二个事务：

```
mysql> START TRANSACTION;
Query OK, 0 rows affected (0.00 sec)
```

将 consumer 表中第 1 条记录的用户名更新为 Huang：

```
mysql> UPDATE consumer SET name='Huang' WHERE consumerid=1;
Query OK, 1 row affected (0.05 sec)
Rows matched: 1  Changed: 1  Warnings: 0
```

查询 consumer 表：

```
mysql> SELECT * FROM consumer;
+---------------+----------+
| consumerid    | name     |
+---------------+----------+
|             1 | Huang    |
|             2 | Julia    |
|             3 | Simon    |
|             4 | Olivia   |
+---------------+----------+
4 rows in set (0.00 sec)
```

回滚第二个事务：

```
mysql> ROLLBACK;
Query OK, 0 rows affected (0.04 sec)
```

查询 consumer 表，更新的第 1 条记录的用户名 Huang 已经被撤销，恢复为 Cheng：

```
mysql> SELECT * FROM consumer;
+---------------+----------+
| consumerid    | name     |
```

```
+---------------+----------+
|             1 | Cheng    |
|             2 | Julia    |
|             3 | Simon    |
|             4 | Olivia   |
+---------------+----------+
4 rows in set (0.00 sec)
```

12.3 事务的并发处理

在 MySQL 中，并发控制是通过用锁来实现的。如果事务与事务之间存在并发操作，那么事务的隔离性是通过事务的隔离级别来实现的，而事务的隔离级别是由事务并发处理的锁机制来管理的，由此保证在同一时刻执行多个事务时，一个事务的执行不能被其他事务干扰。

事务隔离级别（Transaction Isolation Level）是一个事务对数据库的修改与并行的另一个事务的隔离程度。

在并发事务中，可能发生以下 3 种异常情况。

- ❖ 脏读（Dirty Read）：读取未提交的数据。
- ❖ 不可重复读（Non-repeatable Read）：同一个事务前后两次读取的数据不同。
- ❖ 幻读（Phantom Read）：例如，同一个事务前后两条相同的查询语句查询结果应相同，在此期间另一事务插入并提交了新记录，当本事务更新时，会发现新插入的记录，好像以前读到的数据是幻觉。

为了处理并发事务中可能出现的幻读、不可重复读、脏读等问题，数据库实现了不同级别的事务隔离，以防止事务的相互影响。基于 ANSI/ISO SQL 规范，MySQL 提供了 4 种事务隔离级别，隔离级别从低到高依次为未提交读（READ UNCOMMITTED）、提交读（READ COMMITTED）、可重复读（REPEATABLE READ）、可串行化（SERIALIZABLE）。

（1）未提交读（READ UNCOMMITTED）

提供了事务之间最小限度的隔离，所有事务都可看到其他未提交事务的执行结果。该级别不允许脏读、不可重复读和幻读，该隔离级别很少用于实际应用。

（2）提交读（READ COMMITTED）

该级别满足了隔离的简单定义，即一个事务只能看见已提交事务所做的改变。该级别不允许脏读，但允许不可重复读、幻读。

（3）可重复读（REPEATABLE READ）

这是 MySQL 默认的事务隔离级别，确保同一事务内相同的查询语句执行结果一致。该级别不允许不可重复读和脏读，但允许幻读。

（4）可串行化（SERIALIZABLE）

如果隔离级别为可串行化，那么用户之间通过一个接一个顺序地执行当前的事务，提供了事务之间最大限度的隔离。该级别不允许脏读、不可重复读和幻读。

低级别的事务隔离可以提高事务的并发访问性能，但会导致较多的并发问题，如脏读、不可重复读、幻读等；高级别的事务隔离可以有效避免并发问题，却降低了事务的并发访问性能，可能导致出现大量的锁等待甚至死锁现象。

SET TRANSACTION 语句用于定义隔离级别，只有支持事务的存储引擎才可以定义一个隔离级别。语法格式：

```
SET [GLOBAL | SESSION] TRANSACTION ISOLATION LEVEL
    ( READ UNCOMMITTED
    | READ COMMITTED
    | REPEATABLE READ
    | SERIALIZABLE )
```

说明：

若指定 GLOBAL，则定义的隔离级别适用于所有的 SQL 用户；若指定 SESSION，则隔离级别只适用于当前运行的会话和连接。

MySQL 默认为 REPEATABLE READ 隔离级别。

系统变量 TX_ISOLATION 中存储了事务的隔离级别，可以使用 SELECT 语句获得当前隔离级别的值：

```
mysql> SELECT @@transaction_isolation
```

12.4 管理锁

多用户同时并发访问，不仅通过事务机制，还需要通过锁来防止数据并发操作过程中引起的问题。锁是防止其他事务访问指定资源的手段，是实现并发控制的主要方法和重要保障。

12.4.1 锁机制

MySQL 引入锁机制管理的并发访问，通过不同类型的锁来控制多用户并发访问，实现数据访问一致性。

锁机制中的基本概念如下。

（1）锁的粒度

锁的粒度是指锁的作用范围，可以分为服务器级锁（Server-Level Locking）和存储引擎级锁（Storage-Engine-Level Locking）。InnoDB 存储引擎支持表级锁和行级锁，MyISAM 存储引擎支持表级锁。

（2）隐式锁与显式锁

MySQL 自动加锁称为隐式锁，数据库开发人员手动加锁称为显式锁。

（3）锁的类型

锁的类型包括读锁（Read Lock）和写锁（Write Lock）。其中，读锁也被称为共享锁，写锁也被称为排他锁或独占锁。读锁允许其他 MySQL 客户机对数据同时“读”，但不允许其他 MySQL 客户机对数据任何“写”。写锁不允许其他 MySQL 客户机对数据同时“读”，也不允许其他 MySQL 客户机对数据同时“写”。

12.4.2 锁的级别

MySQL 有 3 种锁的级别。

1. 表级锁

表级锁是指整个表被客户锁定。根据锁定的类型，其他客户不能向表中插入记录，甚至从中读数据也受到限制。表级锁包括读锁（Read Lock）和写锁（Write Lock）两种类型。

LOCK TABLES 语句用于锁定当前线程的表。语法格式：

```
LOCK TABLES table_name[AS alias]{READ [LOCAL]|[LOS_PRIORITY]WRITE}
```

说明：

① 表锁定支持以下类型的锁定。

❖ READ：读锁定，确保用户可以读取表，但是不能修改表。

❖ WRITE：写锁定，只有锁定该表的用户可以修改表，其他用户无法访问该表。

② 在锁定表时会隐式地提交所有事务，在开始一个事务时，如 START TRANSACTION，会隐式解开所有表锁定。

③ 在事务表中，系统变量“@@AUTOCOMMIT”的值必须设置为 0。否则，MySQL 会在调用 LOCK TABLES 语句之后立刻释放表锁定，并且很容易形成死锁。

例如，在 student 表上设置一个只读锁定：

```
LOCK TABLES student READ;
```

在 score 表上设置一个写锁定：

```
LOCK TABLES score WRITE;
```

在锁定表以后，可以使用 UNLOCK TABLES 语句解除锁定，该语句不需要指出解除锁定的表的名字。语法格式：

```
UNLOCK TABLES;
```

2. 行级锁

行级锁比表级锁或页级锁对锁定过程提供了更精细的控制。在这种情况下，只有线程使用的行是被锁定的。表中的其他行对于其他线程都是可用的。行级锁并不是由 MySQL 提供的锁定机制，而是由存储引擎实现的，其中，InnoDB 的锁定机制就是行级锁定。

行级锁的类型包括共享锁（Share Lock）、排他锁（Exclusive Lock）和意向锁（Intention Lock）。共享锁（S）又被称为读锁，排他锁（X）又被称为写锁。

（1）共享锁

如果事务 T1 获得了数据行 D 上的共享锁，那么 T1 对数据行 D 可以读但不可以写。事务 T1 对数据行 D 加上共享锁，其他事务对数据行 D 的排他锁请求不会成功，而对数据行 D 的共享锁请求可以成功。

（2）排他锁

如果事务 T1 获得了数据行 D 上的排他锁，那么 T1 对数据行 D 既可读又可写。事务 T1 对数据行 D 加上排他锁，其他事务对数据行 D 的任务封锁请求都不会成功，直至事务 T1 释放数据行 D 上的排他锁。

（3）意向锁

意向锁是一种表级锁，锁定的粒度是整张表。若对一个节点加上意向锁，则说明该节点的下层节点正在被加锁。

意向锁分为意向共享锁（IS）和意向排他锁（IX）两类。

❖ 意向共享锁：当事务在向表中某些行添加共享锁时，MySQL 会自动向该表施加意向共享锁。
❖ 意向排他锁：当事务在向表中某些行添加排他锁时，MySQL 会自动向该表施加意向排他锁。

表 12.1 所示为 MySQL 锁的兼容性。

表 12.1　MySQL 锁的兼容性

锁名	排他锁（X）	共享锁（S）	意向排他锁（IX）	意向共享锁（IS）
X	互斥	互斥	互斥	互斥
S	互斥	兼容	互斥	兼容
IX	互斥	互斥	兼容	兼容
IS	互斥	兼容	兼容	兼容

3．页级锁

MySQL 将锁定表中的某些行称为页级锁，被锁定的行只对锁定最初的线程是可行的。

12.4.3　死锁

1．死锁发生的原因

两个或两个以上的事务分别申请封锁对方已经封锁的数据对象，导致长期等待而无法继续运行的现象称为死锁。

例如，事务 T1 封锁了数据 R1，T2 封锁了数据 R2，然后 T1 又请求封锁 R2，但 T2 已经封锁了 R2，于是 T1 等待 T2 释放 R2 上的锁。接着 T2 又申请封锁 R1，但 T1 已经封锁了 R1，T2 也只能等待 T1 释放 R1 上的锁。这样就形成了 T1 等待 T2，而 T2 又等待 T1 的局面，T1 和 T2 两个事务永远不能结束，这就发生了死锁。

死锁是指事务永远不会释放它们所占用的锁，死锁中的两个或两个以上的事务都将无限期等待下去。

2．对死锁的处理

在 MySQL 的 InnoDB 存储引擎中，当检测到死锁时，通常是一个事务释放锁并回滚，而让另一个事务获得锁，继续完成事务。

3. 避免死锁的方法

在通常情况下，由程序开发人员通过调整业务流程、事务大小、数据库访问的 SQL 语句，绝大多数死锁都可以避免。

几种避免死锁的常用方法如下。

- ❖ 在应用中，如果不同的程序会并发存取多个表，那么应该尽量约定以相同的顺序来访问表，这样可以大幅度降低产生死锁的机会。
- ❖ 在程序以批量方式处理数据时，如果事先对数据排序，那么保证每个线程按固定的顺序来处理记录，也可以大幅度降低出现死锁的发生。
- ❖ 在事务中，如果要更新记录，那么应该直接申请足够级别的锁，即排他锁，而不要先申请共享锁，更新时再申请排他锁。

小　结

本章主要介绍了以下内容。

① 在 MySQL 环境中，事务是由作为一个逻辑单元的一条或多条 SQL 语句组成的。其结果是作为整体永久性地修改数据库的内容，或者作为整体取消对数据库的修改。

② 事务有 4 个基本特性，称为 ACID 特性，即原子性（Atomicity）、一致性（Consistency）、隔离性（Isolation）和持久性（Durability）。

③ 事务的基本操作包括开始、提交、撤销、保存等环节。

START TRANSACTION 语句或 BEGIN WORK 语句用于开始事务，COMMIT 语句用于提交事务，ROLLBACK 语句用于撤销事务，SAVEPOINT 语句用于设置保存点。

④ 为了处理并发事务中可能出现的幻读、不可重复读、脏读等问题，数据库实现了不同级别的事务隔离，以防止事务的相互影响。基于 ANSI/ISO SQL 规范，MySQL 提供了 4 种事务隔离级别，隔离级别从低到高依次为未提交读（READ UNCOMMITTED）、提交读（READ COMMITTED）、可重复读（REPEATABLE READ）、可串行化（SERIALIZABLE）。

⑤ MySQL 有 3 种锁的级别。

表级锁是指整个表被客户锁定。表级锁包括读锁（Read Lock）和写锁（Write Lock）两种类型。

行级锁比表级锁或页级锁对锁定过程提供了更精细的控制。行级锁的类型包括共享锁（Share Lock）、排他锁（Exclusive Lock）和意向锁（Intention Lock）。共享锁（S）又被称为读锁，排他锁（X）又被称为写锁。

MySQL 将锁定表中的某些行称为页级锁，被锁定的行只对锁定最初的线程是可行的。

⑥ 两个或两个以上的事务分别申请封锁对方已经封锁的数据对象，导致长期等待而无法继续运行的现象称为死锁。

在 MySQL 的 InnoDB 存储引擎中，当检测到死锁时，通常是一个事务释放锁并回滚，而让另一个事务获得锁，继续完成事务。

习 题 12

一、选择题

12.1 在一个事务执行的过程中，正在访问的数据被其他事务修改，导致处理结果不正确，是违背了________。

A．原子性　　B．一致性　　C．隔离性　　D．持久性

12.2 一个事务一旦提交，它对数据库中数据的改变永久有效，即使以后系统崩溃也是如此，该性质属于_______。

A．原子性　　B．一致性　　C．隔离性　　D．持久性

12.3 下列________语句用于结束事务。

A．SAVEPOINT　　B．COMMIT

C．END TRANSACTION　　D．ROLLBACK TO SAVEPOINT

12.4 下列_______关键字与事务控制无关。

A．COMMIT　　B．SAVEPOINT　　C．DECLARE　　D．ROLLBACK

12.5 MySQL 中的锁不包括________。

A．插入锁　　B．排他锁　　C．共享锁　　D．意向排他锁

12.6 事务隔离级别不包括________。

A．READ UNCOMMITTED　　B．READ COMMITTED

C．REPETABLE READ　　D．REPETABLE ONLY

二、填空题

12.7 事务的特性有原子性、________、隔离性、持久性。

12.8 锁机制有________ 、共享锁两类。

12.9 事务处理可能存在脏读、不可重复读、________3 种问题。

12.10 在 MySQL 中使用_______语句提交事务。

12.11 在 MySQL 中使用________语句回滚事务。

12.12 在 MySQL 中使用________语句设置保存点。

12.13 事务的基本操作包括开始、________、撤销、保存等环节。

12.14 行级锁定的类型包括共享锁、排他锁和________。

三、问答题

12.15 什么是事务？简述事务的基本特性。

12.16 COMMIT 语句和 ROLLBACK 语句各有什么功能？

12.17 保存点的作用是什么？怎样设置保存点？

12.18 什么是并发事务？什么是锁机制？

12.19 MySQL 提供了哪种事务隔离级别？怎样设置事务隔离级别？

12.20 MySQL 有哪几种锁的级别？简述各级锁的特点。

12.21 什么是死锁？列举避免死锁的方法。

第 13 章 PHP 和 MySQL 学生成绩管理系统开发

本书选用 PHP 7.3.4 版本、MySQL 8.0.12 版本、Apache Apache 2.4.39 版本在 Windows 7 环境下进行学生成绩管理系统的开发，即采用 WAMP（Windows+Apache+MySQL+PHP）架构进行 Web 项目开发。主要内容有：PHP 简介、创建学生成绩管理系统数据库、搭建 PHP 开发环境、主界面开发、学生管理界面和功能实现、课程管理界面和功能实现、成绩管理界面和功能实现。

13.1 PHP 简介

PHP（Hypertext Preprocessor，超文本预处理器）是 Web 开发组件中最重要的组件，下面分别介绍 PHP 的基本概念和特点、PHP 的运行环境和 PHP 的运行过程。

13.1.1 PHP 的基本概念和特点

PHP 起源于 1995 年，最初由丹麦的 Rasmus Lerdorf 创建，目前 PHP 已发布到 PHP7 版本。

PHP 常与免费的 Web 服务器 Apache 和免费的数据库 MySQL 配合使用于 Linux 和 Windows 平台上，形成两种架构方式：LAMP（Linux+Apache+MySQL+Perl/PHP/Python）架构和 WAMP（Windows+Apache+MySQL +Perl/PHP/Python）架构。

1．PHP 的基本概念

PHP 是服务器端嵌入 HTML 中的脚本语言，下面从服务器端的语言、嵌入 HTML 中的语言和脚本语言分别进行介绍。

（1）服务器端的语言

开发 Web 应用，既需要有客户端界面的语言，也需要有服务器端业务流程的语言。PHP 是服务器端的语言，只能在服务器端运行，不会传输到客户端。当用户请求服务器时，PHP 根据用户的不同请求，完成在服务器中相应的业务操作，并将结果通过服务器返回给用户。

（2）嵌入 HTML 的语言

在 HTML 代码中可以通过一些特殊标识符嵌入各种语言。在 HTML 中嵌入的 PHP 代码需要在服务器中先运行完成，如果有输出，那么输出结果字符串会嵌入原来的 PHP 代码处，再与 HTML 代码一起响应给客户端浏览器去解析。

（3）脚本语言

脚本语言又被称为动态语言，PHP 脚本语言以文本格式保存，在被调用时解释执行。

2．PHP 的特点

PHP 具有开发成本低、开放源代码、开发效率高、跨平台、广泛支持多种数据库、基于 Web 服务器、安全性好、面向对象编程、简单易学等特点。

（1）开放源代码、开发成本低、开发效率高

PHP 开放源代码，本身免费，具有开发成本低、开发效率高的特点。

（2）跨平台

PHP 可以在目前所有主流的操作系统上运行，包括 Linux、UNIX、Windows、macOS 等。PHP 支持大多数的 Web 服务器，包括 Apache、IIS、iPlanet、Personal Web Server（PWS）等。

（3）广泛支持多种数据库

PHP 能够支持目前绝大多数的数据库，如 MySQL、SQL Server、Oracle、PostgreSQL、DB2 等，并完全支持 ODBC，可以连接任何支持该标准的数据库。其中，PHP 与 MySQL 是绝佳的组合，它们的组合可以跨平台运行。

（4）基于 Web 服务器

常见的 Web 服务器有运行 PHP 脚本的 Apache 服务器、运行 JSP 脚本的 Tomcat 服务器、运行 ASP、ASP.NET 脚本的 IIS 服务器。

PHP 运行在 Apache 服务器上，PHP 的运行速度只与服务器的运行速度有关。

（5）安全性好

由于 PHP 本身的代码开放，所以它的代码由许多工程师进行了检测，同时它与 Apache 编译在一起的方式也使其具有灵活的安全设定。因此，PHP 具有公认的安全性。

（6）面向对象编程

PHP 新版本提供了面向对象编程，提高了代码的重用率，而且为编写代码提供了方便。

（7）简单易学

PHP 程序开发效率高、学习快，用户只需要很少的编程知识，就能够使用 PHP 创建一个基于 Web 的应用系统。

13.1.2　PHP 的运行环境

PHP 脚本程序的运行需要 Web 服务器、PHP 预处理器和 Web 浏览器的支持，还需要从数据库服务器获取和保存数据。

（1）Web 服务器

Web 服务器（Web Server）又被称为 WWW（World Wide Web）服务器，用于处理 HTTP 请求、存储大量的网络资源。

单纯的 Web 服务器只能响应 HTML 静态页面的请求，如不包含任何 PHP 代码的 HTML 页面的请求。如果浏览器请求的是动态页面，如 HTML 页面中包含 PHP 代码，那么此时 Web 服务器会委托 PHP 预处理器将该动态页面解释为 HTML 静态页面，然后将解释后的静态页面返回浏览器进行显示。

Apache 是免费的和开放源代码的 Web 服务器，其跨平台性使得 Apache 可以在多种操作系统上运行，它快速、可靠、易于扩展，具有强大的安全性，在 Web 服务器软件市场份额中，Apache 排名第一，大幅度领先于 IIS 服务器。目前，Apache 成为网站 Web 服务器软件的最佳选择。

（2）PHP 预处理器

PHP 实现对 PHP 文件的解析和编译，将 PHP 程序中的代码解释为文本信息，这些文本信息可以包含 HTML 代码。

PHP 作为一种 Web 编程语言，主要用于开发服务器端应用程序及动态网页，其市场份额仅次于 Java，但在中、小型企业中，PHP 的市场地位是高于 Java 的。

PHP 语言风格类似于 C 语言，其语法既有 PHP 自创的新语法，又混合了 C 语言、Java、Perl 等语法。和 C/C++、Java 相比，PHP 更容易上手。

（3）Web 浏览器

Web 浏览器（Web Browser）又被称为网页浏览器，浏览器是用户常用的客户端程序，用于显示 HTML 网页的内容，并使用户与网页内容产生交互，常用的浏览器有 Internet Explorer（IE）浏览器、Google Chrome 浏览器。

（4）数据库服务器。

数据库服务器（DataBase Server）是一套为应用程序提供数据管理服务的软件，包括数据管理服务（如数据的查询、增加、修改、删除）、事务管理服务、索引服务、高速缓存服务、查询优化服务、安全及多用户存取控制服务等。

常见的数据库服务器有 MySQL、Oracle、DB2、SQL Server、Sybase 等，MySQL 具有成本低、速度快、体积小等特点，被广泛应用于中小型网站中。PHP 和 MySQL 的搭配是当前 Web 应用的最佳组合。

13.1.3 PHP 的运行过程

PHP 的运行过程如下。

① 客户端浏览器向 Apache 服务器发送请求指定页面，如 goods.php。

② Apache 服务器得到客户端请求后，查找 goods.php 页面。

③ Apache 服务器调用 PHP 预处理器将 PHP 脚本解释成为客户端代码 HTML。

④ Apache 服务器将解释之后的页面发送给客户端浏览器。

⑤ 客户端浏览器对 HTML 代码进行解释执行，用户看到请求的页面。

13.2 创建学生成绩管理系统数据库

1. 创建数据库

创建学生成绩管理系统数据库 stuscopj，其语句如下：

```
mysql> CREATE DATABASE stuscopj;
```

2. 创建表和视图

在数据库 stuscopj 中，有学生表 student、课程表 course、成绩表 score 和成绩单视图 V_StudentCourseScore。student 表、course 表、score 表的表结构分别如表 13.1、表 13.2、表 13.3 所示。

表 13.1 student 表的表结构

列名	数据类型	允许 NULL 值	键	默认值	说明
sno	char(6)	×	主键	无	学号
sname	char(8)	×		无	姓名
ssex	char(2)	×		男	性别
sbirthday	date	×		无	出生日期
native	char(20)	√		无	籍贯
speciality	char(12)	√		无	专业
tc	tinyint	√		无	总学分

表 13.2 course 表的表结构

列名	数据类型	允许 NULL 值	键	默认值	说明
cno	char(4)	×	主键	无	课程号
cname	char(16)	×		无	课程名
credit	tinyint	√		无	学分

表 13.3 score 表的表结构

列名	数据类型	允许 NULL 值	键	默认值	说明
sno	char(6)	×	主键	无	学号
cno	char(4)	×	主键	无	课程号
grade	tinyint	√		无	成绩

成绩单视图 V_StudentCourseScore 的列名为学号 sno、姓名 sname、课程名 cname 和成绩 grade，其中，sno 列和 sname 列来源于 student 表，cname 列来源于 course 表，grade 列来源于 score 表。

创建视图 V_StudentCourseScore 的语句如下：

```
mysql> CREATE OR REPLACE VIEW V_StudentCourseScore
    -> AS
```

```
    -> SELECT a.sno, sname, cname, grade
    -> FROM student a, course b, score c
    -> WHERE a.sno=c.sno AND b.cno=c.cno;
```

13.3 搭建 PHP 开发环境

搭建 PHP 开发环境有两种方法：一种是搭建 PHP 分立组件环境，另一种是搭建 PHP 集成软件环境。由于搭建 PHP 分立组件环境的过程较为复杂，为了帮助读者快速搭建环境，较快进入 PHP 项目的开发，本节仅介绍搭建 PHP 集成软件环境。

13.3.1 PHP 集成软件开发环境的搭建

PHP 集成软件有很多，如 phpStudy、wampServer、AppServ 等，本节选用 phpStudy。

phpStudy 是一个 PHP 开发环境集成软件，该集成软件集成最新的 Apache、PHP、MySQL，内置了 PHP 开发工具包，如 phpMyAdmin、redis 等，一次性安装、无须配置即可使用，十分简便易用。

1．phpStudy 安装

phpStudy 软件包选择 Windows 版本 phpStudy v8.1，位数为 64 位，解压缩相关安装文件后，可以得到一个自解压文件 phpstudy_x64_8.1.0.1.exe。双击 phpstudy_x64_8.1.0.1.exe 文件，出现选择安装路径对话框，单击“是”按钮，即可开始执行文件解压操作。

2．启动 phpStudy

选择“开始”→“所有程序”→“phpstudy_pro”文件夹→“phpstudy_pro”命令，选择左栏的“首页”选项，在右栏套件中，单击 Apache2.4.39 右侧的“启动”按钮，即可启动 Apache 服务器，如图 13.1 所示。

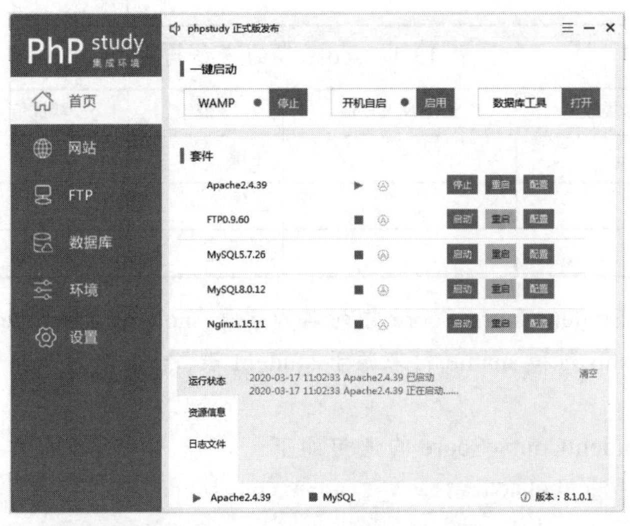

图 13.1　启动 Apache 服务器

使用同样的方法，即可启动 MySQL 8.0.12 数据库。

3．站点的创建与管理

选择左栏的“网站”选项，单击左上角的“创建网站”按钮，在打开的“网站”对话框中，选择“基本配置”选项，在下面的“域名”栏中输入域名，这里是 localhost；“端口”栏中输入端口号，默认为 80 端口；“根目录”栏中输入 Web 项目所在的目录，这里是 G:/work；“PHP 版本”选择为 PHP 版本，默认为 php7.3.4nts 版本，单击“确认”按钮，如图 13.2 所示。

如果创建网站后，需要更改基本配置中所输入栏目的内容，那么可以单击“网站”栏目右侧的“管理”按钮，在弹出的下拉列表中选择“修改”命令进行修改。

图 13.2 “网站”对话框

4．PHP 版本的切换

phpStudy 可以在 PHP 5.2.17～PHP 7.3.4 之间的多个版本进行切换。

PHP 版本切换步骤如下：

① 选择左栏的“网站”选项，选择需要切换 PHP 版本的项目的网站，这里是编号为 1 的网站。

② 单击该项目右侧的“管理”按钮，在下拉列表中选择“php 版本”，如果需要的版本不在列表中，那么可以单击“更多版本”，这里选择“php5.6.9nts”，单击“安装”按钮，即开始在线下载，如图 13.3 所示。

③ 下载成功后，自动安装并重启 phpStudy。

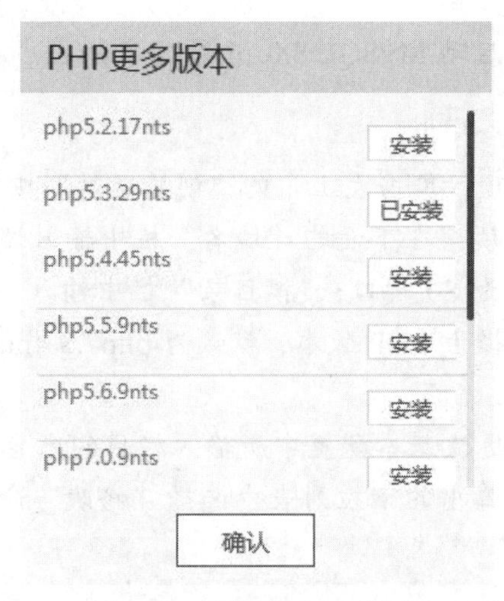

图 13.3　选择 PHP 版本

5. MySQL 的配置

① 创建数据库。选择左栏中的“数据库”选项，单击顶部的“创建数据库”按钮，即可进行创建。

② 修改 root 密码。选择左栏中的“数据库”选项，单击顶部的“修改 root 密码”按钮，即可进行 root 密码修改。密码要有一定的复杂度，最好不少于 6 位。

③ 安装 phpMyAdmin。phpMyAdmin 是使用 PHP 语言开发的 MySQL 数据库管理软件，界面友好，功能强大，与 PHP 结合紧密，使用简便。选择左栏中的“环境”选项，在管理工具 phpMyAdmin 右侧，单击“安装”按钮，即可进行安装。

13.3.2　PHP 开发工具

为了提高开发效率，在搭建好 PHP 开发环境后，还需要选择 PHP 开发工具。PHP 开发工具有很多，如 Eclipse、PhpStorm 等，本节选择 Zend Eclipse PDT 3.2.0（Windows 平台）。

1. 安装和启动 Zend Eclipse PDT

（1）安装 JRE

Eclipse 需要 JRE 支持，JRE 包含在 JDK 内，所以需要安装 JDK。下载的 JDK 文件为 jdk-8u241-windows-i586，双击启动安装向导，直至安装完成，JRE 安装目录为 C:\Program Files (x86)\Java\jdk1.8.0_241\jre。

（2）安装 Zend Eclipse PDT

将 Zend Eclipse PDT 的打包文件解压后，双击其中的 zend-eclipse-php 文件，即可运行 Eclipse。

Eclipse 启动界面如图 13.4 所示，启动 Eclipse 后自动进行配置，并提示选择工作空间，如图 13.5 所示。

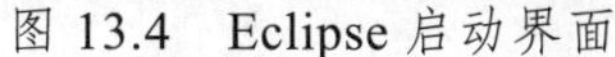

图 13.4　Eclipse 启动界面

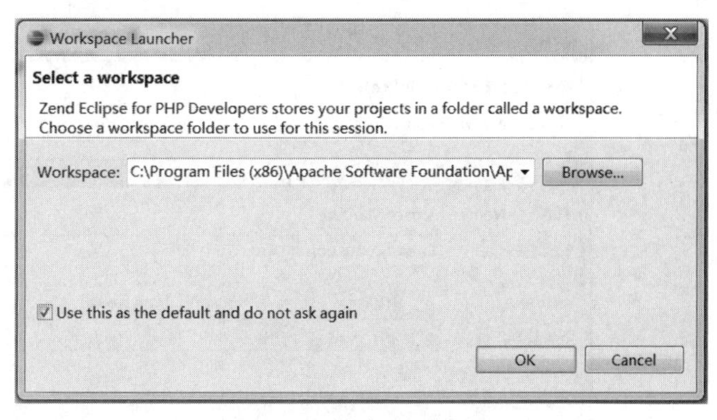

图 13.5　选择工作空间

单击“OK”按钮，打开 Eclipse 主界面，如图 13.6 所示。

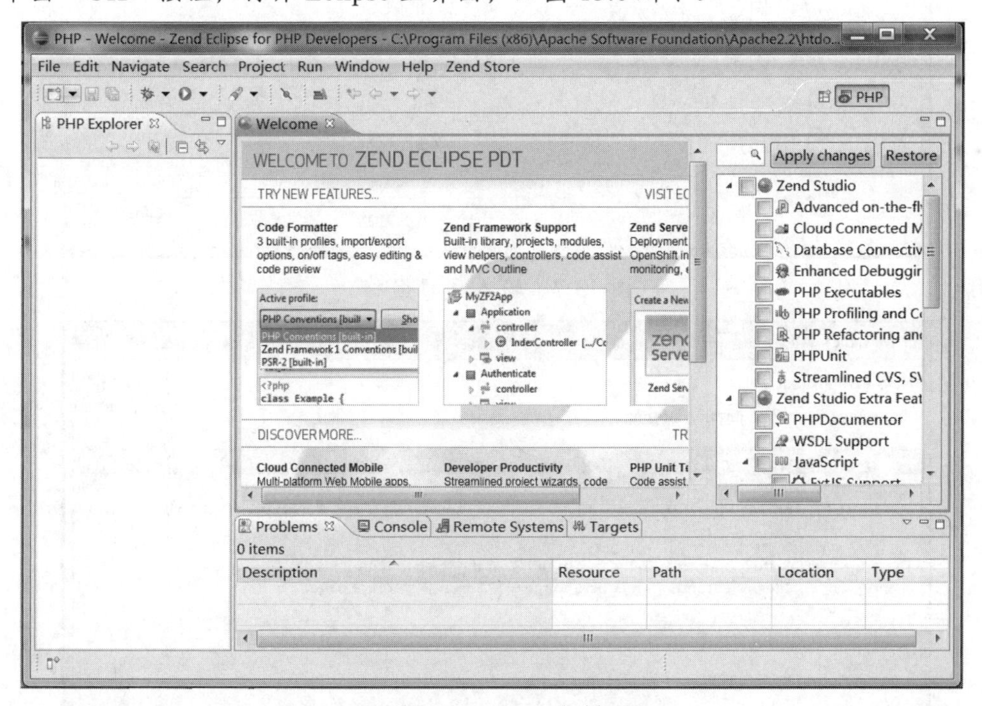

图 13.6　Eclipse 主界面

2．创建 PHP 项目

新建项目，项目命名为 stuscoManage。

创建 PHP 项目的具体操作步骤如下。

① 启动 Eclipse，选择“File”→“New”→“Local PHP Project”命令。

② 在打开的“New Local PHP Project”对话框的“Project Name”栏中输入“stuscoManage”，如图 13.7 所示。

③ 单击“Next”按钮，设置项目路径信息，系统默认项目位于本机 localhost，基准路径为/stuscoManage/，如图 13.8 所示。由此项目启动运行的 URL 为 http://localhost/stuscoManage/。

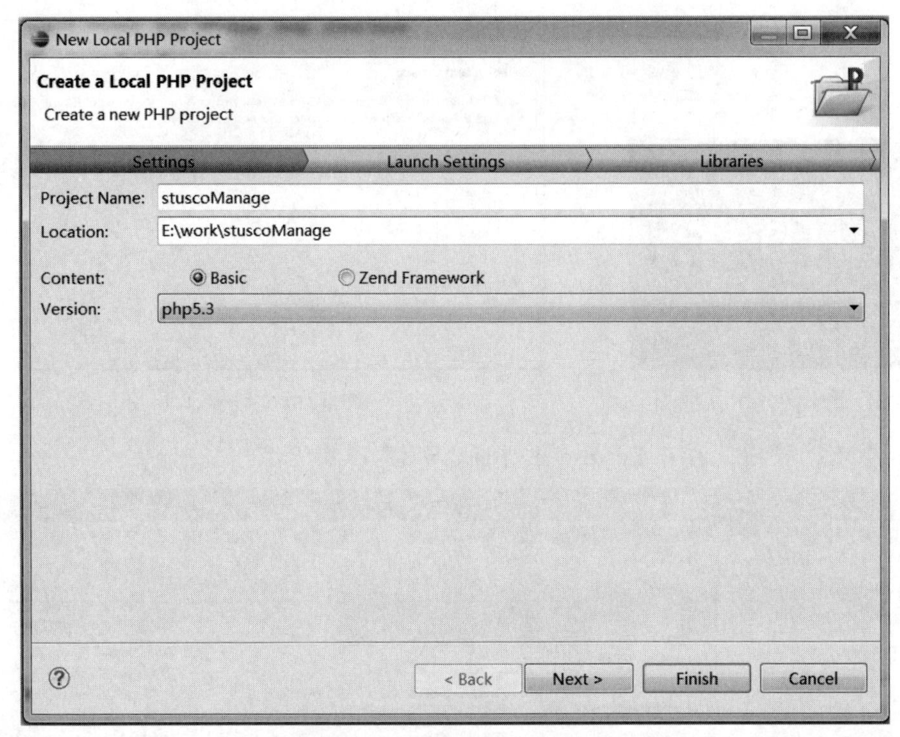

图 13.7　输入项目名称

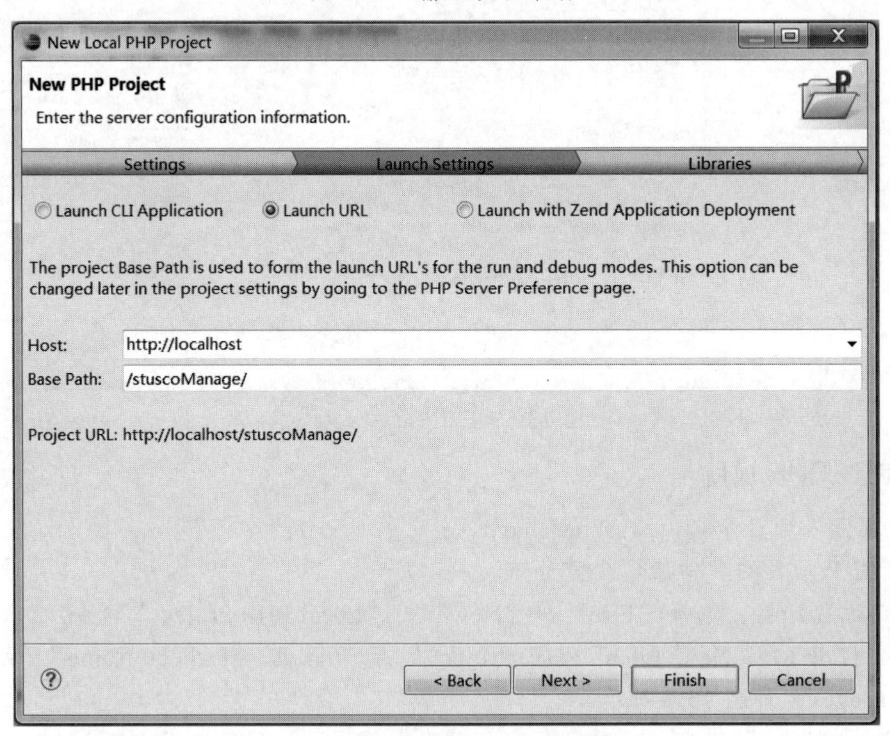

图 13.8　设置项目路径信息

④ 单击“Finish”按钮，在 Eclipse 工作界面“PHP Explorer”区域出现“stuscoManage”项目树，右击该项目树，在弹出的快捷菜单中选择“New”→“PHP File”命令，即可创建 PHP 源文件，如图 13.9 所示。

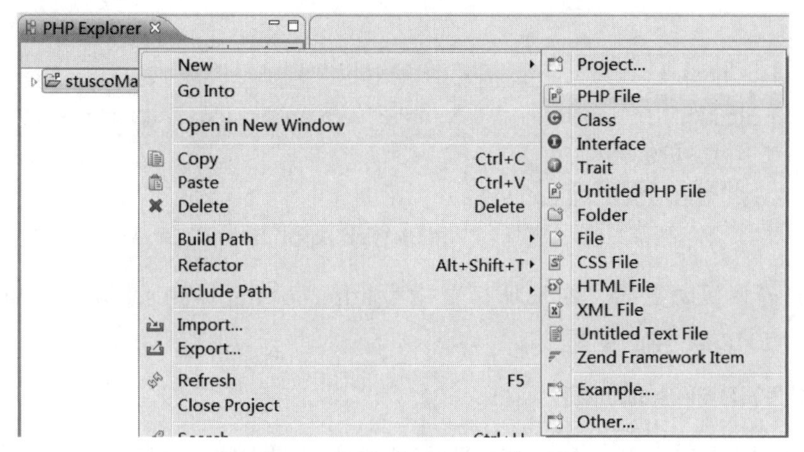

图 13.9　选择“PHP File”命令

3．显示 PHP 版本信息页

创建 PHP 项目时，Eclipse 已经在项目树中创建一个 index.php 文件，供用户编写 PHP 代码。打开该文件，输入以下 PHP 代码：

```
<?php
    phpinfo();
?>
```

保存后右击该文件，在弹出的快捷菜单中选择“Run As”→“PHP Web Application”命令，显示 PHP 版本信息页，如图 13.10 所示。

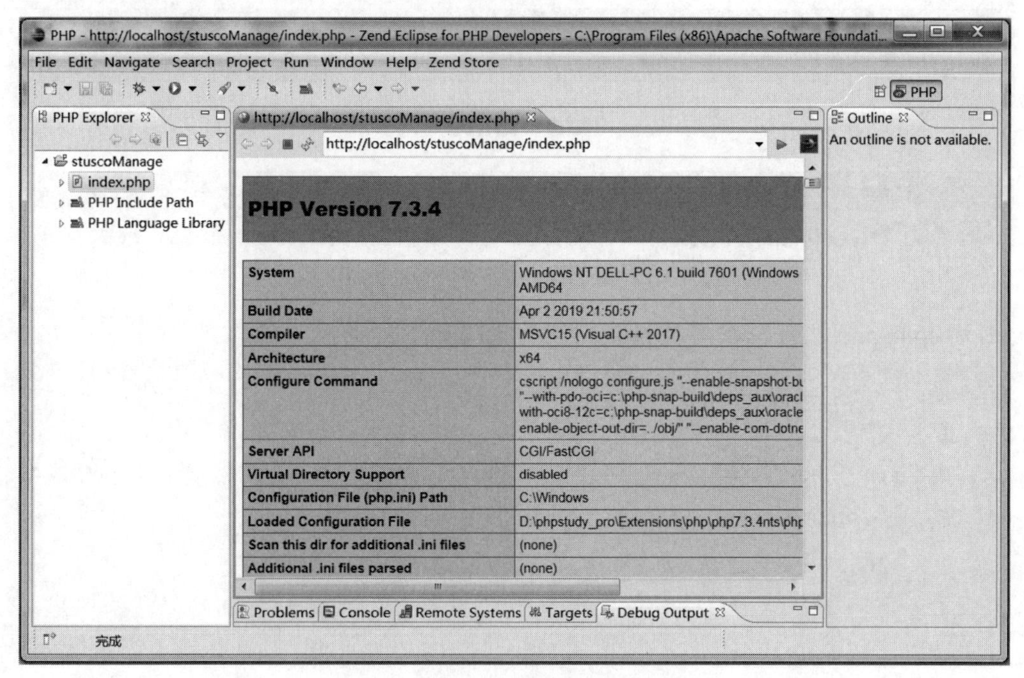

图 13.10　显示 PHP 版本信息页

单击工具栏中 Run index 按钮右侧的下拉按钮，从弹出的下拉列表中选择“Run As”→“1 PHP Web Application”命令，如图 13.11 所示，也可显示 PHP 版本信息页。

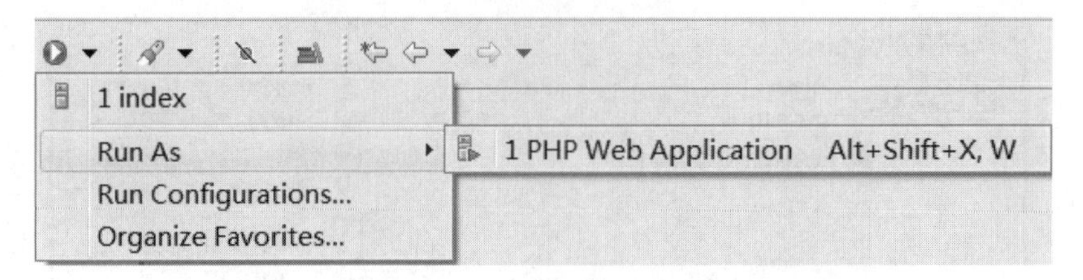

图 13.11 选择“1 PHP Web Application”命令

此外，打开网页浏览器，在地址栏中输入 http://localhost/stuscoManage/index.php，浏览器也可显示 PHP 版本信息页。

4．使用 PHP 连接 MySQL

使用 PHP 7.3.4 的 PDO 方式连接 MySQL 8.0.12 数据库，在 PHP 版本信息页中，按 Enter 键，可以发现 PDO 内置 MySQL 的 PDO，如图 13.12 所示。

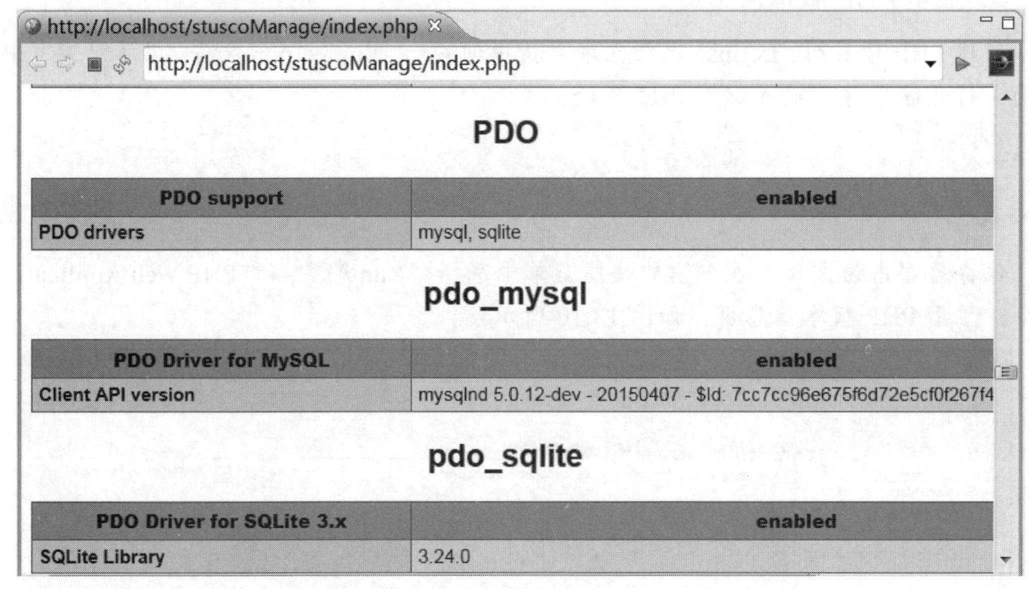

图 13.12 PHP 内置 MySQL 的 PDO

创建 conn.php 文件，编写连接数据库的代码如下：

```
<?php
    try {
        $db = new PDO("mysql:host=localhost;dbname=stuscopj", "root", "123456");
    }catch(PDOException $e) {
        echo "数据库连接失败：".$e->getMessage();
    }
?>
```

13.4 学生成绩管理系统开发

学生成绩管理系统开发包括主界面开发、学生管理界面和功能实现、课程管理界面和功能实现、成绩管理界面和功能实现，下面分别进行介绍。

13.4.1 主界面开发

主界面采用网页中的框架来实现。

1．启动页

启动页文件名为 index.html，代码如下：

```
html>
<head>
    <meta http-equiv="Content-Type" content="text/html; charset=utf-8" />
    <title>学生成绩管理系统</title>
</head>
<body topMargin="0" leftMargin="0" bottomMargin="0" rightMargin="0">
    <table width="675" border="0" align="center" cellpadding="0" cellspacing=
"0" style="width: 778px; ">
        <tr>
            <td><img src="images/stinfo.jpg" width="790" height="97"></td>
        </tr>
        <tr>
            <td><iframe src="frame.html" width="790" height="350"></iframe></td>
        </tr>
    </table>
</body>
</html>
```

页面分为两部分，上部为一张图片，下部为框架页。

2．框架页

框架页文件名为 frame.html，代码如下：

```
html>
<head>
    <meta http-equiv="Content-type" content="text/html; charset=utf-8"/>
    <title>学生成绩管理系统</title>
</head>
<frameset cols="217,*">
```

```
        <frame frameborder=0 src="http://localhost/stuscoManage/main.php" name=
"frmleft" scrolling="no" noresize>
        <frame frameborder=0 src="maincolor.html" name="frmmain" scrolling="no"
noresize>
    </frameset>
    </html>
```

框架页左区用于启动导航页，右区用于显示各功能界面。

3. 导航页

导航页文件名为 main.html，代码如下：

```
    <html>
    <head>
        <title>功能选择</title>
    </head>
    <body bgcolor="D9DFAA">
        <table bgcolor="D9DFAA" width="200" height="170">
            <tr>
                <td align="center"><input type="button" value="学生管理" onclick=
parent.frmmain.location="stuInfo.php"></td>
            </tr>
            <tr>
                <td align="center"><input type="button" value="课程管理" onclick=
parent.frmmain.location="couInfo.php"></td>
            </tr>
            <tr>
                <td align="center"><input type="button" value="成绩管理" onclick=
parent.frmmain.location="scoInfo.php"></td>
            </tr>
        </table>
    </body>
    </html>
```

将导航页的 3 个导航按钮分别定位到 PHP 源文件，stuInfo.php 用于实现学生管理界面，couInfo.php 用于实现课程管理界面和功能，scoInfo.php 用于实现成绩管理界面和功能。

4. 主页

打开网页浏览器，在地址栏中输入 http://localhost/stuscoManage/index.html，浏览器显示学生成绩管理系统主页，如图 13.13 所示。

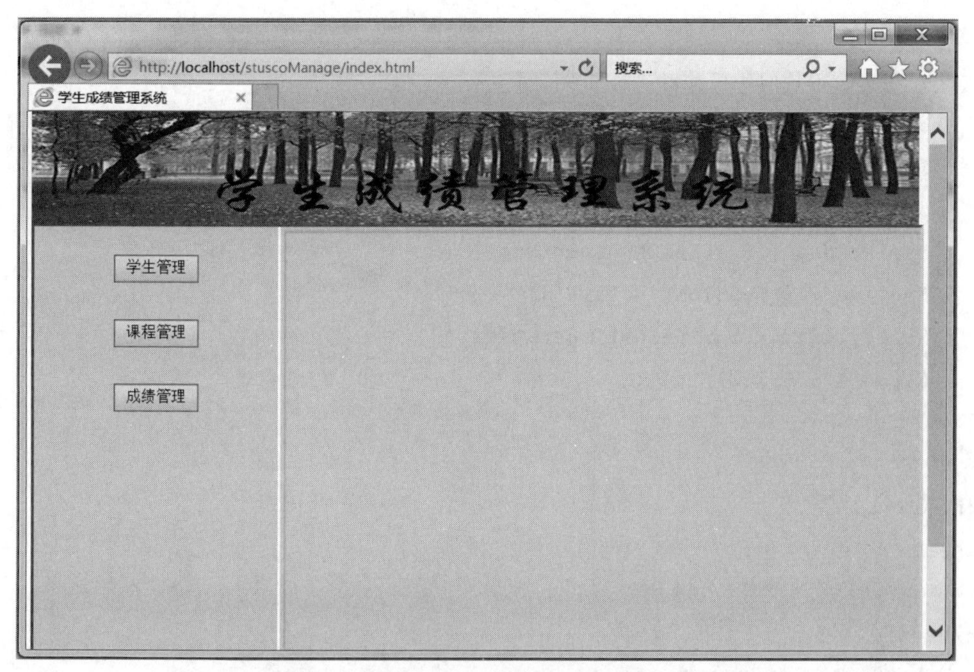

图 13.13 学生成绩管理系统主页

13.4.2 学生管理界面和功能实现

学生管理界面如图 13.14 所示。

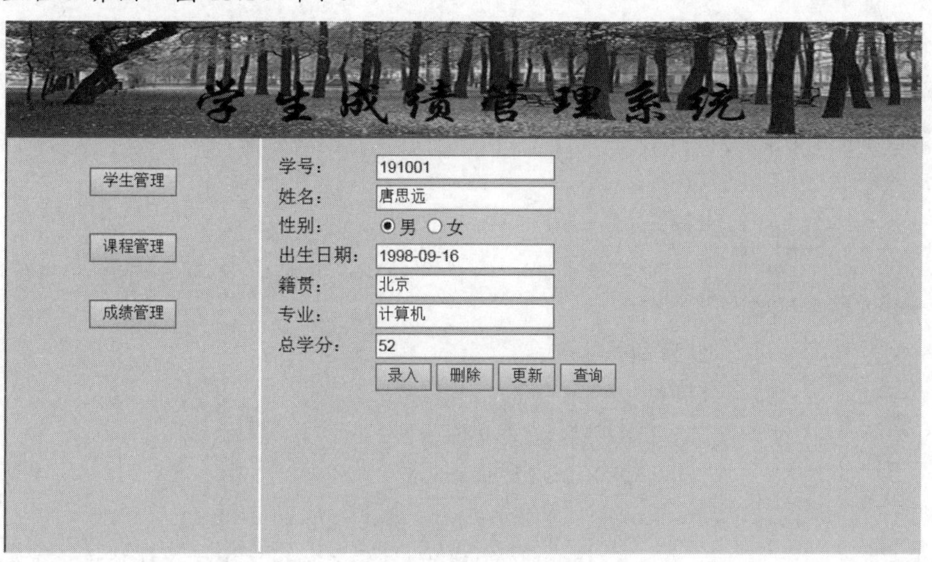

图 13.14 学生管理界面

1. 学生管理界面开发

学生管理界面由 stuInfo.php 文件实现，其代码如下：

```
<?php
    session_start();                                    //启动 SESSION
```

```
    //接收会话传回的变量以便在页面中显示
    $sno = $_SESSION['sno'];                              //学号
    $sname = $_SESSION['sname'];                          //姓名
    $ssex = $_SESSION['ssex'];                            //性别
    $sbirthday = $_SESSION['sbirthday'];                  //出生日期
    $native = $_SESSION['native'];                        //籍贯
    $speciality = $_SESSION['speciality'];                //专业
    $tc = $_SESSION['tc'];                                //总学分
?>

<html>
<head>
    <title>学生管理</title>
</head>
<body bgcolor="D9DFAA">
<form method="post" action="stuAction.php" enctype="multipart/form-data">
    <table>
        <tr>
            <td>
                <table>
                    <tr>
                        <td>学号：</td><td><input type="text" name="sno" value=
"<?php echo @$sno;?>"/></td>
                    </tr>
                    <tr>
                        <td>姓名：</td><td><input type="text" name="sname" value=
"<?php echo @$sname;?>"/></td>
                    </tr>
                    <tr>
                        <td>性别：</td>
                        <?php if ($ssex=="女") { ?>
                        <td>
                            <input type="radio" name="ssex" value="男">男
                            <input type="radio" name="ssex" value="女" checked=
"checked">女
                        </td>
                        <?php } else { ?>
                        <td>
```

```
                        <input type="radio" name="ssex" value="男" checked=
"checked">男
                        <input type="radio" name="ssex" value="女">女
                    </td>
                    <?php } ?>
                </tr>
                <tr>
                    <td> 出 生 日 期 : </td><td><input  type="text"  name=
"sbirthday" value="<?php echo @$sbirthday;?>"/></td>
                </tr>
                <tr>
                    <td>籍贯：</td><td><input type="text" name="native" value=
"<?php echo @$native;?>"/></td>
                </tr>
                <tr>
                    <td>专业：</td><td><input type="text" name="speciality"
value="<?php echo @$speciality;?>"/></td>
                </tr>
                <tr>
                    <td> 总 学 分 : </td><td><input  type="text"  name="tc"
value="<?php echo @$tc;?>"/></td>
                </tr>
                <tr>
                    <td></td>
                    <td>
                        <input name="btn" type="submit" value="录入">
                        <input name="btn" type="submit" value="删除">
                        <input name="btn" type="submit" value="更新">
                        <input name="btn" type="submit" value="查询">
                    </td>
                </tr>
            </table>
        </td>
        <td>
        </td>
    </tr>
</table>
</form>
</body>
</html>
```

2．学生管理功能实现

学生管理功能由 stuActoin.php 文件实现，该页以 POST 方式接收 stuInfo.php 页面提交的表单数据，对学生管理进行增加、删除、更新、查询等操作。

stuActoin.php 文件代码如下：

```
<?php
  include "conn.php";                         //包含连接数据库的 PHP 文件
  include "stuInfo.php";                      //包含前端页面的 PHP 页

    //以 POST 方式接收 stuInfo.php 页面提交的表单数据
    $sno = @$_POST['sno'];                    //学号
    $sname = @$_POST['sname'];                //姓名
    $ssex = @$_POST['ssex'];                  //性别
    $sbirthday = @$_POST['sbirthday'];        //出生日期
    $native = @$_POST['native'];              //籍贯
    $speciality = @$_POST['speciality'];      //专业
    $tc = @$_POST['tc'];                      //总学分

  $search_sql = "select * from student where sn o ='$sno'"; //查找“学生”信息
  $search_result = $db->query($search_sql);

  /录入功能
  if(@$_POST["btn"] == '录入') {                                //单击“录入”按钮
        $count = $search_result->rowCount();
      if($search_result->rowCount() != 0)        //要录入的学号已经存在时提示
         echo  "<script>alert('该学生已经存在！');location.href='stuInfo.php';
</script>";
      else {
         $ins_sql = "insert into student values('$sno', '$sname', '$ssex',
'$sbirthday', '$native', '$speciality', '$tc')";
         $ins_result = $db->query($ins_sql);
         if($ins_result->rowCount() != 0) {
            echo "<script>alert('录入成功!');location.href='stuInfo.php';</script>";
         }else
            echo "<script>alert('录入失败,请检查输入信息!');location.href='stuInfo.php';
</script>";
      }
   }
```

```
    //删除功能
    if(@$_POST["btn"] == '删除') {                          //单击“删除”按钮
      $_SESSION['sno'] = $sno;                              //将输入的学号用 SESSION 保存
      if($search_result->rowCount() == 0)                   //要删除的学号不存在时提示
         echo  "<script>alert('该学生不存在！ ');location.href='stuInfo.php';
</script>";
      else {                                                //处理学号存在的情况
           $del_sql = "delete from student where sno ='$sno'";
           $del_affected = $db->exec($del_sql);
           if($del_affected) {
               $_SESSION['sno'] = '';
               $_SESSION['sname'] = '';
               $_SESSION['ssex'] = '';
               $_SESSION['sbirthday'] = '';
               $_SESSION['native'] = '';
               $_SESSION['speciality'] = '';
               $_SESSION['tc'] = '';
               echo  "<script>alert('删除成功！ ');location.href='stuInfo.php';
</script>";
           }
      }
    }

    //更新功能
    if(@$_POST["btn"] == '更新'){                           //单“更新”按钮
       $_SESSION['sno'] = $sno;                             //将输入的学号用 SESSION 保存
       $upd_sql  =  "update  student  set  sno  ='$sno',  sname  ='$sname',  ssex
='$ssex',  sbirthday='$sbirthday',  native='$native',  speciality='$speciality',
tc='$tc' where sno ='$sno'";
      $upd_affected = $db->exec($upd_sql);
      if($upd_affected) {
           $_SESSION['sno'] = '';
           $_SESSION['sname'] = '';
           $_SESSION['ssex'] = '';
           $_SESSION['sbirthday'] = '';
           $_SESSION['native'] = '';
```

```
            $_SESSION['speciality'] = '';
            $_SESSION['tc'] = '';
            echo  "<script>alert(' 更 新 成 功 ！ ');location.href='stuInfo.php';
</script>";
        }
        else
            echo "<script>alert('更新失败，请检查输入信息! ');location.href='stuInfo.php';
</script>";
    }

    //查询功能
    if(@$_POST["btn"] == '查询') {                          //单击"查询"按钮
        $_SESSION['sno'] = $sno;                            //将学号传给其他页面
                                                            //查找学号对应的学生信息
        $find_sql = "select * from  student where sno ='$sno'";
        $find_result = $db->query($find_sql);
        if($find_result->rowCount() == 0)                   //判断该学生是否存在
            echo  "<script>alert(' 该 学 生 不 存 在 ！ ');location.href='stuInfo.php';
</script>";
        else {
            list($sno, $sname, $ssex, $sbirthday, $native, $speciality, $tc) =
$find_result->fetch(PDO::FETCH_NUM);
            $_SESSION['sno'] = $sno;
            $_SESSION['sname'] = $sname;
            $_SESSION['ssex'] = $ssex;
            $_SESSION['sbirthday'] = $sbirthday;
            $_SESSION['native'] = $native;
            $_SESSION['speciality'] = $speciality;
            $_SESSION['tc'] = $tc;
            echo "<script>location.href='stuInfo.php';</script>";
        }
    }
?>
```

13.4.3 课程管理界面和功能实现

课程管理界面如图 13.15 所示。

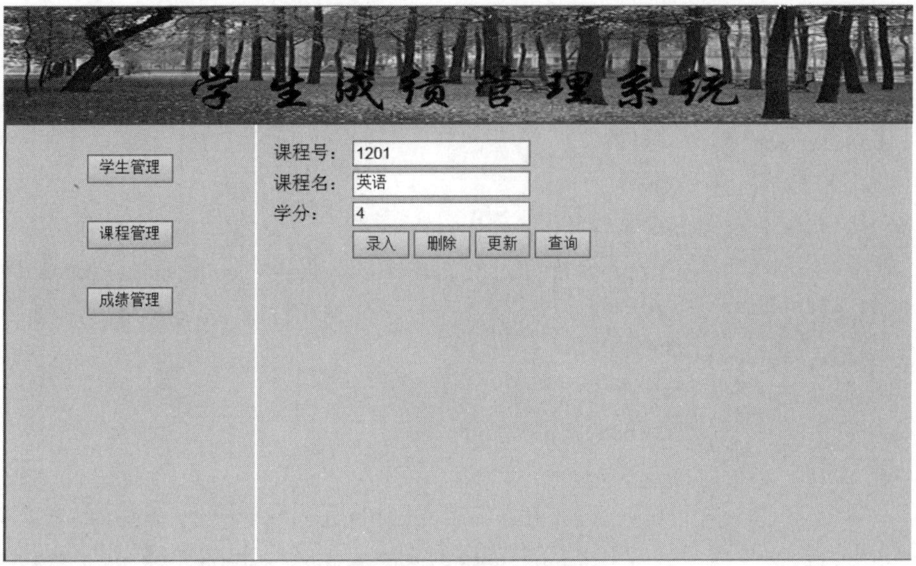

图 13.15　课程管理界面

1. 课程管理界面开发

课程管理界面功能放在 couInfo.php 文件前半部分，其代码如下：

```
<?php
session_start();                        //启动 SESSION

//接收会话传回的变量以便在页面中显示
$cno = $_SESSION['cno'];                //课程号
$cname = $_SESSION['cname'];            //课程名
$credit = $_SESSION['credit'];          //学分
?>


<html>
<head>
    <title>课程管理</title>
</head>
<body bgcolor="D9DFAA">
<form method="post">
    <table>
        <tr>
            <td>
                <table>
                    <tr>
                        <td>课程号:</td><td><input type="text" name="cno" value=
"<?php echo @$cno;?>"/></td>
```

```
                    </tr>
                    <tr>
                        <td>课程名:</td><td><input type="text" name="cname" value=
"<?php echo @$cname;?>"/></td>
                    </tr>
                    <tr>
                        <td>学分: </td><td><input type="text" name="credit" value=
"<?php echo @$credit;?>"/></td>
                    </tr>
                    <tr>
                        <td></td>
                        <td>
                            <input name="btn" type="submit" value="录入">
                            <input name="btn" type="submit" value="删除">
                            <input name="btn" type="submit" value="更新">
                            <input name="btn" type="submit" value="查询">
                        </td>
                    </tr>
                </table>
            </td>
            <td>
            </td>
        </tr>
    </table>
</form>
</body>
</html>
```

2. 课程管理功能实现

课程管理功能放在couInfo.php文件后半部分，以POST方式接收前半部分表单提交的数据，对课程管理进行录入、删除、更新、查询等操作，其代码如下：

```
<?php
include "conn.php";                                 //包含连接数据库的PHP文件

//以POST方式接收表单提交的数据
$cno = @$_POST['cno'];                              //课程号
$cname = @$_POST['cname'];                          //课程名
$credit = @$_POST['credit'];                        //学分
```

```
$search_sql = "select * from course where cno ='$cno'";
$search_result = $db->query($search_sql);

//录入功能
if(@$_POST["btn"] == '录入') {                    //单击“录入”按钮
    $count = $search_result->rowCount();
    if($search_result->rowCount() != 0)      //要录入的课程已经存在时提示
        echo "<script>alert('课程号已存在！');</script>";
    else {
        $ins_sql = "insert into course values('$cno', '$cname', '$credit')";
        $ins_result = $db->query($ins_sql);
        if($ins_result->rowCount() != 0) {
            $_SESSION['cno'] = $cno;
            echo "<script>alert('添加成功！');</script>";
        }else
            echo "<script>alert('添加失败，请检查输入信息！');</script>";
    }
}

//删除功能
if(@$_POST["btn"] == '删除') {                    //单击“删除”按钮
    if($search_result->rowCount() == 0)      //要删除的课程不存在时提示
        echo "<script>alert('课程不存在！');</script>";
    else {                                    //处理课程存在的情况
        $del_sql = "delete from course where cno ='$cno'";
        $del_affected = $db->exec($del_sql);
        if($del_affected) {
            $_SESSION['cno'] = '';
            $_SESSION['cname'] = '';
            $_SESSION['credit'] = '';
            echo "<script>alert('删除成功!');location.href='couInfo.php';</script>";
        }
    }
}

//更新功能
if(@$_POST["btn"] == '更新'){                     //单击“更新”按钮
```

```
        $_SESSION['cno'] = $cno;
        $upd_sql = "update course set cname ='$cname', credit ='$credit' where cno
='$cno'";
        $upd_affected = $db->exec($upd_sql);
        if($upd_affected) {
            $_SESSION['cno'] = '';
            $_SESSION['cname'] = '';
            $_SESSION['credit'] = '';
            echo "<script>alert('更新成功！');location.href='couInfo.php';</script>";
        }
        else
            echo "<script>alert('更新失败，请检查输入信息！');</script>";
    }

    //查询功能
    if(@$_POST["btn"] == '查询') {                //单击"查询"按钮
        $_SESSION['cno'] = $cno;
        $find_sql = "select * from  course where cno ='$cno'";
        $find_result = $db->query($find_sql);
        if($find_result->rowCount() == 0)
            echo "<script>alert('课程信息不存在！')</script>";
        else {
            $list = $find_result->fetch(PDO::FETCH_NUM);
            $_SESSION['cno'] = $list[0];
            $_SESSION['cname'] = $list[1];
            $_SESSION['credit'] = $list[2];

            echo "<script>location.href='couInfo.php';</script>";
        }
    }
    ?>
```

13.4.4 成绩管理界面和功能实现

成绩管理界面如图 13.16 所示。

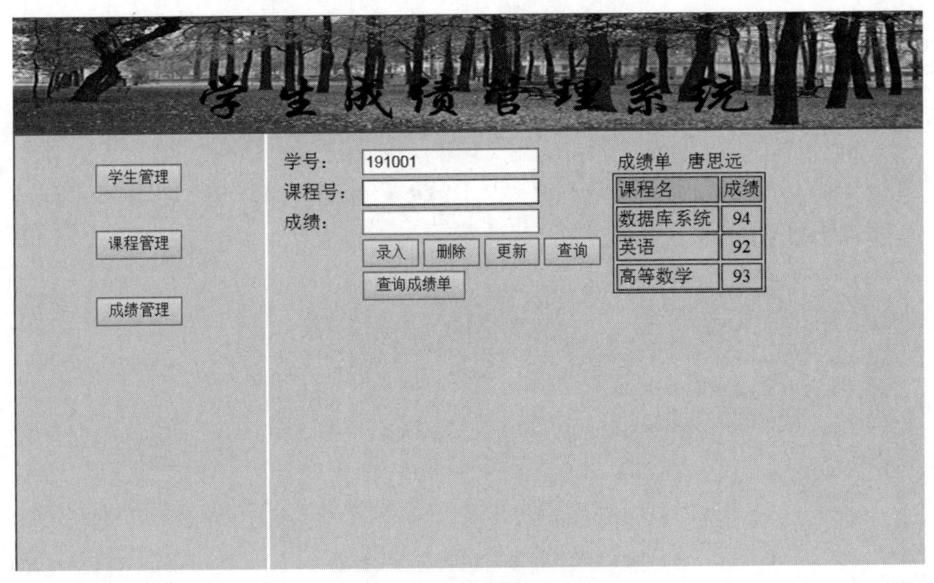

图 13.16　成绩管理界面

1．成绩管理界面和查询成绩单功能开发

成绩管理界面和查询成绩单功能放在 scoInfo.php 文件前半部分，在查询成绩单功能中，输入学生学号，通过视图即可查询该学生的各科成绩，其代码如下：

```
<?php
session_start();                        //启动 SESSION

//接收会话传回的变量以便在页面中显示
$sno = $_SESSION['sno'];                //学号
$cno = $_SESSION['cno'];                //课程号
$grade = $_SESSION['grade'];            //成绩
?>

<html>
<head>
    <title>成绩管理</title>
</head>
<body bgcolor="D9DFAA">
<form method="post">
    <table>
        <tr>
            <td>
                <table>
                    <tr>
```

```
                    <td>学号：</td><td><input type="text" name="sno" value=
"<?php echo @$sno;?>"/></td>
                </tr>
                <tr>
                    <td>课程号:</td><td><input type="text" name="cno" value=
"<?php echo @$cno;?>"/></td>
                </tr>
                <tr>
                    <td>成绩：</td><td><input type="text" name="grade" value=
"<?php echo @$grade;?>"/></td>
                </tr>
                <tr>
                    <td></td>
                    <td>
                        <input name="btn" type="submit" value="录入">
                        <input name="btn" type="submit" value="删除">
                        <input name="btn" type="submit" value="更新">
                        <input name="btn" type="submit" value="查询">
                    </td>
                </tr>
                <tr>
                    <td></td>
                    <td>
                        <input name="btn" type="submit" value="查询成绩单">
                    </td>
                </tr>
            </table>
        </td>
        <td>
            <table>
                <tr>
                    <td align="left">

                    <?php
                    //查询成绩单功能
                    include "conn.php";
                    $sno = @$_POST['sno'];
                    $cno = @$_POST['cno'];
                    $grade = @$_POST['grade'];
```

```
                    if(@$_POST["btn"] == '查询成绩单') {//单击"查询成绩单"按钮
                        include "conn.php";
                        $cngd_sql = "select cname,grade from V_StudentCourseScore
where sno='$sno'";       //从视图 V_StudentCourseScore 中查询学生成绩信息
                        $gdtb = $db->query($cngd_sql);
                        $sn_sql = "select distinct sname from V_StudentCourseScore
where sno='$sno'";       //从视图 V_StudentCourseScore 中查询学生姓名
                        $sncol = $db->query($sn_sql);
                        //输出表格
                        echo "<table border=1>";
                        //获取姓名信息
                        list($sname) = $sncol->fetch(PDO::FETCH_NUM);
                        //输出成绩单信息和姓名信息
                        echo "  成绩单   ".$sname."";
                        echo "<tr bgcolor=#CCCCC0>";
                        echo "<td>课程名</td><td align=center>成绩</td></tr>";
                        while(list($cname,    $grade)    =    $gdtb->fetch
(PDO::FETCH_NUM))  {          //获取课程名信息和成绩信息
                            echo "<tr><td>$cname </td><td align=center>
$grade</td></tr>";            //在表格中显示课程名信息和成绩信息
                        }
                        echo "</table>";
                    }
                    ?>

                    </td>
                </tr>
            </table>
        </td>
    </tr>
</table>
</form>
</body>
</html>
```

2. 成绩管理功能实现

成绩管理增加、删除、修改、查询功能放在 scoInfo.php 文件后半部分，以 POST 方式接收前半部分表单提交的数据，对成绩管理进行录入、删除、更新、查询等操作，其代码如下：

```
<?php
include "conn.php";                                  //包含连接数据库的 PHP 文件
```

```
    //以 POST 方式接收表单提交的数据
    $sno = @$_POST['sno'];                                          //学号
    $cno = @$_POST['cno'];                                          //课程号
    $grade = @$_POST['grade'];                                      //成绩

    $search_sql = "select * from score where sno ='$sno' and cno ='$cno'";
    $search_result = $db->query($search_sql);

    //录入功能
    if(@$_POST["btn"] == '录入') {                                  //单击“录入”按钮
        $count = $search_result->rowCount();
        if($search_result->rowCount() != 0)                         //要录入的成绩已经存在时提示
            echo "<script>alert('成绩已存在！');</script>";
        else {
            $ins_sql = "insert into score values('$sno', '$cno', '$grade')";
            $ins_result = $db->query($ins_sql);
            if($ins_result->rowCount() != 0) {
                $_SESSION['sno'] = $sno;
                $_SESSION['cno'] = $cno;
                echo "<script>alert('录入成功！');</script>";
            }else
                echo "<script>alert('录入失败，请检查输入信息！');</script>";
        }
    }

    //删除功能
    if(@$_POST["btn"] == '删除') {                                  //单击“删除”按钮
        if($search_result->rowCount() == 0)                         //要删除的成绩不存在时提示
            echo "<script>alert('成绩不存在！');</script>";
        else {                                                      //处理成绩存在的情况
            $del_sql = "delete from score where sno ='$sno'and cno ='$cno'";
            $del_affected = $db->exec($del_sql);
            if($del_affected) {
                $_SESSION['sno'] = '';
                $_SESSION['cno'] = '';
                $_SESSION['grade'] = '';
                echo  "<script>alert('删除成功！');location.href='scoInfo.php';
</script>";
            }
```

```
        }
    }

    //更新功能
    if(@$_POST["btn"] == '更新'){                              //单击“更新”按钮
        $_SESSION['sno'] = $sno;
        $upd_sql  =  "update  score  set  grade  ='$grade'  where  sno  ='$sno'and  cno
='$cno'";
        $upd_affected = $db->exec($upd_sql);
        if($upd_affected) {
            $_SESSION['sno'] = '';
            $_SESSION['cno'] = '';
            $_SESSION['grade'] = '';
            echo "<script>alert('更新成功! ');location.href='scoInfo.php';</script>";
        }
        else
            echo "<script>alert('更新失败，请检查输入信息! ');</script>";
    }

    //查询功能
    if(@$_POST["btn"] == '查询') {                              //单击“查询”按钮
        $_SESSION['sno'] = $sno;
        $_SESSION['cno'] = $cno;
        $find_sql = "select * from score where sno ='$sno'and cno ='$cno'";
        $find_result = $db->query($find_sql);
        if($find_result->rowCount() == 0)
            echo "<script>alert('成绩信息不存在! ')</script>";
        else {
            $list = $find_result->fetch(PDO::FETCH_NUM);
            $_SESSION['sno'] = $list[0];
            $_SESSION['cno'] = $list[1];
            $_SESSION['grade'] = $list[2];

            echo "<script>location.href='scoInfo.php';</script>";
        }
    }

    ?>
```

小　结

本章主要介绍了以下内容。

① PHP 是服务器端嵌入 HTML 中的脚本语言，具有开发成本低、开放源代码、开发效率高、跨平台、广泛支持多种数据库、基于 Web 服务器、安全性好、面向对象编程、简单易学等特点。

PHP 脚本程序的运行需要 Web 服务器、PHP 预处理器和 Web 浏览器的支持，还需要从数据库服务器获取和保存数据。

本书选用 PHP 7.3.4 版本、MySQL 8.0.12 版本、Apache Apache 2.4.39 版本，在 Windows 7 环境下进行学生成绩管理系统的开发，即采用 WAMP（Windows+Apache+MySQL+PHP）架构进行 Web 项目开发。

② 为了开发学生成绩管理系统 stuscoManage，在 MySQL 8.0.12 版本中，创建学生成绩管理系统数据库 stuscopj，在该数据库中，包含学生表 student、课程表 course、成绩表 score 和成绩单视图 V_StudentCourseScore。

③ PHP 集成软件可以免费下载，如 phpStudy、wampServer、AppServ 等，选用其中的 phpStudy。

PHP 开发工具有很多，如 Eclipse、PhpStorm 等，选用 Zend Eclipse PDT 3.2.0（Windows 平台）。在 Zend Eclipse PDT 中，新建 PHP 项目 stuscoManage（学生成绩管理系统）。采用 PHP 7.3.4 的 PDO 方式连接 MySQL 8.0.12 数据库，创建 conn.php 文件，编写连接数据库的代码。

④ 主界面采用网页中的框架来实现，由启动页、框架页、导航页组成。启动页文件名为 index.html，框架页文件名为 frame.html，导航页文件名为 main.html。

打开网页浏览器，在地址栏中输入 http://localhost/stuscoManage/index.html，浏览器显示学生成绩管理系统主页。

⑤ 学生管理界面由 stuInfo.php 文件实现。学生管理功能由 stuActoin.php 文件实现，该页以 POST 方式接收 stuInfo.php 页面提交的表单数据，对学生管理进行增加、删除、更新、查询等操作。

课程管理界面功能放在 couInfo.php 文件前半部分。课程管理功能放在 couInfo.php 文件后半部分，以 POST 方式接收前半部分表单提交的数据，对课程管理进行录入、删除、更新、查询等操作。

成绩管理界面和查询成绩单功能放在 scoInfo.php 文件前半部分，在查询成绩单功能中，输入学生学号，通过视图即可查询该学生的各科成绩。成绩管理的增加、删除、修改、查询功能放在 scoInfo.php 文件后半部分，以 POST 方式接收前半部分表单提交的数据，对成绩管理进行录入、删除、更新、查询等操作。

习题 13

一、选择题

13.1 PHP 是一种开放源代码的_________脚本语言。

A．客户端　　B．服务器端　　C．面向过程　　D．可视化

13.2 PHP 文件的扩展名是_______。

A. BAT　　B. EXE　　C. PHP　　D. CLASS

13.3 WAMP 架构不包括的软件是_________。

A. Windows　　B. PHP　　C. Apache　　D. ASP

13.4 下列说法中正确的是_______。

A. PHP 文件只能使用纯文本编辑器编写

B. PHP 文件不能使用集成化编辑器编写

C. PHP 可以访问 MySQL、Oracle、SQL Server 等多种数据库

D. PHP 网页可以直接在浏览器中显示

13.5 PHP 的源代码是________。

A. 封闭的　　B. 完全不可见的

C. 需要购买的　　D. 开放的

13.6 读取 POST 方法传递的表单元素值的变量是________。

A. $_POST['表单元素名称']　　B. $_post['表单元素名称']

C. $POST['表单元素名称']　　D. $post['表单元素名称']

二、填空题

13.7 PHP 是服务器端嵌入 HTML 中的________语言。

13.8 Apache 是开放源代码的________服务器。

13.9 PHP 作为一种 Web 编程语言，主要用于开发服务器端应用程序及_______网页。

13.10 MySQL 是一种开放源代码的小型关系________ 。

13.11 phpStudy 是一个 PHP 开发环境_______。

13.12 Zend Eclipse PDT 是 PHP________。

13.13 在学生成绩管理系统数据库 stuscopj 中，V_StudentCourseScore 是成绩单________。

13.14 主界面采用网页中的________来实现。

13.15 打开网页浏览器，在地址栏中输入 http://localhost/stuscoManage/index.html，浏览器显示学生成绩管理系统________。

13.16 学生管理功能页面以________方式接收学生管理页面提交的表单数据。

三、问答题

13.17 PHP 运行环境由哪些部分组成？简述各个部分的功能。

13.18 动态网页和静态网页有何不同？

13.19 列举常见的 PHP 集成软件和 PHP 开发工具。

13.20 学生成绩管理系统数据库 stuscopj 包含哪些表和视图？

13.21 主界面包括哪些页面？其功能是如何实现的？

13.22 学生管理有哪些功能？它们是怎样实现的？

13.23 成绩管理有哪些功能？它们是怎样实现的？

四、应用题

13.24 在学生成绩管理系统中，增加登录功能。

13.25 在学生成绩管理系统中，增加教师管理功能。

附录 A 销售数据库 sales 的表结构和样本数据

1. 销售数据库 sales 的表结构

销售数据库 sales 的表结构如表 A.1～表 A.5 所示。

表 A.1 员工表 employee 的表结构

列名	数据类型	允许 NULL 值	键	默认值	说明
emplno	char(4)	×	主键	无	员工号
emplname	char(8)	×		无	姓名
sex	char(2)	×		男	性别
birthday	date	×		无	出生日期
address	char(20)	√		无	地址
wages	decimal(8,2)	×		无	工资
deptno	char(4)	×		无	部门号

表 A.2 订单表 orderform 的表结构

列名	数据类型	允许 NULL 值	键	默认值	说明
orderno	char(6)	×	主键	无	订单号
emplno	char(4)	√		无	员工号
curstomerno	char(4)	√		无	客户号
saledate	date	×		无	销售日期
cost	decimal(9,2)	×		无	总金额

表 A.3 订单明细表 orderdetail 的表结构

列名	数据类型	允许 NULL 值	键	默认值	说明
orderno	char(6)	×	主键	无	订单号
goodsno	char(4)	×	主键	无	商品号
saleunitprice	decimal(8,2)	×		无	销售单价

续表

列名	数据类型	允许 NULL 值	键	默认值	说明
quantity	int	×		无	数量
total	decimal(9,2)	×		无	总价
discount	float	×		0.1	折扣率
discounttotal	decimal(8,2)	×		无	折扣总价

表 A.4　商品表 goods 的表结构

列名	数据类型	允许 NULL 值	键	默认值	说明
goodsno	char(4)	×	主键	无	商品号
goodsname	char(30)	×		无	商品名称
classification	char(6)	×		无	商品类型代码
unitprice	decimal(8,2)	×		无	单价
stockquantity	int	√		5	库存量
goodsafloat	int	√		无	未到货商品数量

表 A.5　部门表 department 的表结构

列名	数据类型	允许 NULL 值	键	默认值	说明
deptno	char(4)	×	主键	无	部门号
deptname	char(10)	×		无	部门名称

2．销售数据库 sales 的样本数据

销售数据库 sales 的样本数据如表 A.6～表 A.10 所示。

表 A.6　员工表 employee 的样本数据

员工号	姓名	性别	出生日期	地址	工资/元	部门号
E001	冯文捷	男	1982-03-17	春天花园	4700	D001
E002	叶莉华	女	1987-11-02	丽都花园	3500	D002
E003	周维明	男	1974-08-12	春天花园	6800	D004
E004	刘思佳	女	1985-05-21	公司集体宿舍	3700	D003
E005	肖婷	女	1986-12-16	公司集体宿舍	3600	D001
E006	黄杰	男	1977-04-25	NULL	4500	D001

表 A.7　订单表 orderform 的样本数据

订单号	员工号	客户号	销售日期	总金额/元
S00001	E005	C001	2020-04-15	23467.5
S00002	E001	C002	2020-04-15	31977.0
S00003	E006	C003	2020-04-15	16977.6

表 A.8　订单明细表 orderdetail 的样本数据

订单号	商品号	销售单价/元	数量/台	总价/元	折扣率	折扣总价/元
S00001	3002	8599	2	17198	0.1	15478.2
S00001	1002	8877	1	8877	0.1	7989.3
S00002	3001	8899	1	8899	0.1	8009.1
S00002	1002	8877	3	26631	0.1	23967.9
S00003	1001	6288	3	18864	0.1	16977.6

表 A.9　商品表 goods 的样本数据

商品号	商品名称	商品类型代码	单价/元	库存量/台	未到货商品数量/台
1001	Microsoft Surface Pro 7	10	6288	5	3
1002	DELL XPS13-7390	10	8877	5	0
2001	Apple iPad Pro	20	7029	5	2
3001	DELL PowerEdgeT140	30	8899	5	2
3002	HP HPE ML30GEN10	30	8599	5	1
4001	EPSON L565	40	1959	10	NULL
4002	HP LaserJet Pro M203d/dn/dw	40	1799	12	2

表 A.10　部门表 department 的样本数据

部门号	部门名称
D001	销售部
D002	人事部
D003	财务部
D004	经理办

附录 B 习题参考答案

请读者扫描二维码自行获取

参考文献

[1] Abraham silberschatz，Henry F.Korth，S.Sudarshan. DataBase System Concepts，Sixth Editon. The McGraw-Hill Copanies，Inc，2011.

[2] 王珊，萨师煊．数据库系统概论（第 5 版）．北京，高等教育出版社，2014.

[3] 王英英．MySQL 8 从入门到精通（视频教学版）．北京，清华大学出版社，2019.

[4] 刘华贞．精通 MySQL 8（视频教学版）．北京，清华大学出版社，2019.

[5] 李月军，付良廷．数据库原理及应用（MySQL 版）．北京，清华大学出版社，2019.

[6] 郑阿奇．MySQL 实用教程（第 3 版）．北京，电子工业出版社，2018.

[7] 李辉．数据库系统原理及 MySQL 应用教程（第 2 版）．北京，机械工业出版社，2019.

[8] 姜桂洪，孙福振，苏晶．MySQL 数据库应用与开发．北京，清华大学出版社，2018.

[9] 高洛峰．细说 PHP（第 4 版）．北京，电子工业出版社，2019.

[10] 曾俊国，李成大，姚蕾．PHP Web 开发实用教程（第 2 版）．北京，清华大学出版社，2018.

[11] 赵增敏，李彦明．PHP+MySQL Web 应用开发．北京，电子工业出版社，2019.